FOKUS CHEMIE

dakixi

Die *QR-Codes* führen dich zu Videos, Animationen und Simulationen. Du kannst die QR-Codes scannen oder die sechs Buchstaben über den Codes eingeben auf: www.cornelsen.de/codes

GEWUSST WIE

Am Ende eines Schuljahres kannst du dein gesamtes erwobenes Wissen noch einmal überprüfen und anwenden. Wenn du diese Aufgaben lösen kannst, bist du fit fürs nächste Schuljahr.

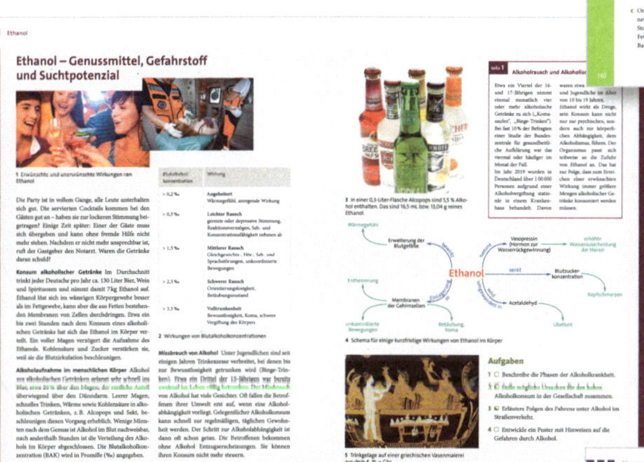

CHEMIE ERLEBT UND WAHLBEREICH

Themen, die die Chemie lebendig machen, findest du in *Chemie erlebt*: Energie, Umwelt, Geschichte, Gesundheit und mehr – mit Texten, Abbildungen und Experimenten, die tiefer in die Anwendungsbereiche der Chemie einsteigen lassen.
Im *Wahlbereich* steht weiteres Material zur Vertiefung von Inhalten zur Auswahl – so können individuelle Schwerpunkte gesetzt werden.

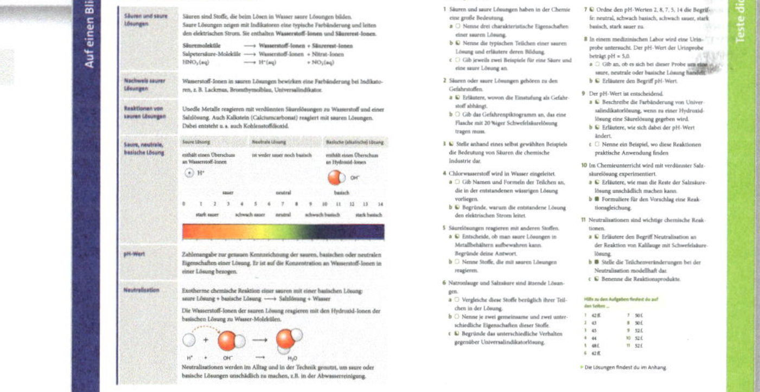

AUF EINEN BLICK UND TESTE DICH

Am Kapitelende findest du die wichtigsten Fachbegriffe *Auf einen Blick* erklärt.
Unter *Teste dich* findest du zur Überprüfung des Grundwissens zusätzliche Aufgaben mit den Lösungen im Anhang.

FOKUS CHEMIE 9

OBERSCHULE
SACHSEN

Cornelsen

Herausgeberin: Dr. Karin Arnold
Autorin: Dr. Karin Arnold
Autorinnen und Autoren verwendeter Ausgaben: Dr. Karin Arnold, Michaela Böttger, Andreas Eberle, Dr. Thomas Epple, Dr. Holger Fleischer, Dr. Anja Grimmer, Andrea Hein, Frank Herrmann, Hiltraut Hohendorf, Annkathrien Jaek, Carsten Kinzel, Thorsten Kreß, Carina Kronabel, Dr. Uwe Lüttgens, Ralf Malz, Dr. Matthias Niedermeier, Jörn Peters, Hannes Rehm, Steffen Schäfer, Markus Seitz, Chaya Stützel

Teile dieses Buches sind eine Bearbeitung weiterer Ausgaben von Fokus Chemie.

Redaktion: Dr. Kerstin Amelunxen
Designberatung: Ellen Meister
Illustration und Grafik: Hannes von Goessel, Birgit Janisch, Tom Menzel, Detlef Seidensticker
Gesamtgestaltung: EYES-OPEN, Berlin
Technische Umsetzung: Reemers Publishing Services GmbH, Krefeld

Begleitmaterialien zum Lehrwerk:		
	Schulbuch als E-Book	1100030652
	Lösungen zum Schulbuch	978-3-06-011353-8
	Arbeitsheft	978-3-06-011452-8
	Unterrichtsmanager Plus online inkl. E-Book als Zugabe und Begleitmaterialien	1100030667
	Materialien zur Sprachbildung	978-3-06-013122-8

www.cornelsen.de

Experimente sind in der Regel Schüler-Experimente. Wenn sie mit einem **L** markiert sind, dürfen sie nur von der Lehrerin oder dem Lehrer durchgeführt werden. Vor jedem Experiment sind mögliche Gefahrenquellen zu besprechen. Beim Experimentieren sind die Richtlinien zur Sicherheit im Unterricht einzuhalten.

1. Auflage, 1. Druck 2024

Alle Drucke dieser Auflage sind inhaltlich unverändert und können im Unterricht nebeneinander verwendet werden.

Druck: Mohn Media Mohndruck, Gütersloh

ISBN 978-3-06-011352-1

Inhalt

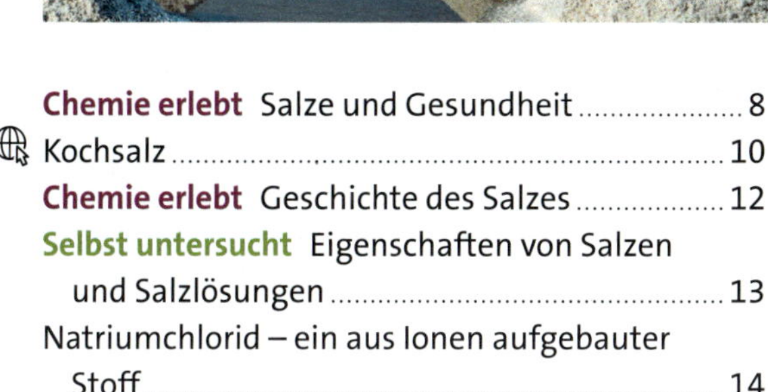

ETHANOL 56

ERDÖL UND ERDGAS 68

KOHLENWASSERSTOFFE 84

UNTERSUCHEN VON STOFFEN

BAUSTOFFE 114

MODERNE WERKSTOFFE – KUNSTSTOFFE 128

ANHANG 142

Hier werden Medienkompetenzen vermittelt.

Hier gibt es digitale Zusatzmaterialien im Webcode und QR-Code.

× **Wahlbereich**: Das Thema kann, aber muss nicht in Unterricht behandelt werden.

Die Anforderungsbereiche werden in den Aufgaben wie folgt gekennzeichnet:

- Anforderungsbereich I
- Anforderungsbereich II
- Anforderungsbereich III

Salze

Glasklare, lichtbrechende Kristalle von Meersalz glitzern in der Sonne in sogenannten Salzgärten. Hauptbestandteil dieses „weißen Goldes“ ist das Salz Natriumchlorid, das auch als Kochsalz verwendet wird.

Kochsalz – das „Salz“ – ist jedoch nur eines von vielen Salzen, die in der Natur vorkommen und die wir im Alltag vielfältig nutzen. So bekämpfen wir Eisglätte mit Streusalz, verwenden zum Waschen Fleckensalz oder setzen Salzlecksteine in der Tierhaltung ein.

Salze und Gesundheit

Salze sind lebensnotwendig Für eine gesunde Ernährung sollten neben Proteinen, Fetten, Kohlenhydraten und Vitaminen auch Mineralstoffe mit der Nahrung aufgenommen werden. Als Mineralstoffe werden lebensnotwendige Elemente wie Calcium, Natrium, Kalium und Magnesium bezeichnet. Sie liegen als Ionen vor und sind Bestandteil von Salzen. Blut und andere Körperflüssigkeiten müssen einen bestimmten Anteil an gelösten Mineralstoffen enthalten. Sie spielen eine wichtige Rolle bei der Regulation des Wasserhaushalts, bei der Erregung von Nerven und Muskeln sowie beim Aufbau der Knochen.
Bei einer ausgewogenen Ernährung werden ausreichend Mineralstoffe aufgenommen. Eine Zufuhr über Nahrungsergänzungsmittel ist nicht erforderlich.

2 „Iso-Drinks" enthalten wertvolle Mineralstoffe, sind belebende und erfrischende Durstlöscher, die sofort wirken. Stimmt das wirklich?

Mineralstoff	Funktion im menschlichen Körper	Mangelerscheinungen	Tagesbedarf in mg (Alter 15–18 Jahre)	Besonders hoher Gehalt in
Calcium	Aufbau von Knochen und Zähnen, Funktion der Muskeln und Nerven	Verlust von Knochensubstanz, vermindertes Wachstum	1200	Magermilch, Hartkäse, Brokkoli
Natrium	Regulierung des Wasserhaushalts, notwendig für Nerven- und Muskelfunktion	Kopfschmerzen, Übelkeit, Erbrechen, Muskelkrämpfe, Blutdruckabfall, Bewusstseinsstörungen	550	Kochsalz, Hartkäse, gekochter Schinken
Kalium	Zellstoffwechsel, notwendig für Nerven- und Muskelfunktion	Lähmungserscheinungen, Herzrhythmusstörungen	2000	Gemüse
Magnesium	Aufbau von Knochen, Steuerung von Stoffwechselvorgängen	Störungen des Nervensystems, Muskelkrämpfe	350–400	Haferflocken, Spinat
Eisen	Bestandteil des roten Blutfarbstoffs, Sauerstofftransport	Blutarmut, erhöhtes Infektionsrisiko, Müdigkeit	15	Fleisch, Hülsenfrüchte, Spinat
Zink	Bestandteil vieler Enzyme des Stoffwechsels, Immunsystem, Zellwachstum	Wachstumsstörungen, Haarausfall, schuppende Hautentzündungen, geschwächte Immunabwehr	7–10	Fleisch, Haferflocken, Hartkäse
Fluor	Härtung des Zahnschmelzes	erhöhte Kariesanfälligkeit	3	Trinkwasser, Mineralwasser

1 Auswahl von Mineralstoffen: Funktion, Mangel und Bedarf

Salz und Mensch Menschlicher Schweiß und Tränen schmecken salzig. Auch andere Körperflüssigkeiten wie Blut enthalten einen bestimmten Anteil an gelösten Salzen. Der Massenanteil dieser Salze entspricht dem einer 0,9 %igen Kochsalzlösung, die als physiologische oder isotonische Kochsalzlösung bezeichnet wird. Sie wird z. B. Verletzten bei starkem Blutverlust oder bei Operationen gegeben.

Ein erwachsener Mensch benötigt täglich 2 bis 3 g Kochsalz, um Verluste über Nieren, Darm und Haut auszugleichen. Mit 10 bis 12 g pro Tag nehmen wir aber sehr viel mehr Kochsalz auf, als unser Körper braucht. Dafür ist nicht nur die Vorliebe für den Salzgeschmack, sondern auch der hohe Salzanteil vieler Lebensmittel verantwortlich. Eine zu hohe Salzaufnahme auf Dauer ist jedoch gesundheitsschädlich.

Halogenide im Speisesalz Neben reinem Speisesalz (Kochsalz) ist im Handel auch iodiertes und fluoriertes Salz erhältlich. Iodide beugen Schilddrüsenerkrankungen vor, die wiederum Störungen der Herz- und Kreislauftätigkeit sowie des Körperwachstums zur Folge haben können. Ein Iodidmangel führt zu einer Vergrößerung der Schilddrüse. Hierdurch kann es zur Ausbildung eines Kropfes kommen. Fluoride benötigt der Mensch zum Aufbau des Knochenskeletts. Ein Mangel führt zu erhöhter Anfälligkeit für Knochenbrüche und Karies.

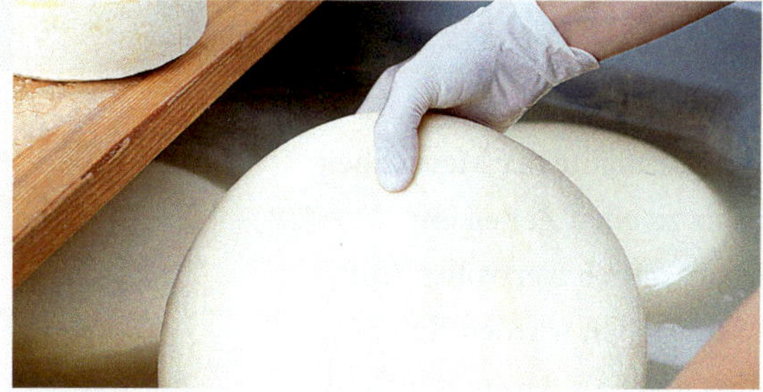

4 Käse wird zur Konservierung in Salzlake getaucht.

Salz hilft heilen Meerwasser zur Therapie von Hauterkrankungen gibt es nicht nur im Toten Meer mit seinem Salzgehalt von über 25 %. Auch Solebäder und vernebelte Sole lindern die Beschwerden von Asthmatikern, Lungenkranken und Allergikern. Alte, ausgediente Salzbergwerke erwachen als „Krankenhäuser“ mit Sole-Heilstollen zu neuem Leben.

Salz als Konservierungsmittel Vor allem Fisch und Fleisch, aber auch Oliven oder Gurken werden durch Einlegen in Salzlösung (Salzlake) oder durch Einreiben mit Kochsalz konserviert. Das Salz entzieht den Lebensmitteln Wasser, das Mikroorganismen wie Schimmelpilze und Bakterien für ihr Wachstum benötigen. Das bei der Herstellung von Wurst verwendete Nitritpökelsalz, ein Gemisch aus Kochsalz, Natriumnitrat und Kaliumnitrat, tötet zusätzlich schädliche Bakterien ab.

3 Menschliches Leben entsteht in einer 1 %igen Salzlösung.

5 Nicht nur erholend, sondern auch gesund

Aufgaben

1 Ermittle Lebensmittel, die einen hohen Anteil an Kochsalz haben. Nutze dafür auch Nährwerttabellen. Stelle die Ergebnisse in einer Tabelle zusammen.

2 Recherchiere auf Etiketten von „Iso-Drinks“ (isotonischen Getränken) die Inhaltsstoffe und ihren Anteil. Bewerte sie auf ihre Eignung als Durstlöscher nach sportlicher Betätigung.

Kochsalz

In der Geschichte der Menschheit war Salz zu allen Zeiten ein außerordentlich wertvoller Stoff. Um Salzquellen wurden Kriege geführt und Salz wurde mit Gold aufgewogen. Salz war ein wichtiges Handelsgut und zählt heute zu den bedeutenden mineralischen Rohstoffen.

1 Bergmännischer Salzabbau im 19. Jahrhundert

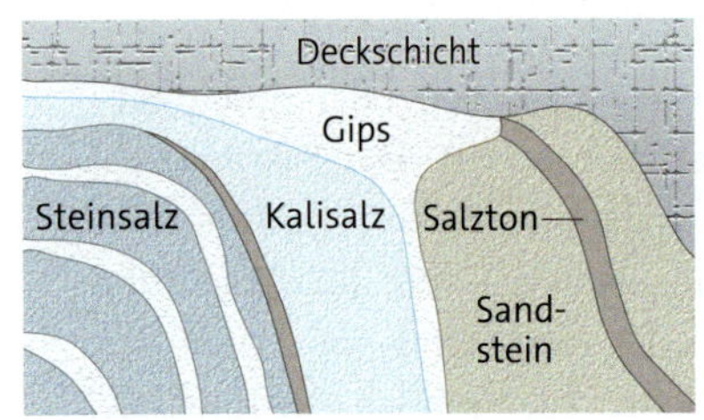

2 Aufbau einer Salzlagerstätte (schematische Darstellung)

Exp. 1 | **F**

Siedesalz aus Steinsalz

Forschungsaufgabe: Aus Brocken von Steinsalz oder Viehsalz, einem Gemisch aus Kochsalz, Sand und Verunreinigungen, soll Kochsalz gewonnen werden. Plane ein Experiment, um das Stoffgemisch zu trennen und anschließend festes Kochsalz zu gewinnen. Stelle die dafür benötigten Materialien selbständig zusammen. Fertige ein vollständiges Versuchsprotokoll an.

Vorkommen In den Weltmeeren sind 50 Billiarden Tonnen Salz, ein nahezu unerschöpflicher Vorrat. Über Jahrmillionen haben Flüsse und Bäche ihre Salzfracht, die sich durch Auswaschen des Bodens und des Gesteins anreicherte, in den Meeren abgelagert.
Unterirdische **Salzlagerstätten** entstanden aus Ablagerungen in einem Meer, das vor 200 bis 300 Millionen Jahren auch ganz Europa bedeckte. Durch Aufwölbungen des Meeresbodens entstanden flache Meeresbecken, in denen sich nach Verdunsten des Wassers Salz ablagerte. Die später gänzlich abgetrennten Meeresbecken trockneten aus. Sand und Erdschichten bedeckten die Salzablagerungen (▸ **2**). Salzschichten lagern in Europa in einer Tiefe zwischen 300 und 1 500 m unter der Erde.
Über die größten Salzreserven verfügen die USA, aber auch Kanada und Mexiko besitzen riesige Salzvorkommen. Von England bis Sachsen reichen die sogenannten Zechsteinlager aus der Formation des Perm, die in Europa die größte Bedeutung haben. Etwas jünger sind die Salzlager Frankreichs, der Schweiz, Baden-Württembergs und der deutsch-österreichischen Alpen aus der Formation der Trias.

Gewinnung Mehr als 200 Milliarden Tonnen des „weißen Goldes" gehören zu Deutschlands ansonsten geringen Bodenschätzen. Steinsalz, relativ reines Natriumchlorid, wird bergmännisch ähnlich wie Steinkohle abgebaut (▸ **5**). Wo das Steinsalz weniger rein ist, wird es unterirdisch gelöst. Unter die Erde gepumptes Süßwasser löst das Salz aus dem Gestein. Salzhaltiges Wasser, die Sole, steigt nach oben und wird direkt in die Saline geleitet. Dort scheidet sich in riesigen Verdampfern aus der Sole reines Siedesalz ab (▸ Exp. 1). An Salzförderstätten befanden sich früher meist Gradierwerke zur Reinigung der Sole (▸ **3**). Diese rieselte über Dornenreisig, ihr Salzgehalt nahm dabei zu.

3 Gradierwerk in einem Soleheilbad (► Video)

4 Salzgärten am Mittelmeer

Die Sonne ermöglicht die Salzgewinnung aus dem Meerwasser, beispielsweise im Süden Italiens, auf Mallorca, den Kanarischen Inseln oder in der Bretagne. In flach angelegten Meeresbecken verdunstet das Meerwasser durch die Sonneneinstrahlung. Das **Meersalz** wird dann in den „Salzgärten geerntet" (► **4**).

Verwendung Der Mensch benötigt täglich 2 bis 3 g des lebenswichtigen Kochsalzes. Besonders für die Funktion der Nerven ist es unabdingbar. Eine zu hohe Salzkonzentration im Körper bewirkt dagegen Wasserentzug aus den Zellen. Anstieg der Blutmenge, Gefäßerweiterung und Bluthochdruck können die Folgen sein.
Als Speisesalz gehört Kochsalz zu den am häufigsten verwendeten Würzmitteln. Auch zum Konservieren von Lebensmitteln wird es seit alters eingesetzt, z. B. für Schinken, Fisch und Sauerkraut.
Von den in Deutschland jährlich produzierten 14 Millionen Tonnen Salz werden nur etwa 3 % als Speisesalz verwendet (► **6**). Ein kleiner Teil wird für die Futtermittelherstellung als Viehsalz genutzt. Etwa 12 % werden zum Eisfreihalten von Straßen eingesetzt. Der weitaus größte Teil wird in der Industrie benötigt. Aus jährlich ungefähr 9 Millionen Tonnen des relativ preiswerten Rohstoffs werden Produkte wie Chlor, Natronlauge, Salzsäure und Soda hergestellt. Ohne diese Grundchemikalien gäbe es den Kunststoff PVC, das Glas, die Waschmittel und viele Medikamente nicht.

5 Bergmännischer Salzabbau heute

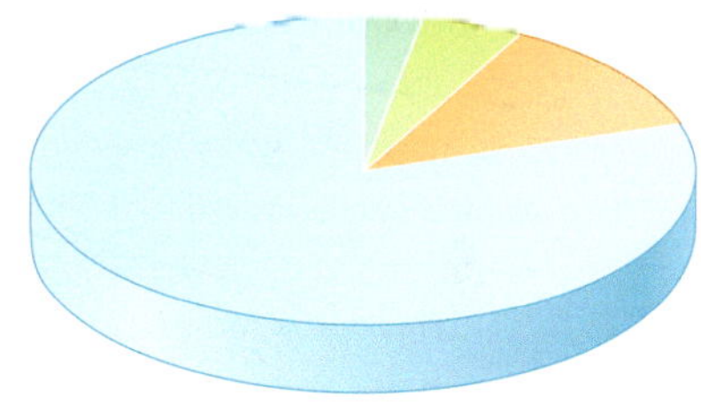

6 Verwendung verschiedener Salzarten in Deutschland

Aufgaben

1 ▢ Beschreibe die Gewinnung von Kochsalz aus Sole als Stofftrennung.

2 ▢ Stelle einen Steckbrief für Kochsalz auf. Beschreibe die Beschaffenheit des Stoffs. Recherchiere im Internet Angaben zu diesem Stoff.

3 Schätze ab, wie viel Kochsalz du täglich zu dir nimmst. Wiege zum Vergleich 3 g Kochsalz ab.

4 ▢ Im Mittelalter blühten viele Städte durch Salzgewinnung oder Salzhandel auf. In ihren Namen deuten Silben wie -salz, -sulz, -sol oder auch -hal auf diese Quelle des Wohlstands hin. Suche im Atlas solche Orte im deutschsprachigen Raum.

5 Salz – wertvoll wie Gold. Ermittle Geschichtliches zum Salzhandel.

Chemie erlebt

Geschichte des Salzes

Salz – ein Stoff der die Welt veränderte Heute eines der preiswertesten Lebensmittel, war Salz einst so kostbar wie Gold. „Der Mensch kann ohne Gold, aber nicht ohne Salz leben", schrieb vor über 1 500 Jahren ein römischer Schriftgelehrter. Es handelt sich dabei um die chemische Verbindung Natriumchlorid.
Um Salzquellen wurden Kriege geführt. Salz war ein wichtiges Handelsgut. Im Mittelalter blühten viele Städte durch Salzgewinnung oder Salzhandel auf und wurden zum Ausgangspunkt bedeutender Handelsstraßen. Neun solcher „Salzstraßen" führten von Halle in alle Himmelsrichtungen quer durch Europa (▸1). Silben wie -salz, -sulz, -sol oder -hal (*keltisch*: hal = Salz) im Ortsnamen weisen noch heute darauf hin.

2 Salzstollen in einer Tiefe von rund 700 m

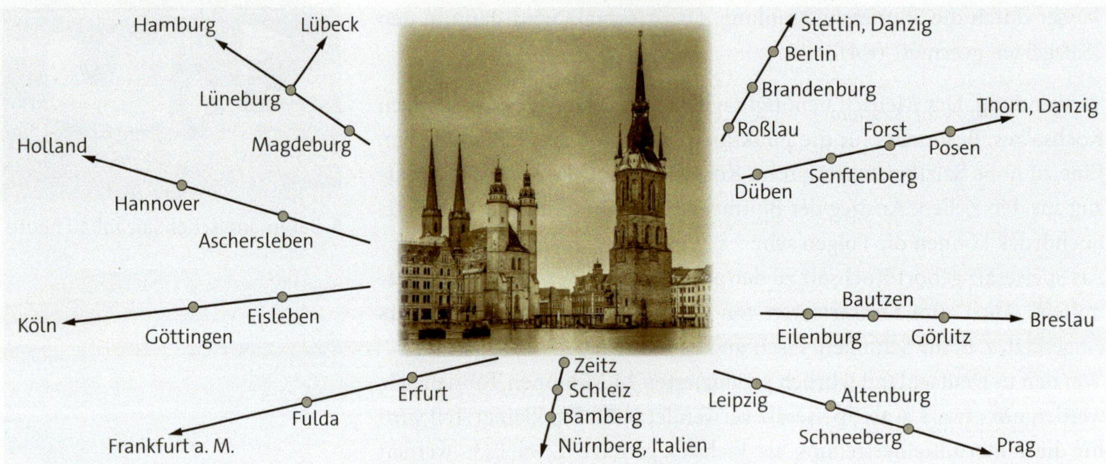

1 Um 1500 führten viele Handels- und Salzstraßen von Halle aus in alle Welt.

Salz – bis heute wertvoll Jeder Mensch braucht täglich etwa 2 bis 3 g Salz, um Verluste über Nieren, Darm und Haut auszugleichen. 80 g Salz wirken im Organismus als Basis des Blutes und der Zellflüssigkeit. Salz regelt den Wasserhaushalt zwischen den Zellen und beeinflusst die Erregungsübertragung in den Nervenzellen.
Die Länder der Europäischen Union produzieren heute jährlich zwischen 35 und 40 Millionen Tonnen Salz. In Bernburg (Sachsen-Anhalt) wird seit 1921 Steinsalz im bergmännischen Abbau gefördert. Es hat einen Reinheitsgrad von 95 bis 99 %.
Von der Salzindustrie werden etwa 14 000 Verwendungsmöglichkeiten angegeben. In Deutschland werden jährlich 16 Millionen Tonnen Salz produziert, davon nur 3 % als Speisesalz. Obgleich der Salzverbrauch weltweit zurückgeht, wird viel Salz für die in Salz konservierten Speisen wie Salzhering, Schinken, Käse, Gurken und Sauerkraut benötigt.

Aufgaben

1 ▢ Stelle die wichtigsten Verwendungsmöglichkeiten für Kochsalz zusammen.

2 ▢ Recherchiere, was man unter einer Saline versteht und bis wann sie in folgenden Städten zur Salzproduktion genutzt wurden: Halle, Bernburg, Schönebeck und Staßfurt.

Eigenschaften von Salzen und Salzlösungen

Exp. 2 Kochsalz aus Sole

Materialien: Becherglas, Glasstab, Spatel, schwarze Porzellanschale, Lupe, Kochsalz, Wasser

Durchführung: *Spritzgefahr!* Stelle eine gesättigte Kochsalzlösung her. Dampfe eine geringe Menge davon in der Porzellanschale ein.

Auswertung: Betrachte den Rückstand mit einer Lupe.

Exp. 3 Härte und Verformbarkeit von Natriumchlorid

Materialien: Hammer, schlagfeste Unterlage, Natriumchloridkristalle, Kupfer- oder Zinn

Durchführung: Untersuche, ob sich Natriumchloridkristalle durch die Krafteinwirkung eines Schlages verformen lassen. Prüfe zum Vergleich ein Stück Kupfer oder Zinn.

Auswertung: Beschreibe deine Beobachtungen.

Exp. 4 Löslichkeit verschiedener Salze in Wasser

Materialien: 3 Reagenzgläser mit Stopfen, Spatel, Heizplatte, großes Becherglas, Natriumchlorid, Magnesiumchlorid, Calciumcarbonat, entminieralisiertes Wasser

Durchführung: Gib in die drei Reagenzgläser je 5 mL Wasser und jeweils eine Spatelspitze der drei Salze. Verschließe die Reagenzgläser mit den Stopfen und schüttle sie kräftig. Wiederhole die Zugabe der Salze so lange, bis ein Bodensatz zurückbleibt. Notiere die Anzahl der zugegebenen Stoffportionen.
Erwärme die Lösungen mit dem Bodensatz im mit Wasser gefüllten Becherglas auf der Heizplatte (Wärmebad).

Auswertung: Notiere deine Beobachtungen und vergleiche sie miteinander. Formuliere eine Aussage über den Einfluss der Temperatur auf die Löslichkeit dieser Stoffe.

Exp. 5 Elektrische Leitfähigkeit von Natriumchlorid

Materialien: Waage, drei Bechergläser, Spatel, Leitfähigkeitsprüfer, trockenes Natriumchlorid, großer, trockener Natriumchloridkristall, entmineralisiertes Wasser

Durchführung: Gib in ein Becherglas etwa 10 g Natriumchlorid, in das andere Becherglas den Natriumchloridkristall und in das dritte Becherglas 100 mL Wasser. Prüfe zunächst die elektrische Leitfähigkeit des Natriumchloridkristalls und des Wassers.
Verrühre die 10 g Natriumchlorid mit dem Wasser, bis eine klare Lösung entstanden ist. Prüfe die Lösung auf elektrische Leitfähigkeit.

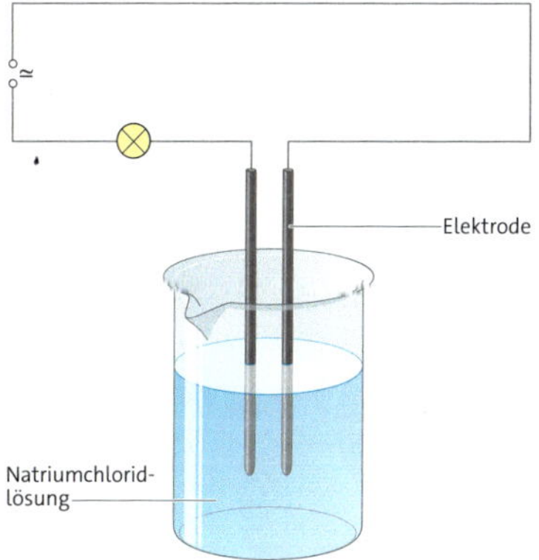

Auswertung: Vergleiche die Ergebnisse miteinander.

Exp. 6 Schmelztemperatur von Zinkchlorid

Materialien: Brenner, Dreifuß, Tondreieck, Porzellantiegel, Digitalthermometer, Zinkchlorid (GHS 5|7|9)

Durchführung: *Vorsicht! Nur unter Aufsicht durchführen! Spritzgefahr!* Erhitze Zinkchlorid im Porzellantiegel, bis es vollständig geschmolzen ist. Tauche in die Schmelze das Digitalthermometer. Notiere die Temperatur nach Löschen des Brenners alle 30 s.

Auswertung: Zeichne ein Temperatur-Zeit-Diagramm und ermittle daraus die Erstarrungstemperatur des Salzes. Sie ist mit der Schmelztemperatur identisch. Vergleiche mit Schmelztemperaturen anderer Salze.

Natriumchlorid – ein aus Ionen aufgebauter Stoff

Steinsalzkristalle in Mineraliensammlungen sind oft groß, farblos oder farbig, lichtbrechend und von regelmäßiger Form. Solche Kristalle sind in Jahrhunderten gewachsen. Hauptbestandteil des Steinsalzes ist Natriumchlorid. Es gibt aber auch weitere in der Natur vorkommende, dem Natriumchlorid ähnliche Stoffe.

1 Großer Kristall aus Steinsalz

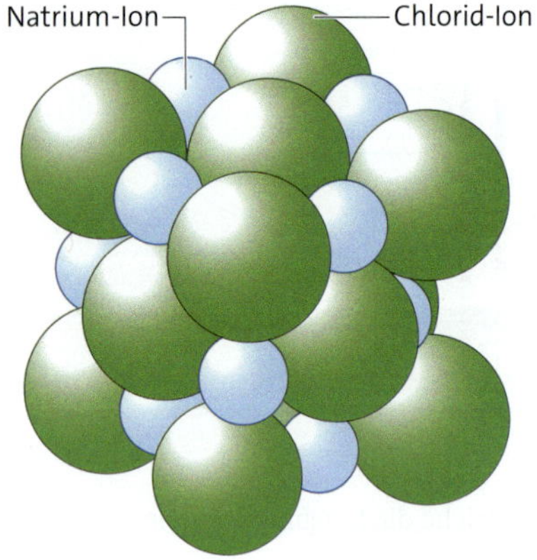

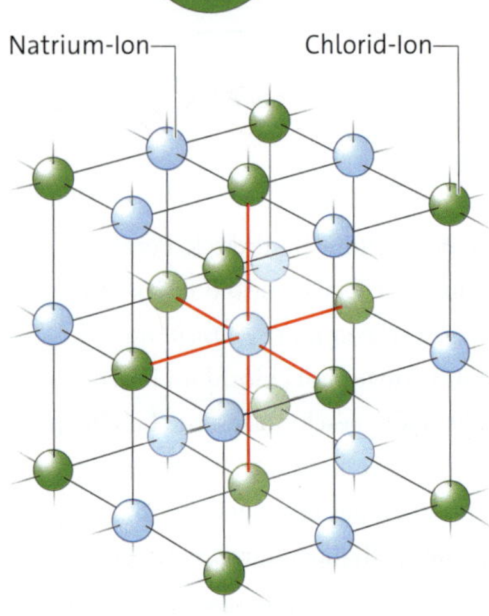

2 Modelle vom Bau des Natriumchlorids

Kochsalz Eine Stoffprobe von Kochsalz besteht aus regelmäßig geformten, harten und spröden Kristallen (▸ Exp. 3, S. 13). Sie löst sich gut in Wasser. Im Gegensatz zu destilliertem Wasser oder einer Zuckerlösung leitet die Salzlösung den elektrischen Strom (▸ Exp. 5, S. 13).

Teilchen im Natriumchlorid Die oben genannten Beobachtungen lassen sich durch die Art und Anordnung der Teilchen, aus denen Natriumchlorid aufgebaut ist, deuten. In Salzlösungen müssen frei bewegliche Ladungsträger vorhanden sein, die die elektrische Leitfähigkeit bewirken. Diese Ladungsträger werden als **Ionen** (griech. *ionos:* wandernd) bezeichnet. Sie sind neben den Atomen und Molekülen eine weitere Teilchenart, aus der Stoffe aufgebaut sein können. Sie unterscheiden sich grundsätzlich von Atomen und Molekülen durch ihre elektrische Ladung. In der Natriumchloridlösung befinden sich einfach positiv geladene Natrium-Ionen und einfach negativ geladene Chlorid-Ionen.
Auch im festen Natriumchlorid sind diese Ionen vorhanden. Sie sind in einer unvorstellbar großen Anzahl regelmäßig angeordnet. Jedes Natrium-Ion ist dabei von sechs Chlorid-Ionen und jedes Chlorid-Ion von sechs Natrium-Ionen umgeben. Sie bilden einen **Ionenkristall** und halten aufgrund ihrer gegensätzlichen Ladung zusammen. Diese regelmäßige Anordnung wird **Ionengitter** genannt (▸ **2**).

Natriumchlorid ist aus Ionen aufgebaut. Ionen sind elektrisch geladene Teilchen in der Größe von Atomen.

Ionenbindung Zwischen den ungleichnamigen Ionen im Natriumchlorid wirken starke, ungerichtete Anziehungskräfte. Sie bewirken die chemische Bindung zwischen den Ionen und werden als **Ionenbindung** bezeichnet.

Durch die Ionenbindung wird jedes Ion an seinem Platz im Ionengitter gehalten. Festes Natriumchlorid zeigt deshalb auch keine elektrische Leitfähigkeit (▸ Exp. 5, S. 13).

Kochsalzähnliche Stoffe Salz ist nicht gleich Salz! In den Salzlagerstätten finden sich neben dem bekannten Natriumchlorid auch Kaliumchlorid, Magnesiumchlorid oder Calciumfluorid (▸ **3**). In ihren Eigenschaften ähneln diese kristallinen Stoffe dem Kochsalz (▸ Exp. 4, S. 13). Sie sind auch aus positiv und negativ geladenen Ionen aufgebaut, die durch Ionenbindung in einem Ionengitter regelmäßig angeordnet sind. Alle diese Stoffe gehören zu den **Salzen** (Ionensubstanzen).

3 Kristalle des Salzes Calciumfluorid

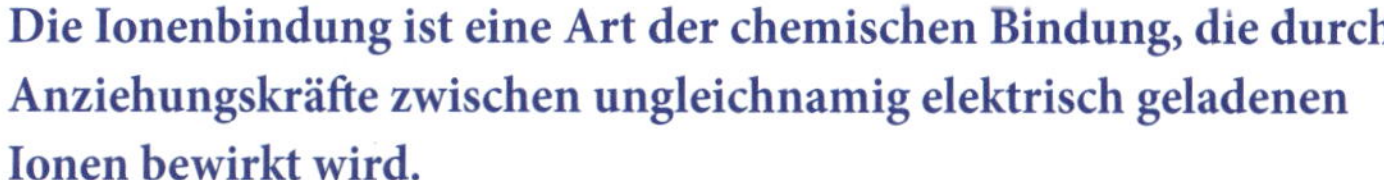

Die Ionenbindung ist eine Art der chemischen Bindung, die durch Anziehungskräfte zwischen ungleichnamig elektrisch geladenen Ionen bewirkt wird.

Chemische Zeichen für Ionen Ionen können positiv elektrisch oder negativ elektrisch geladen sein. Bei den chemischen Zeichen für Ionen wird die Art und die Anzahl der elektrischen Ladungen am Symbol der Elemente rechts oben angegeben (▸ **4**). Das chemische Zeichen **Na^+** kennzeichnet ein Natrium-Ion und gibt an, dass es einfach positiv elektrisch geladen ist. Das einfach elektrisch negativ geladene Chlorid-Ion wird durch das Zeichen **Cl^-** angegeben. Ein positiv elektrisch geladenes Ion nennt man **Kation**, ein negativ elektrisch geladenes Ion **Anion**.
Salze sind aus unvorstellbar großen Teilchenverbänden zusammengesetzt. Die Formel für ein Salz gibt deshalb nur das kleinstmögliche Zahlenverhältnis im Ionenkristall wieder. Sie wird auch **Verhältnisformel** genannt und kennzeichnet die kleinste **Baueinheit** des Salzes.
Da Salze nach außen elektrisch neutral sind, müssen sich die Ladungen der positiven und negativen Ionen in der Baueinheit ausgleichen (▸ **5**). Natrium-Ionen und Chlorid-Ionen liegen deshalb im Verhältnis 1 : 1 vor. Die Formel von Natriumchlorid ist NaCl.

Name des Ions	Symbol	Elektrische Ladung
Natrium-Ion	Na^+	+1
Kalium-Ion	K^+	+1
Magnesium-Ion	Mg^{2+}	+2
Calcium-Ion	Ca^{2+}	+2
Aluminium-Ion	Al^{3+}	+3
Chlorid-Ion	Cl^-	−1
Fluorid-Ion	F^-	−1
Bromid-Ion	Br^-	−1
Oxid-Ion	O^{2-}	−2
Sulfid-Ion	S^{2-}	−2

4 Name, Symbol und elektrische Ladung einiger Ionen

Salz	Ionen		Kleinstmögliches Zahlenverhältnis der Ionen	Verhältnisformel
Natriumchlorid	Na^+	Cl^-	1 : 1	NaCl
Magnesiumchlorid	Mg^{2+}	Cl^-	1 : 2	$MgCl_2$
Magnesiumfluorid	Mg^{2+}	F^-	1 : 2	MgF_2

5 Formeln einiger Salze

Aufgaben

1 Beschreibe den Bau von Natriumchlorid anhand eines Modells (▸ **2**). Kennzeichne die chemische Bindung im Natriumchloridkristall.

2 Stelle die Verhältnisformel der Verbindungen auf:
a Kaliumfluorid **b** Calciumsulfid

3 Erläutere, warum die kleinste Baueinheit von Aluminiumchlorid immer aus einem Aluminium-Ion und drei Chlorid-Ionen aufgebaut ist.

4 Erkläre, warum Natriumchloridlösung elektrische Leitfähigkeit zeigt, destilliertes Wasser nicht.

Eigenschaften von Salzen

Das wohl salzigste Gewässer der Erde ist der Assalsee mit einem Salzgehalt von 34,8 %. An seinen Ufern in einem entlegenen Wüstengebiet Ostafrikas verkrusten würflige Salzkristalle zu meterdicken Platten.

1 Assalsee

Einige Eigenschaften von Salzen Nach dem experimentellen Untersuchen der Salze könnt ihr jetzt einige Eigenschaften aus deren Bau erklären. Die kristalline Beschaffenheit ist meist mit bloßem Auge sichtbar. Die durch Ionenbindung zusammengehaltenen Ionen bilden Kristalle, die regelmäßige Formen zeigen.
Die harten Kristalle der Salze lassen sich nicht so verformen wie beispielsweise Metalle (▸ Exp. 3, S. 13). Beim Einwirken einer Kraft auf die Salzkristalle verschieben sich die Ionenschichten gegeneinander. Die Ionenbindung wird überwunden, es stehen sich gleichnamig geladene Ionen gegenüber, die sich gegenseitig abstoßen. Der spröde Kristall zerspringt (▸ **2**).

yeyete

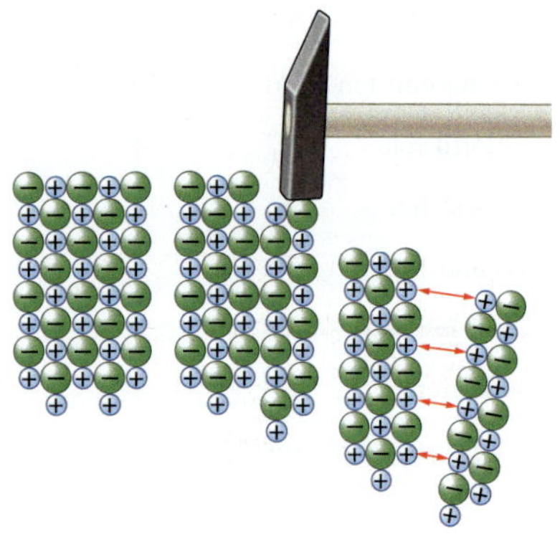

2 Ionenkristalle sind spröde (Modell, ▸ bewegte Grafik).

Schmelztemperatur Feste, aus Ionen aufgebaute Stoffe haben im Allgemeinen hohe Schmelztemperaturen (▸ Exp. 6, S. 13). Beim Schmelzen der Salze muss die Ionenbindung überwunden werden. Bei Erwärmung schwingen die Ionen immer stärker im Ionengitter. Schließlich verlassen sie ihre Plätze, das Ionengitter wird zerstört. Die Ionen sind in der Schmelze frei beweglich. Die Schmelze leitet daher im Gegensatz zum festen Salz den elektrischen Strom.

Name des Salzes	Schmelztemperatur in °C
Bariumchlorid	963
Magnesiumchlorid	712
Natriumfluorid	992

3 Schmelztemperaturen einiger Salze

Salze (Ionensubstanzen) sind kristallin, spröde und haben meist eine hohe Schmelztemperatur.

Löslichkeit von Salzen Salze lösen sich meist leicht im Wasser (▸ Exp. 4, S. 13). Beim Lösen zerfällt das Ionengitter. Die elektrisch geladenen Ionen umgeben sich jeweils mit einer Hülle aus Wasser-Molekülen. Dabei wird Wärme an die Umgebung abgegeben. Diese Wärme reicht oft aus, um die Ionenbindung im Kristall zu lösen.

Salz	Löslichkeit (in 100 g Wasser)	Salz	Löslichkeit (in 100 g Wasser)
Magnesiumchlorid	54 g	Calciumsulfat	0,2 g
Natriumchlorid	36 g	Calciumcarbonat	0,0015 g
Kaliumchlorid	34 g	Bariumsulfat	0,00023 g

4 Löslichkeit einiger Salze bei 20 °C

Es entstehen frei bewegliche hydratisierte Ionen (▸ **5**). Beim Lösen finden Energieumwandlungen statt und Teilchen ordnen sich um.
Manche Salze sind in Wasser sehr schwer löslich, z. B. Calciumsulfat und Calciumcarbonat. Die Ionenbindung im Salzkristall kann durch die Wasser-Moleküle nicht überwunden werden. Zur Kennzeichnung der Löslichkeit wird die Masse an Salz angegeben, die sich in 100 g Wasser gerade noch löst (▸ **4**).

Salze – vielfach im Gebrauch Im Haushalt und der Industrie werden viele Salze verwendet, die uns oft nur mit dem Trivialnamen bekannt sind (▸ **6**).

Nitrate Um Pflanzen für die Eiweißproduktion und damit zum Aufbau neuer Zellen genügend Stickstoff zur Verfügung zu stellen, kann dem Boden der Stickstoff in Form von Nitraten zugeführt werden (▸ **7**). Kalium- oder Natriumnitrat können dafür eingesetzt werden (▸ **6**). Andererseits gehören viele Nitrate zu den explosiven Stoffen, sodass sie zur Herstellung von Sprengstoff oder von Feuerwerkskörpern genutzt werden.

Phosphate Ebenso wie den Stickstoff benötigen Pflanzen für ihr Wachstum Phosphor, sodass auch viele Phosphate als Dünger eingesetzt werden. Ein wichtiges Düngemittel ist z. B. Superphosphat – ein Gemisch aus Calciumdihydrogenphosphat [$Ca(H_2PO_4)_2$] und Calciumsulfat ($CaSO_4$).
Das Ausbringen mineralischen Düngers auf die Felder muss mit großer Sorgfalt erfolgen, damit die im Dünger enthaltenen Nitrat- oder Phosphat-Ionen nicht in Gewässer oder ins Grundwasser gelangen.

Sulfate Der chemische Name des bei Bau- und Reparaturarbeiten verwendeten Gipses ist Calciumsulfat (▸ **6**). Nach dem Anrühren einer Suspension mit Wasser härtet dieser durch Verdunsten von Wasser wieder aus. Die Herstellung von Gips wird idealerweise mit der Lösung eines Umweltproblems verbunden: Die besonders aus Braunkohlekraftwerken freigesetzten Rauchgase enthalten das giftige Schwefeldioxid. In Rauchgasentschwefelungsanlagen werden bis zu 95 % davon in Calciumsulfat überführt und entfernt. Das leicht wasserlösliche Kaliumsulfat findet man z. B. im Löschpulver von Feuerlöschern. Aluminiumsulfat ist als Lebensmittelzusatzstoff E 520 als Festigungsmittel zugelassen.

Sulfite „Enthält Sulfite" – diese Angabe auf dem Etikett vieler Weinflaschen ist gesetzlich vorgeschrieben, wenn der Wein mehr als 10 mg eines Sulfits pro Liter enthält. Diese Salze sorgen zusammen mit dem aus ihnen im Wein freigesetzten Schwefeldioxid dafür, dass Bakterien sich nicht vermehren können und die Bildung geruchsaktiver Stoffe bei der Gärung unterbunden wird.

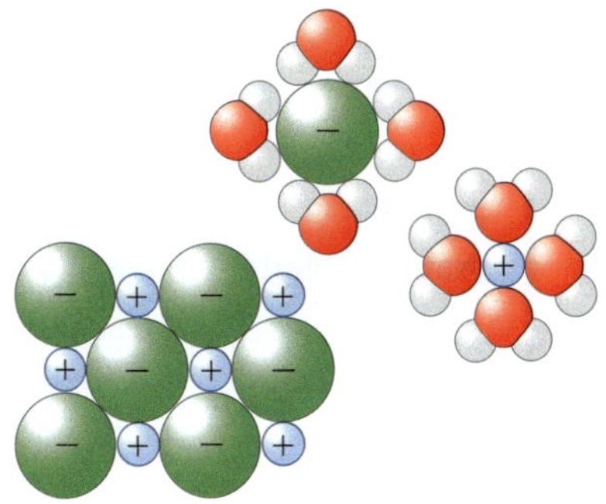

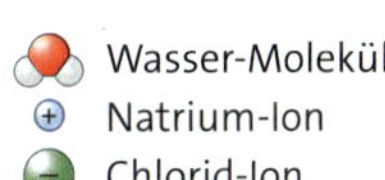

5 Natriumchlorid und hydratisierte Natrium- und Chlorid-Ionen im Modell

Trivialname	Formel des Salzes
Soda	Na_2CO_3
Natron	$NaHCO_3$
Pottasche	K_2CO_3
Salpeter	KNO_3
Chilesalpeter	$NaNO_3$
Gips	$CaSO_4$

6 Trivialnamen einiger Salze

7 Mit 130 kg Düngemittelverbrauch pro Hektar Ackerfläche liegt Deutschland im weltweiten Mittelfeld (2021, Quelle: Weltbank).

Aufgaben

1 ○ Nenne typische Eigenschaften von Salzen.

2 ◐ Stelle in einer Tabelle die Verwendung von Salzen im Haushalt zusammen. Gib von jedem Salz den Namen und die Formel an.

Auf einen Blick

Salze

Kochsalz (Natriumchlorid)	 Für den menschlichen Körper lebenswichtiger Stoff, der in großen Salzlagerstätten und im Meerwasser gelöst vorkommt. Kochsalz wird als Würzmittel, Konservierungsmittel und Rohstoff für die chemische Industrie verwendet. Natriumchlorid ist ein harter, spröder, kristalliner Stoff mit einer hohen Schmelz- und Siedetemperatur. Es löst sich gut in Wasser. Die Lösung und Schmelze von Natriumchlorid leiten den elektrischen Strom, das feste Salz leitet ihn nicht.
Bau von Natriumchlorid	Natriumchlorid ist eine chemische Verbindung, die aus einfach elektrisch positiv geladenen Natrium-Ionen und einfach elektrisch negativ geladenen Chlorid-Ionen aufgebaut ist. Es bildet Ionenkristalle, in denen die Ionen in einem Ionengitter regelmäßig angeordnet sind. 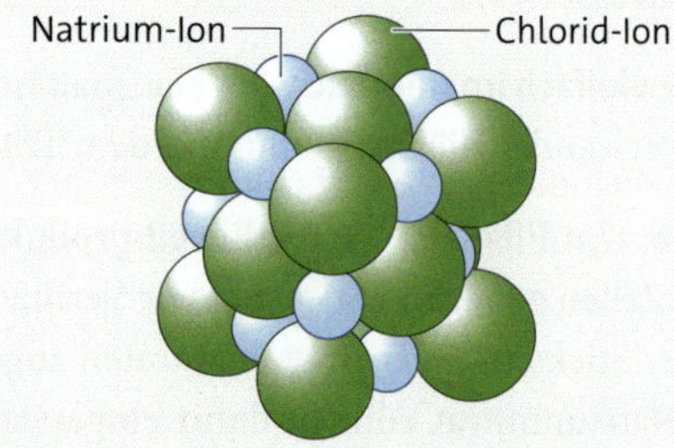
Ionen	Teilchen, aus denen Stoffe aufgebaut sein können; elektrisch positiv oder negativ geladene Teilchen in der Größenordnung von Atomen.
Ionenbindung	Art der chemischen Bindung, die durch Anziehung zwischen ungleichnamig elektrisch geladenen Ionen bewirkt wird. 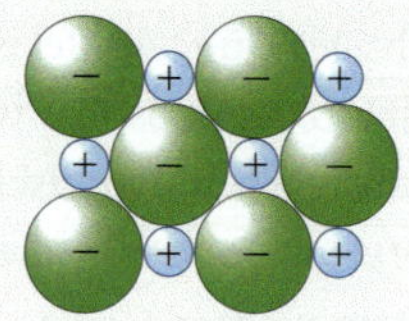
Ionengitter	Modellvorstellung zur regelmäßigen Anordnung von Ionen in Kristallen
Chemische Zeichen für Ionen	Die Angabe der Ladung der Ionen erfolgt am Symbol der Elemente rechts oben durch arabische Ziffern mit nachgestelltem Plus- oder Minuszeichen. Na^+ Zeichen für das Natrium-Ion Cl^- Zeichen für das Chlorid-Ion
Salze	Feste, kristalline Stoffe, die aus regelmäßig angeordneten positiv und negativ elektrisch geladenen Ionen aufgebaut sind. Zwischen den Ionen liegt eine Ionenbindung vor. Beispiele: Natriumchlorid, Kaliumchlorid, Magnesiumchlorid 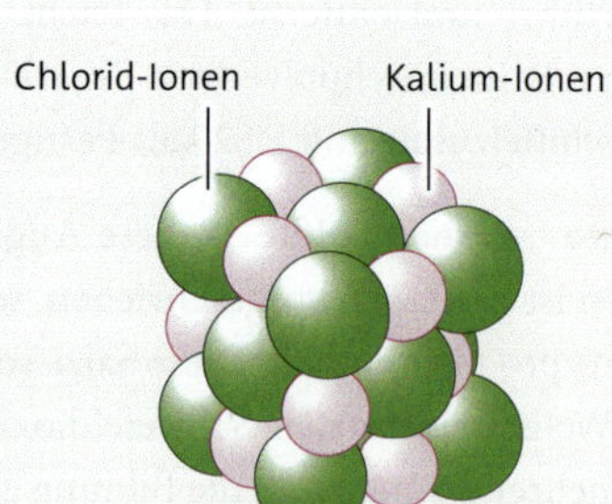

Aufgaben

1 Meersalz wird in sogenannten Salzgärten geerntet.
- **a** ▢ Gib geographische Regionen an, wo das möglich ist.
- **b** ◪ Beschreibe diese Art der Salzgewinnung.
- **c** ▢ Ordne sie einem Trennverfahren zu.

2 Natriumchlorid kommt in großen Salzlagerstätten vor.
- **a** ▢ Nenne typische Eigenschaften von Natriumchlorid.
- **b** ◪ Beschreibe den Bau von Natriumchlorid und benenne die Art der chemischen Bindung.
- **c** ◪ Begründe, dass festes Natriumchlorid den elektrischen Strom nicht leitet.

3 ◪ Begründe, dass eine Lösung und eine Schmelze von Zinkchlorid den elektrischen Strom leiten, festes Zinkchlorid aber nicht.

4 ◪ Magnesiumchlorid löst sich gut in Wasser. Beschreibe den Lösevorgang mithilfe des Teilchenmodells.

5 ◪ Schlägt man mit einem Hammer auf einen Natriumchloridkristall, zerspringt dieser. Erkläre den Sachverhalt, dass die meisten Bruchstücke glatte Flächen aufweisen.

6 Natriumchloridlösung wird eingedampft.
- **a** ▢ Beschreibe das zu erwartende Ergebnis.
- **b** ◪ Fertige eine Skizze der Versuchsapparatur an.

7 ▢ Nenne mindestens drei Beispiel aus dem Alltag, wo Kochsalz als Konservierungsmittel von Nahrungsmitteln zum Einsatz kommt.

8 ◪ Begründe, warum man bei der Verwendung von Kochsalz zum Würzen von Speisen sparsam umgehen sollte.

9 ▢ Gib die Namen und chemischen Zeichen der Ionen an, aus denen die folgenden Salze aufgebaut sind. Gib die Formeln dieser Salze an: Lithiumchlorid, Magnesiumiodid, Aluminiumbromid.

10 Salze finden im Alltag, in der chemischen Industrie und in der Landwirtschaft vielfältige Anwendungen.
- **a** ◪ Erläutere den Begriff „Salze".
- **b** ▢ Nenne drei Beispiele für Salze.
- **c** ▢ Gib die Formeln und Verwendungsmöglichkeiten der genannten Salze an.

11 ◪ Salze haben meist hohe Schmelztemperaturen. Gib dafür eine Erklärung an.

12 ◪ Stelle in einer Tabelle alle Aussagen zusammen, die sich aus den Formeln von folgenden Salzen ableiten lassen: $BaCl_2$, AgCl, $CuCl_2$.

13 ▢ Entwickle einen Steckbrief von Kaliumchlorid.

14 ▢ Sulfate haben große Bedeutung für die Industrie und Landwirtschaft.
- **a** ▢ Nenne drei Beispiele für Sulfate.
- **b** ◪ Gib die Formeln und Verwendungsmöglichkeiten von den genannten Sulfaten an.

Hilfe zu den Aufgaben findest du auf den Seiten ...

1	10f.	8	8f.
2	10, 14f.	9	15
3	14, 16f.	10	14–17
4	16f.	11	16
5	16	12	14f.
6	16f.	13	16f.
7	8f.	14	17

▶ Die Lösungen findest du im Anhang.

Periodensystem der Elemente

Das Atomium – das Wahrzeichen von Brüssel – stellt Eisen-Atome in 165-millionenfacher Vergrößerung dar. Während die Alchemisten noch glaubten, alles würde aus den vier „Urelementen" bestehen, sind bis heute über 118 Elemente bekannt. Im heutigen Periodensystem der Elemente sind diese u. a. nach ihren Eigenschaften geordnet. Diese Anordnung der Elemente lässt sich jedoch nur verstehen, wenn man sich die Atome nicht als feste, starre Kugeln vorstellt. Zum Verständnis sind weitergehende Modelle des Atombaus notwendig.

Schalenmodell der Atomhülle

Der dänische Physiker Niels Bohr (1885 bis 1962) entwickelte die Modellvorstellung vom Aufbau der Atome weiter. Mithilfe seines im Jahr 1913 vorgestellten Schalenmodells der Atomhülle kann man auch die Stellung der Elemente im Periodensystem erklären.

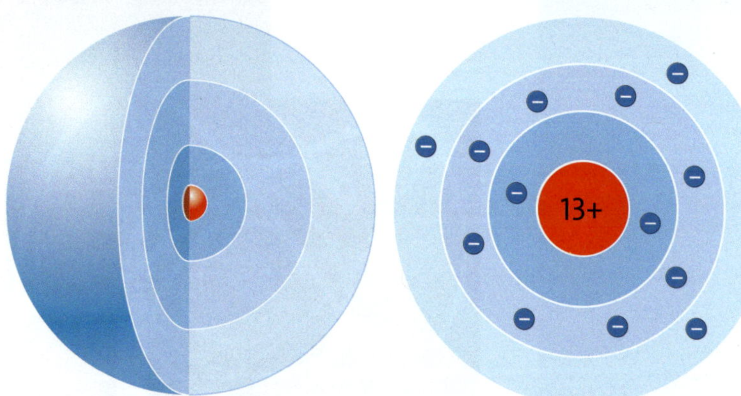

1 Räumliches und zweidimensionales Schalenmodell des Aluminium-Atoms

Bau der Atome Wie bekannt bestehen chemische Elemente aus einer Atomart, die aus den sogenannten Elementarteilchen zusammengesetzt ist. Diese bilden einen winzigen positiv elektrisch geladenen Atomkern, der von einer vergleichsweise riesigen negativ elektrisch geladenen Atomhülle umgeben ist (Kern-Hülle-Modell).
Die Elementarteilchen im Atomkern sind Protonen mit je einer positiven elektrischen Ladung. In der Atomhülle bewegen sich die Elektronen. Jedes Elektron ist Träger einer negativen elektrischen Ladung. Im Atom ist die Anzahl der Protonen gleich der Anzahl der Elektronen. Durch diese gleiche Anzahl an positiven und negativen elektrischen Ladungen ist das Atom als Ganzes ein elektrisch neutrales Teilchen.

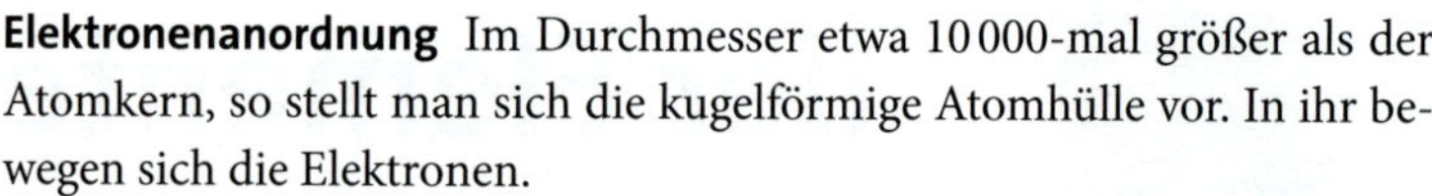

Elektronenanordnung Im Durchmesser etwa 10 000-mal größer als der Atomkern, so stellt man sich die kugelförmige Atomhülle vor. In ihr bewegen sich die Elektronen.
Im Ergebnis experimenteller Arbeiten wurde erkannt, dass die Elektronen sich nicht beliebig in der Atomhülle verteilen. Es gibt Gruppen von Elektronen mit annähernd gleichem Abstand vom Atomkern. Im Modell besetzt jede dieser Gruppen eine **Elektronenschale**, einen kugelschalenförmigen Raum mit dem Atomkern im Zentrum (▸**1**). Im Modell des Magnesium-Atoms verteilen sich 12 Elektronen auf drei Elektronenschalen (▸**2**).

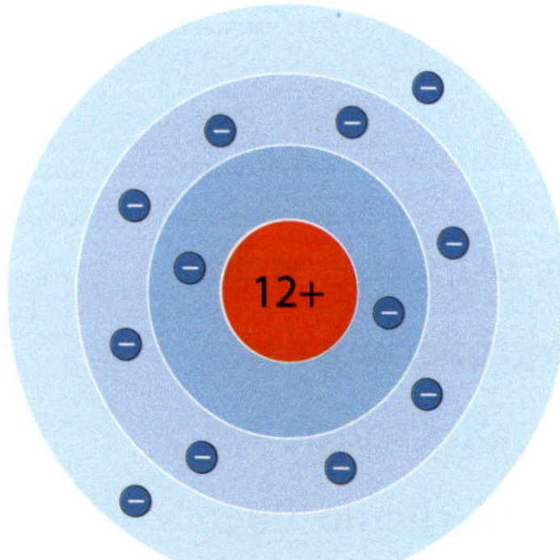

2 Schalenmodell des Magnesium-Atoms

Die Elektronen in der Elektronenschale, die den größten Abstand vom Kern hat, werden als **Außenelektronen** bezeichnet. Sie sind dafür entscheidend, wie die Atome in Verbindungen zusammenhalten oder miteinander reagieren.

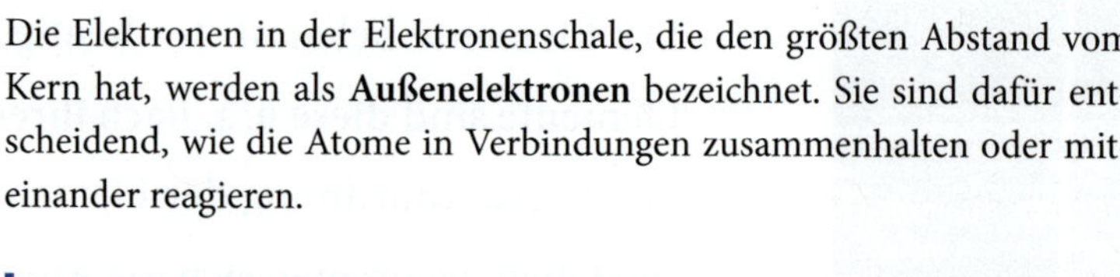

Die Atomhülle ist in Elektronenschalen gegliedert. In einer Elektronenschale halten sich Elektronen mit annähernd gleicher Energie und etwa gleichem Abstand vom Atomkern auf.

Wie viele Elektronen haben „Platz" in der Atomhülle? In den einzelnen Elektronenschalen kann sich stets nur eine begrenzte Anzahl an Elektronen aufhalten. Die dem Atomkern nächste, die 1. Elektronenschale, ist bereits mit 2 Elektronen voll besetzt. Die 2. Elektronenschale kann höchstens 8 Elektronen aufnehmen, die 3. Elektronenschale maximal 18 Elektronen. Von Innen nach Außen werden die Schalen mit den Buchstaben K, L, M und N bezeichnet. Die jeweilige maximale Elektronenanzahl gibt die nebenstehende Tabelle wieder (▸**3**).

Elektronenschale	Maximal mögliche Elektronenanzahl
1 ≙ K	2
2 ≙ L	8
3 ≙ M	18
4 ≙ N	32
n	$2n^2$

3 Besetzung der Elektronenschalen

Von Lithium bis Neon, von Natrium bis Argon Atome des Lithiums haben immer 3 Elektronen, von denen sich jeweils eines in der 2. Elektronenschale aufhält. Lithium-Atome haben 1 Außenelektron (▸**4**). Atome des Edelgases Neon besitzen 8 Außenelektronen, die die 2. Elektronenschale vollständig besetzen. Die 3. Elektronenschale wird von maximal 18 Elektronen gebildet. Das 11. Elektron eines Natrium-Atoms befindet sich in ihr, ebenso die äußeren 8 der insgesamt 18 Elektronen von Argon-Atomen. Argon ist wie Helium und Neon ein Edelgas.

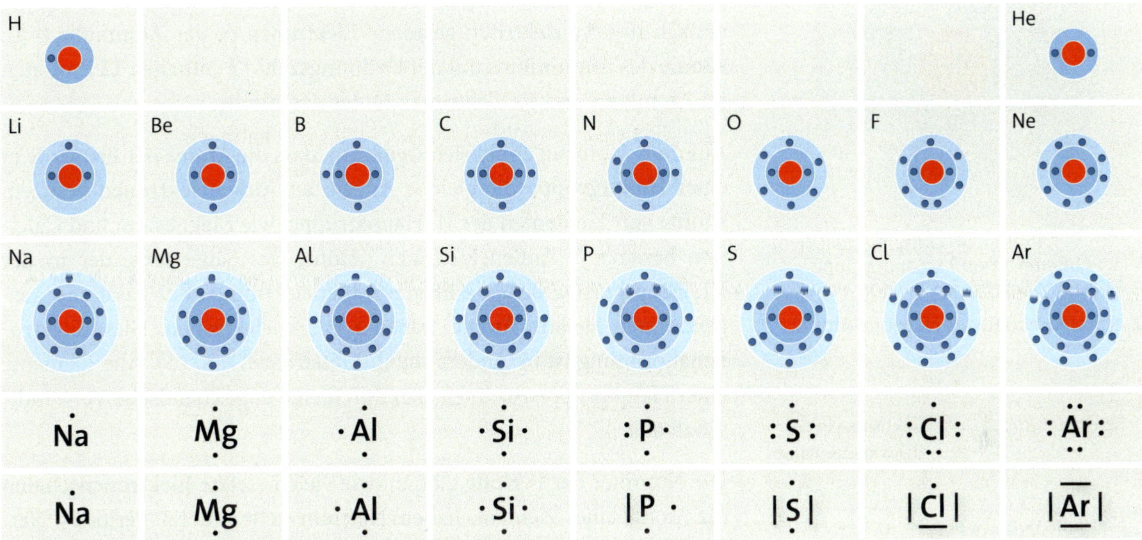

4 Elektronenanordnung und Elektronenschreibweise

Die Elektronenanordnung mit 8 Außenelektronen ist besonders stabil. Diese Anordnung wird als **Elektronenoktett** (Achterschale) bezeichnet und findet sich bei den Atomen der Edelgase (Edelgaskonfiguration). Bei den Atomen des Edelgases Helium wird eine stabile Anordnung bereits mit 2 Elektronen erreicht.

Elektronenschreibweise Die Außenelektronen der Atome sind für die chemischen Eigenschaften eines Stoffes maßgebend. In einer vom Amerikaner GILBERT N. LEWIS (1875 bis 1946) eingeführten Schreibweise werden diese besonders hervorgehoben. Am Symbol des Elements kennzeichnen Punkte Außenelektronen (▸**4**). Hat ein Atom mehr als 4 außenelektronen, können jeweils 2 von ihnen – ein **Elektronenpaar** – durch einen Strich gekennzeichnet werden.

Aufgaben

1 ▢ Zeichne ein Schalenmodell für ein Kalium-Atom.

2 ◪ Vergleiche die Atome von Natrium, Kohlenstoff und Schwefel miteinander.

3 ▢ Gib die Elektronenschreibweise der Elemente Strontium und Phosphor an.

Periodensystem der Elemente

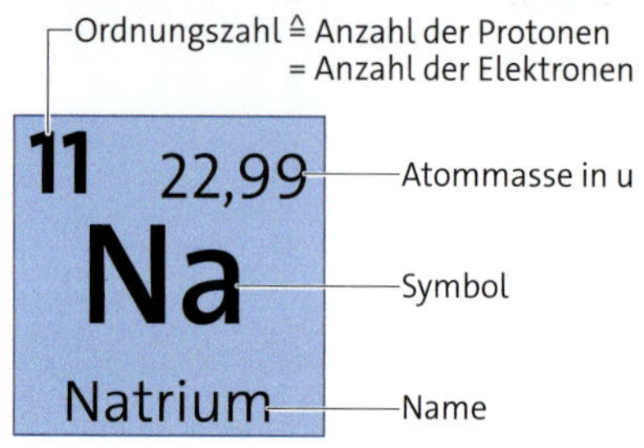

1 Ein Feld aus dem Periodensystem der Elemente

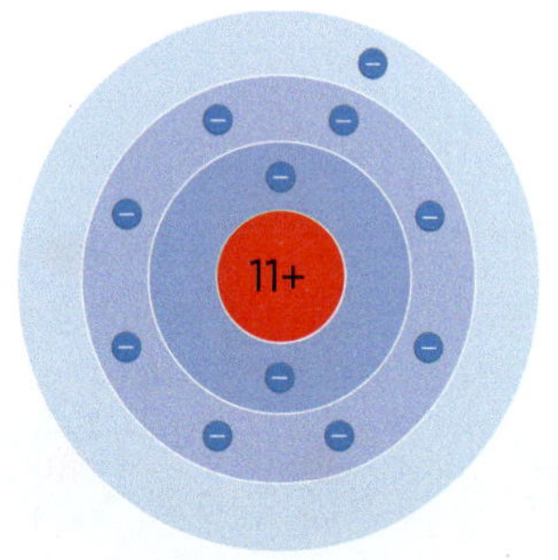

11 Protonen ≙ Ordnungszahl 11
1 Außenelektron ≙ I. Hauptgruppe
3 besetzte Schalen ≙ 3. Periode

2 Schalenmodell des Natrium-Atoms

Teilchen (Symbol)	Elektronen in der Elektronenschale 1.	2.	3.
Natrium-Atom (Na)	2	8	1
Chlor-Atom (Cl)	2	8	7
Argon-Atom (Ar)	2	8	8

3 Elektronenverteilungen im Vergleich

Ordnungszahl Wie bekannt sind die über 100 chemischen Elemente im Periodensystem der Elemente (▸ hintere Umschlagseite) als einem wichtigen Ordnungssystem der Chemie übersichtlich angeordnet.
Aus dem Atombau ergibt sich, dass die **Ordnungszahl** der Elemente der Anzahl positiv elektrisch geladener Protonen in ihren Atomkernen entspricht. Da im elektrisch neutralen Atom die Anzahl positiv elektrisch geladener Protonen gleich der Anzahl negativ elektrisch geladener Elektronen ist, stimmt diese mit der Ordnungszahl überein (▸ **1, 2**).

Ordnungszahl ≙ Anzahl der Protonen = Anzahl der Elektronen

Atombau und Anordnung der Elemente im Periodensystem In Atomen des Elements Natrium mit der Ordnungszahl 11 befinden sich jeweils 11 einfach positiv elektrisch geladene Protonen im Atomkern und jeweils 11 einfach negativ elektrisch geladene Elektronen in der Atomhülle (▸ **2**). Atome des Aluminiums mit der Ordnungszahl 13 enthalten 13 Protonen im Atomkern und 13 Elektronen in der Atomhülle.

Aus dem Atombau ergibt sich weiterhin, dass die Atome der Elemente in einer **Hauptgruppe** die gleiche Anzahl an **Außenelektronen** besitzen. Atome von Elementen der II. Hauptgruppe, wie Magnesium und Calcium, besitzen 2 Außenelektronen. Atome des Sauerstoffs, der in der VI. Hauptgruppe steht, besitzen 6 Außenelektronen. Edelgasatome, ausgenommen Helium-Atome, haben 8 Außenelektronen. Diese Elektronenanordnung ist besonders stabil (Oktettregel, ▸ S. 23). Alle Elemente einer Hauptgruppe zeichnen sich durch eine enge chemische Verwandtschaft aus.

Die Nummer der **Periode** gibt an, wie viele besetzte **Elektronenschalen** die Atome eines Elements haben. Natrium steht in der 3. Periode – Natrium-Atome haben deshalb 3 besetzte Elektronenschalen (▸ **3**).

Nummer der Hauptgruppe ≙ Anzahl der Außenelektronen
Nummer der Periode ≙ Anzahl der Elektronenschalen

Aufgaben

1 ○ Ein Element steht in der II. Hauptgruppe und in der 4. Periode. Notiere den Namen dieses Elements und mache Angaben zum Bau seiner Atome.

2 ○ Suche im Periodensystem das Element Magnesium. Gib die Ordnungszahl, die Nummer der Hauptgruppe und die Nummer der Periode an.

3 ◐ Die Elektronen eines Atoms sind auf drei Elektronenschalen verteilt. In der 3. Elektronenschale bewegen sich 4 Elektronen. Zeichne das Schalenmodell dieses Atoms und gib seinen Namen an.

4 ◐ Die Atome eines Elements haben 20 Protonen. Nenne das Element und erläutere den Bau seiner Atome.

Atome und Ionen im Vergleich

Teilchen	Natrium-Atom	Natrium-Ion	Chlor-Atom	Chlorid-Ion
Anzahl der Protonen	11	11	17	17
Anzahl der Elektronen	11	10	17	18
Anzahl Außenelektronen	1	8	7	8
Elektrische Ladung des Teilchens	keine	einfach positiv	keine	einfach negativ

1 Vergleich zwischen Atom und Ion für Natrium und Chlor

Ionen im Natriumchlorid Mit dem Natriumchlorid und anderen Salzen sind Stoffe bekannt, die aus Ionen aufgebaut sind. Anders als Atome sind Ionen elektrisch geladene Teilchen. Mithilfe des Atombaus können diese Ionen beschrieben und die Bildung der Ionen aus Atomen erklärt werden (▸**1–3**).

Das Periodensystem hilft Die Atome der links im Periodensystem stehenden Elemente besitzen nur wenige Außenelektronen und sind mit Ausnahme des Wasserstoffs Metalle. Die wenigen Außenelektronen können bei chemischen Reaktionen leicht abgegeben werden. Aus Metallatomen entstehen dann **positiv elektrisch geladene Metall-Ionen**. Diese haben mit 8 Elektronen auf der Außenschale (Ausnahme: Lithium) eine stabile Elektronenanordnung (▸**3**).
Hingegen neigen Atome der Elemente der V. bis VII. Hauptgruppe dazu, weitere Elektronen aufzunehmen, um zusammen mit ihren 5 bis 7 Außenelektronen eine stabile Achterschale (Elektronenoktett) zu erreichen. Deshalb liegen diese Elemente wie die Halogene Chlor und Brom in Verbindungen wie Natriumchlorid oder Kaliumbromid in Form von **negativ elektrisch geladenen Ionen** vor (▸**3**).

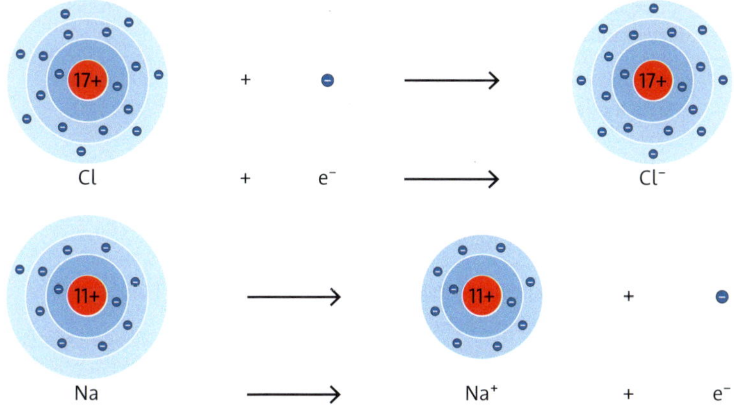

3 Bildung eines Chlorid-Ions und eines Natrium-Ions im Modell

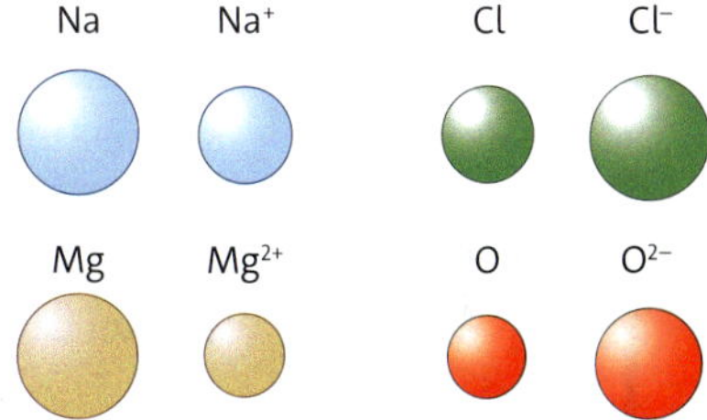

2 Ionen unterscheiden sich durch die Aufnahme bzw. Abgabe von Elektronen in ihrer Größe von den Atomen, aus denen sie sich bilden.

Aufgaben

1 Erläutere, wie die Art und die Anzahl der elektrischen Ladungen von Calcium-Ionen, Aluminium-Ionen und Bromid-Ionen zu ermitteln sind.

2 Atome sind elektrisch neutral, Ionen nicht. Begründe dies.

3 Erläutere, wie aus einem Magnesium-Atom ein Magnesium-Ion entstehen kann. Nutze dazu die Abbildung (▸**3**).

4 Vergleiche Merkmale der Teilchenarten Atom, Molekül und Ion an Beispielen.

Auf einen Blick

Periodensystem der Elemente

Aufbau des Atoms

Bau der Atome

Atomkern	Atomhülle
positiv elektrisch geladen	negativ elektrisch geladen

Das Atom ist ein elektrisch neutrales Teilchen.
Anzahl der Protonen = Anzahl der Elektronen

Schalenmodell der Atomhülle

Elektronen mit ähnlichem Abstand zum Atomkern werden gemeinsamen Elektronenschalen zugeordnet. Die maximal mögliche Elektronenanzahl auf einer Schale ergibt sich aus der Nummer n der Elektronenschale zu $2\,n^2$.

17+

Beispiel:
Chlor-Atome haben einen Atomkern mit 17 Protonen. In der Atomhülle befinden sich 17 Elektronen. Diese verteilen sich auf 3 Elektronenschalen.
Das Chlor-Atom ist ein elektrisch neutrales Teilchen:
Anzahl der Protonen ist gleich Anzahl der Elektronen.

Periodensystem der Elemente

Anordnung aller bekannten chemischen Elemente nach steigender Anzahl der Protonen in ihren Atomen. Es zeigt sich eine regelmäßige periodische Wiederkehr von Elementen mit ähnlichem Bau ihrer Atome.

Atombau und Periodensystem

Bau der Atome		Angabe im Periodensystem
Anzahl der Protonen	≙	Ordnungszahl
Anzahl der Außenelektronen	≙	Nummer der Hauptgruppe
Anzahl der Elektronenschalen	≙	Nummer der Periode

Stoffe und Teilchen

Stoffe können aus Atomen, Ionen oder Molekülen aufgebaut sein.

Stoffe	Salze (Ionensubstanzen)	Metalle	aus Molekülen aufgebaute Stoffe
Beispiele	Natriumchlorid, Magnesiumchlorid	Kupfer, Magnesium	Sauerstoff, Wasser
Art der Teilchen in den Stoffen	positiv und negativ elektrisch geladene Ionen	Atome	Atome in Molekülen

Ionen

Teilchenart in Stoffen. Ionen sind elektrisch geladene Teilchen. Sie können durch Abgabe oder Aufnahme von Elektronen aus Atomen entstehen. Dabei wird immer eine stabile Elektronenanordnung (Elektronenoktett) angestrebt.

Positiv elektrisch geladene Ionen können aus den Atomen der I. bis III. Hauptgruppe durch Abgabe der Außenelektronen entstehen, z. B.: $K \longrightarrow K^+ + e^-$

Negativ elektrisch geladene Ionen können aus den Atomen der V. bis VII. Hauptgruppe durch Aufnahme von Elektronen entstehen, z. B.: $Cl + e^- \longrightarrow Cl^-$

Aufgaben

1 Beschreibe den Aufbau der Atome nach dem Kern-Hülle-Modell anhand eines selbst gewählten Beispiels.

2 Zeichne das Modell vom Schwefel-Atom unter Verwendung des Schalenmodells der Atomhülle.

3 Beschreibe das Schalenmodell der Atomhülle anhand eines selbst gewählten Beispiels.

4 Ein chemisches Element hat 82 Protonen im Atomkern.
- **a** Gib die Anzahl der Elektronen der Atome dieses Elements an.
- **b** Benenne das Element.
- **c** Begründe deine Aussagen.

5 Notiere die Elektronenschreibweise der Elemente mit den Ordnungszahlen 3, 9, 11, 14 und 18.

6 Notiere die Symbole folgender Elemente in der Elektronenschreibweise: Lithium, Krypton, Calcium, Brom, Stickstoff.

7 Die Atomhülle ist in Elektronenschalen gegliedert. Die Anzahl der Elektronen in den Schalen ist unterschiedlich.
- **a** Nenne die maximale Anzahl der Elektronen, die sich in den ersten drei Elektronenschalen befinden können.
- **b** Bestimme die Elektronenschalen für ein Stickstoff- und ein Kalium-Atom.
- **c** Gib für die genannten Atome jeweils die Besetzung der Schalen mit Elektronen an.
- **d** Nenne die Anzahl der Außenelektronen, die ein Stickstoff- und ein Kalium-Atom besitzen
- **e** Erläutere, was man unter Außenelektronen versteht.

8 Begründe die Stellung des Elements Phosphor im Periodensystem mit dem Bau des Phosphor-Atoms.

9 Nenne die Elemente der 2. Periode und gib die Gemeinsamkeiten an, die die Atome dieser Elemente aufweisen.

10 Nenne alle Elemente, deren Atome 2 Außenelektronen besitzen. Benenne die Stoffgruppe, zu der diese Elemente gehören.

11 Vergleiche Atome und Ionen.
- **a** Zeichne die Schalenmodelle eines Lithium-Atoms und eines Lithium-Ions und gib die dazugehörenden Formeln (chemischen Zeichen) an.
- **b** Zeichne die Schalenmodelle eines Fluor-Atoms und eines Fluorid-Ions und gib die dazugehörenden Formeln an.
- **c** Gib Gemeinsamkeiten und Unterschiede im Bau der beiden Teilchenarten am Beispiel des Lithium-Atoms und des Lithium-Ions an.

12 Bariumchlorid $BaCl_2$ ist aus Ionen aufgebaut.
- **a** Benenne die Ionen, die im Bariumchloridkristall gebunden sind, und gib dafür die chemischen Zeichen an.
- **b** Erläutere die Bildung dieser Ionen.

13 Das Periodensystem der Elemente kann zum Ableiten von Angaben über chemische Elemente genutzt werden.
- **a** Leite aus dem Periodensystem der Elemente Angaben über den Bau der Atome des Elements mit der Ordnungszahl 13 ab.
- **b** Ordne es begründet einer Stoffgruppe zu.

Hilfe zu den Aufgaben findest du auf den Seiten ...

1	22	8	24
2	22 f.	9	24
3	22 f.	10	24
4	24	11	22 f., 25
5	23	12	25
6	23	13	24
7	22 f.		

▶ Die Lösungen findest du im Anhang.

Basische Lösungen – Metallhydroxide

Dieselben Stoffe, die der Laugenbrezel seit 800 Jahren ihren charakteristischen Geschmack und ihr Aussehen verleihen, sind auch in Rohreinigern enthalten: ätzende Laugen, die einen umsichtigen Umgang erfordern. Viele Akkus und Batterien enthalten ebenfalls basische Lösungen als Ladungsträger.
Calciumhydroxid, auch Kalkhydrat genannt, ist im Bauwesen zur Herstellung von Kalkmörtel erforderlich.

Laugenbrezeln – ein Gebäck mit Geschichte

Geschichte der Laugenbrezeln Es ranken sich mehrere Legenden über den Ursprung der Laugenbrezeln. Unbelegten Erzählungen zufolge soll ein italienischer Mönch im Jahre 610 die erste Brezel gebacken haben. Zur Brezelform hätten ihn die zum Beten gekreuzten Arme seiner Klosterbrüder inspiriert. An anderer Stelle heißt es, die Brezel habe ihren Ursprung im Jahr 743, als Backwaren in Form heidnischer Symbole wie dem Sonnenrad verboten wurden. Im südwestdeutschen Raum ist vor allem die Sage von einem Bäcker aus Bad Urach verbreitet, der sein Leben mit der Erfindung der Brezel im Jahr 1477 gerettet haben soll.
Aus dem Jahr 1111 nach Christus stammt die älteste nachweisbare Darstellung eines Bäckerwappens, das eine Brezel enthält (▸1). Man kann also davon ausgehen, dass das Laugengebäck bereits seit mehr als 900 Jahren hergestellt wird.

1 Älteste nachweisbare Darstellung eines Bäckerwappens aus dem Jahre 1111

Egal, auf welchem Weg die Laugenbrezel entstanden ist, so ist sie heute doch ein beliebtes Gebäck und zeigt in vielen Regionen typische Besonderheiten (▸2).

Bayerische Brezel	Schwäbische Brezel
Fettanteil 3 %	Fettanteil 3–10 %
dicke Ärmchen gerissene Oberfläche	dicker Bauch mit Schnitt dünne Ärmchen

2 Brezelformen in verschiedenen Regionen

3 Der Teigling wird in Brezellaugenlösung getaucht.

Herstellung Bei der Herstellung von Laugengebäck werden die Teiglinge vor dem Backen in Brezellauge, eine stark verdünnte Natronlauge, getaucht. In der Praxis ist die Verwendung einer wässrigen Lösung mit einer Konzentration bis zu 4 % üblich. Bei der Arbeit mit Brezellauge müssen die Sicherheitsvorschriften eingehalten werden, um Verletzungen zu vermeiden.
Die Laugenaufnahme eines Teiglings liegt bei 2–3 g verdünnter Natronlauge.
Essbar wird sie durch den kurzen und sehr heißen Backvorgang. Während dieses Prozesses reagiert die Natronlauge mit dem Kohlenstoffdioxid aus dem Teig und wird zu ungefährlichem Natriumcarbonat (Soda) umgewandelt. Diese Verbindung ist für den typischen Geschmack des Laugengebäcks verantwortlich.

Aufgaben

1 ▢ Recherchiere die Geschichte des Bäckers aus Bad Urach, der mit dem Backen einer Laugenbrezel sein Leben retten konnte.

2 ◪ Erläutere, welche Sicherheitsvorschriften im Umgang mit Brezellaugenlösung zu beachten sind.

3 ◪ Recherchiere, wie die glänzend braune Oberfläche der Laugenbrezel zustande kommt.

4 ◪ Stelle die Wort- und Reaktionsgleichung für die im Text beschriebene chemische Reaktion auf.

Basische Lösungen

Exp. 1 Wirkung von „Rohrfrei“ auf organische Stoffe

5

Materialien: fünf Reagenzgläser, Reagenzglasständer, Pinzette, 25 g „Rohrfrei“ (GHS 5), Haare, verschiedene Gewebefasern, z. B. Wolle, Baumwolle, Synthetik, einige Fingernägel, Wasser

Durchführung: Löse in den fünf Reagenzgläsern jeweils 5 g „Rohrfrei“ in 5 mL kaltem Wasser. Prüfe anschließend die Temperatur, indem du kurz an den Glasboden fasst. Gib in je eines der Reagenzgläser ein Büschel Haare, verschiedene Gewebefasern und einige Fingernägel.

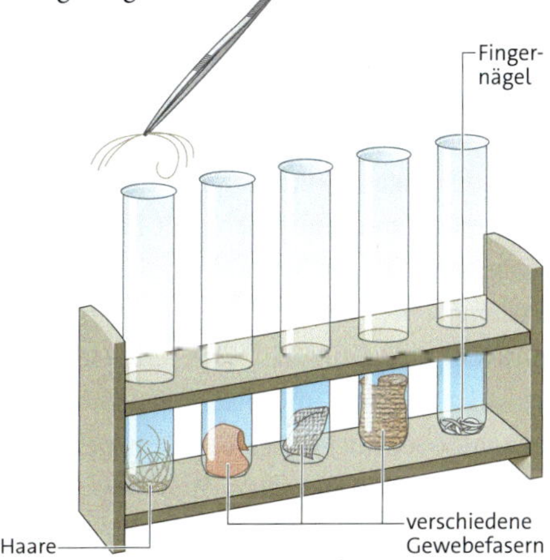

Auswertung: Vergleiche deine Beobachtungen, die du nach 5 und 30 min und nach drei Tagen feststellen kannst.

Exp. 2 Verhalten von Metalloxiden in Wasser

2 5 7 9

Materialien: vier Reagenzgläser, Spatel, Phenolphthaleinlösung (GHS 2|7), Calciumoxid (GHS 5|7), Magnesiumoxid, schwarzes Kupferoxid (GHS 9), rotes Eisenoxid, Wasser

Durchführung: Gib in die vier Reagenzgläser jeweils 5 mL Wasser. Füge jeweils drei Tropfen Phenolphthaleinlösung hinzu. Gib in die Reagenzgläser je eine Spatelspitze der Oxide. Schüttle kurz und lass die Feststoffe absetzen.

Auswertung: Notiere deine Beobachtungen.

Exp. 3 Prüfen verschiedener Haushaltslösungen mit Universalindikator

2

Materialien: drei Reagenzgläser, Spatellöffel, Tropfpipette, Kernseife, Waschpulver, Geschirrspülmittel, Universalindikatorlösung (GHS 2), Wasser

Durchführung: Löse in je einem Reagenzglas etwas Kernseife, Waschmittel bzw. Geschirrspülmittel in 5 mL Wasser. Gib danach jeweils drei Tropfen Universalindikatorlösung dazu.

Auswertung: Notiere deine Beobachtungen.

Exp. 4 Prüfen verschiedener basischer Lösungen mit Indikatoren

2 5 7

Materialien: fünf Reagenzgläser, Reagenzglasständer, Pipetten, Reagenzglashalter, 2 %ige Natronlauge (GHS 5), 2 %ige Kalilauge (GHS 5), Kalkwasser (GHS 5), 5 %ige Ammoniaklösung (GHS 5|7), Universalindikatorlösung (GHS 2), Lackmuslösung, Phenolphthaleinlösung (GHS 2|7), dest. Wasser

Durchführung: Gib jeweils 2 mL der basischen Lösungen bzw. Wasser in ein Reagenzglas. Prüfe danach die Flüssigkeiten mit Universalindikatorlösung. Wiederhole die Versuchsreihe mit Lackmuslösung und Phenolphthaleinlösung.

Auswertung: Notiere deine Beobachtungen. Leite eine Schlussfolgerung ab, für welche Untersuchungen der Indikator Phenolphthalein besonders geeignet erscheint.

Exp. 5 Elektrische Leitfähigkeit von Natriumhydroxid und Kaliumhydroxid

5 7

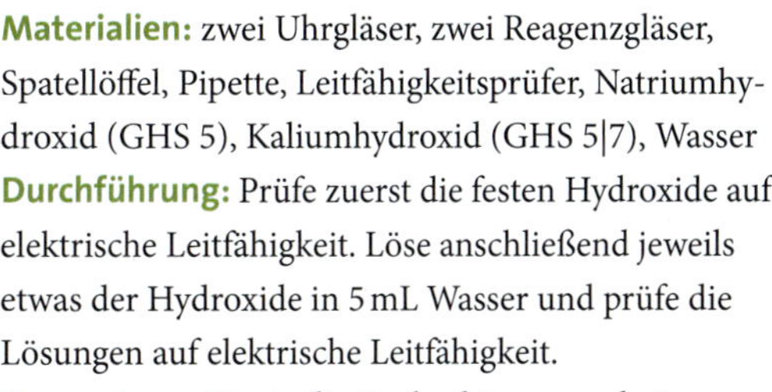

Materialien: zwei Uhrgläser, zwei Reagenzgläser, Spatellöffel, Pipette, Leitfähigkeitsprüfer, Natriumhydroxid (GHS 5), Kaliumhydroxid (GHS 5|7), Wasser

Durchführung: Prüfe zuerst die festen Hydroxide auf elektrische Leitfähigkeit. Löse anschließend jeweils etwas der Hydroxide in 5 mL Wasser und prüfe die Lösungen auf elektrische Leitfähigkeit.

Auswertung: Deute die Beobachtungsergebnisse.

Basen und basische Lösungen

Schon vor mehr als 4000 Jahren erfand das Volk der Sumerer die erste Seife, die sie aus Pflanzenasche und -ölen herstellten. Sie ist bis heute das wichtigste Handreinigungsmittel. Menschen mit empfindlicher Haut nutzen auch andere Reinigungsmittel, da Seifen durch ihren basischen Charakter nicht nur Schmutz, sondern auch Teile des natürlichen Fettfilms der Haut zerstören.

1 Seife zur Hautreinigung

2 Abbeizer – ein Erzeugnis mit basischen Eigenschaften

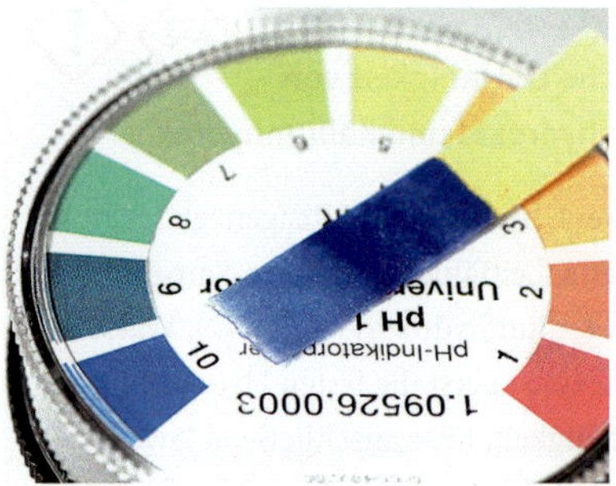

3 Universalindikatorpapier: Blaufärbung mit basischer Lösung

Basische Lösungen im Alltag Flüssiger Rohrreiniger, Kernseifelösung, einige Fensterputzmittel, Abbeizpaste zum Entfernen alter Farbanstriche – sie alle enthalten **basische Lösungen** (▸**2**). Auch in Akkumulatoren (Akkus) werden mitunter basische Lösungen verwendet. Häufig werden diese Lösungen auch als **alkalische** Lösungen bezeichnet. Die Bezeichnung geht auf das alte arabische Wort *al kali* zurück und bedeutet Pflanzenasche. Durch Auslaugen von Pflanzenasche mit Wasser erhielt man alkalische Lösungen, die u. a. zum Waschen benutzt wurden. Aus dieser früheren Zeit hat sich bis heute auch die Bezeichnung **Lauge** für solche basischen Lösungen erhalten, da sie durch Auslaugen hergestellt wurden.
Auch der Name des Laugengebäcks beruht auf der Verwendung der Brezellauge – einer basischen Lösung, die für die Herstellung unerlässlich ist. Alle Stoffe, die in Wasser gelöst basische Lösungen bilden, werden als **Basen** bezeichnet.

Nachweis von basischen Lösungen Schon sehr früh wurde beobachtet, dass basische Lösungen bei Zugabe von Pflanzenfarbstoffen ihre Farbe ändern. Solche Farbstoffe können zum Nachweis basischer Lösungen verwendet werden und werden **Indikatoren** (lat. *indicare*: anzeigen) genannt.
Prüft man verschiedene basische Lösungen mit Indikatoren (▸Exp. 4, S. 31), so lassen sich typische Farbänderungen beobachten. Lackmuslösung färbt sich bei Zugabe einer basischen Lösung blau, farblose Phenolphthaleinlösung färbt sich pink-violett.
Auch ein **Universalindikator** kann in Form von Papierstreifen (▸**3**) oder Lösungen zum Nachweis von Lösungen mit basischen Eigenschaften verwendet werden. Universalindikator zeigt bei Zugabe einer basischen Lösung eine Farbänderung von Grün nach Blau. Die Farbänderung kann

abgestuft sein. Sie wird mit einer Farbtabelle verglichen, auf der dem Farbwert noch ein Zahlenwert zugeordnet ist.

Indikatoren zeigen durch Farbänderung das Vorliegen von basischen Lösungen an.

Eigenschaften basischer Lösungen Basische Lösungen sind oft ätzend, praktisch geruchlos und fühlen sich seifig an. In einigen Fällen können sie organische Stoffe wie Textilgewebe aus Wolle oder Baumwolle zersetzen (▸ Exp. 1, S. 31).
Für die Gefährlichkeit der im Haushalt verwendeten basischen Lösungen ist der Massenanteil w an gelöstem Stoff in der Lösung entscheidend (▸ **4**). Nach dem Massenanteil des gelösten Stoffs werden basische Lösungen unterschiedlich als Gefahrstoffe eingestuft und gekennzeichnet (▸ **5**). Im alltäglichen Umgang werden konzentrierte und verdünnte basische Lösungen unterschieden.

Formel $w(\mathrm{B}) = \dfrac{m(\mathrm{B})}{m(\mathrm{Gem})}$

$w(\mathrm{B})$ = Massenanteil des Stoffs B

$m(\mathrm{B})$ = Masse des Stoffs B

$m(\mathrm{Gem})$ = Masse des Stoffgemischs

4 Berechnung des Massenanteils

Basische Lösung		Einstufung als Gefahrstoff, Massenanteil der Lösung	
Name	Formel	gesundheitsschädlich	ätzend
Natriumhydroxidlösung (Natronlauge)	$NaOH$	–	jede Konzentration
Kaliumhydroxidlösung (Kalilauge)	KOH	≥ 17 %	jede Konzentration

5 Basische Lösungen – Gefahrstoffe

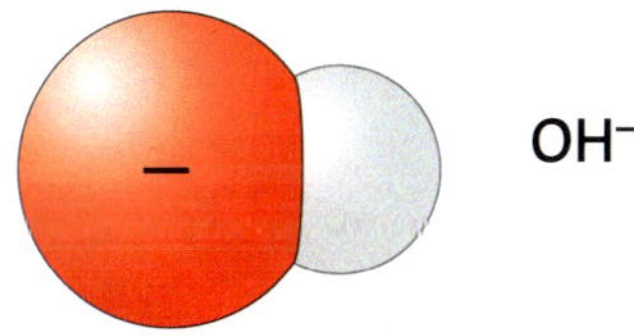

6 Modell und Formel des Hydroxid-Ions

Kennzeichen basischer Lösungen Die elektrische Leitfähigkeit basischer Lösungen weist auf das Vorhandensein von frei beweglichen Ionen als Ladungsträger hin (▸ Exp. 5, S. 31). In einer Natriumhydroxidlösung liegen Natrium-Ionen Na^+ und Hydroxid-Ionen OH^- im Zahlenverhältnis 1 : 1 vor. In einer Magnesiumhydroxidlösung liegen Magnesium-Ionen Mg^{2+} und Hydroxid-Ionen OH^- im Zahlenverhältnis 1 : 2 vor.
Jede basische Lösung enthält elektrisch einfach negativ geladene Hydroxid-Ionen (▸ **6**). Sie bewirken die Farbänderung eines Indikators im basischen Bereich (▸ Exp. 3, S. 31).

Natriumhydroxidlösung
(Natronlauge)
verdünnt
$w \approx 1\,\%$
NaOH **Achtung**

7 Kennzeichnung einer Flasche mit verdünnter Natronlauge

Basische Lösungen enthalten Hydroxid-Ionen, die die Farbänderung bei Indikatoren bewirken.

Aufgaben

1 ▢ Basische Lösungen dürfen nur mit Indikatoren geprüft werden. Begründe diese Aussage und nenne Beispiele.

2 Erläutere, was die Angabe w in Bild ▸ **7** aussagt.

3 Beschreibe, was ein Maurer tun muss, wenn ihm Kalkmörtel ins Auge gespritzt ist.

Bildung von Metallhydroxidlösungen

Kaliumhydroxidkristalle lassen sich aus Kalilauge durch Verdampfen des Wassers gewinnen

1 Kaliumhydroxidkristalle

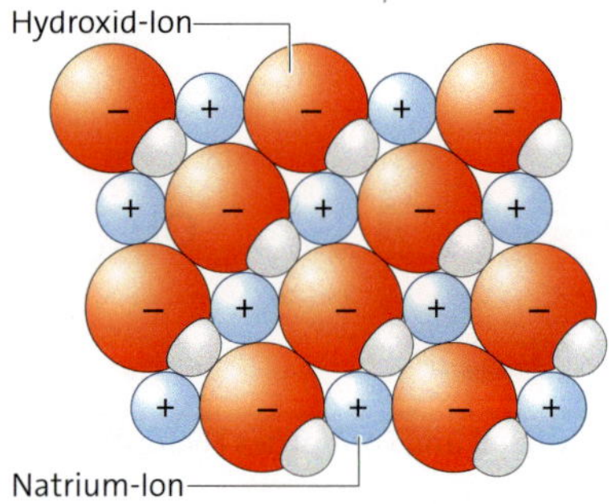

2 Anordnung der Ionen im Natriumhydroxid im Modell

Metallhydroxide Dampft man die Lösung von Natriumhydroxid oder Kaliumhydroxid ein, so bleibt jeweils ein fester weißer Stoff zurück (▸**1**), der keinen elektrischen Strom leitet. Die Schmelzen dieser Stoffe leiten aber den elektrischen Strom. Diese Erscheinung lässt darauf schließen, dass in der Schmelze ebenso wie in der Lösung frei bewegliche Ionen vorliegen.

Natriumhydroxid (NaOH) und Kaliumhydroxid (KOH) sind aus Ionen aufgebaute Stoffe. Es sind **Metallhydroxide**. In Metallhydroxiden sind die Metall-Ionen und die Hydroxid-Ionen in regelmäßigen Gittern angeordnet (▸**2**). Sie bilden feste Kristalle.
Beim Lösen von Natriumhydroxid in Wasser wird Wärme abgegeben. Eine chemische Reaktion findet statt. Es entstehen basische (alkalische) Lösungen. Die wässrige Lösung von Natriumhydroxid wird als Natronlauge bezeichnet.

Natriumhydroxid ⟶ Natrium-Ionen + Hydroxid-Ionen

$NaOH\,(s) \longrightarrow Na^{+}\,(aq) + OH^{-}\,(aq)$ | exotherm

Auch der feste Stoff Calciumhydroxid löst sich in Wasser und bildet Calciumhydroxidlösung. Sie zeigt die gleichen Eigenschaften wie Natriumhydroxidlösung. Calciumhydroxidlösung wird auch als Kalkwasser bezeichnet und dient dem Nachweis von Kohlenstoffdioxid.

Calciumhydroxid ⟶ Calcium-Ionen + Hydroxid-Ionen

$Ca(OH)_2\,(s) \longrightarrow Ca^{2+}\,(aq) + 2\,OH^{-}\,(aq)$ | exotherm

Die Formel $Ca(OH)_2$ gibt das Zahlenverhältnis 1 : 2 der Ionen wieder und wird gelesen: „Ca, OH in Klammern, zweimal".

Metallhydroxide reagieren mit Wasser zu Metallhydroxidlösungen. Die Lösungen enthalten Metall-Ionen und Hydroxid-Ionen.

Aufgaben

1 Erläutere an einem Beispiel, was unter Metallhydroxidlösungen zu verstehen ist.

2 Beschreibe den Bau von Kaliumhydroxid. Zeichne ein Modell vom Bau.

3 Formuliere die Wort- und Reaktionsgleichungen für das Lösen von Lithium- und Bariumhydroxid.

4 Begründe, warum Kalkwasser den elektrischen Strom leitet, der Feststoff allerdings nicht.

Metallhydroxide im Überblick

Einige Metallhydroxide finden im täglichen Leben und in der chemischen Industrie umfangreiche Verwendung.

Natriumhydroxid (Ätznatron) Lässt man Natriumhydroxid nur ein paar Minuten offen liegen, zieht es so viel Feuchtigkeit, dass sich die Kristalle darin lösen – es ist stark hygroskopisch. Die in einer stark exothermen Reaktion entstehende wässrige Lösung wird auch Natronlauge genannt. Natriumhydroxid kann organische Stoffe wie das Keratin unserer Haare und Nägel zersetzen (▸ Exp. 1, S. 31).

Natriumhydroxid (Ätznatron) – Formel: NaOH	
Eigenschaften	farb- und geruchloser Feststoff, leicht wasserlöslich, hygroskopisch, stark ätzend
Verwendung	Bestandteil von Abflussreinigern (▸ **1**); Herstellung von Laugengebäck und Seife; chemische Grundchemikalie
Herstellung der Natronlauge	Zersetzung von Kochsalzlösung durch elektrischen Strom (Elektrolyse)

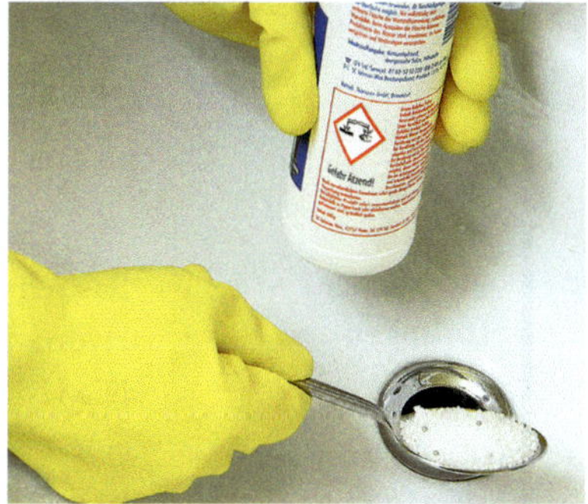

1 Nutzung von Natriumhydroxid aufgrund seiner ätzenden Wirkung in Abflussreinigern

Kaliumhydroxid (Ätzkali) In vielen Eigenschaften ist das Kaliumhydroxid dem Natriumhydroxid ähnlich. Die elektrische Leitfähigkeit der basischen Lösung nutzt man in Batterien und Akkus (▸ **2**).

Kaliumhydroxid (Ätzkali) – Formel: KOH	
Eigenschaften	wie Natriumhydroxid
Verwendung	Bestandteil von Industriereinigern; Herstellung von Flüssigseifen; Bestandteil von Alkali-Mangan-Batterien (▸ **2**) und Nickel-Metallhydrid-Akkumulatoren
Herstellung der Kalilauge	Zersetzung von Kaliumchloridlösung durch elektrischen Strom (Elektrolyse)

2 Alkali-Mangan-Batterien mit Kalilauge als Ladungsträger

Calciumhydroxid (Löschkalk) Die Suspension bezeichnet man unfiltriert als Kalkmilch, nach dem Filtrieren als Kalkwasser.

Calciumhydroxid (Löschkalk) – Formel: $Ca(OH)_2$	
Eigenschaften	weißes Pulver, schwer wasserlöslich, stark ätzend
Verwendung	Herstellung von Kalkmörtel (▸ **3**); Bestandteil von Düngemitteln; Hilfsmittel bei der Zuckerherstellung; Nachweismittel für Kohlenstoffdioxid
Herstellung	Brennen von Kalkstein ($CaCO_3$) und Reaktion des entstandenen Branntkalks (CaO) mit Wasser

3 Kalkmörtel ist wegen seiner Feuchtigkeitsregulierung auch für Innenputze geeignet.

Basische Lösungen – Metallhydroxide

Basen

Basen sind Stoffe, die durch Reaktion mit Wasser basische (alkalische) Lösungen bilden.
Ein Beispiel sind Metallhydroxide. Sie sind aus positiv elektrisch geladenen Metall-Ionen und negativ elektrisch geladenen Hydroxid-Ionen aufgebaut.

Basische Lösungen

Basische Lösungen sind wässrige Lösungen, die Hydroxid-Ionen OH^- enthalten.
Die Hydroxid-Ionen bewirken bei Indikatoren eine typische Farbänderung.
Basische Lösungen leiten den elektrischen Strom.

Indikatoren

Indikatoren sind Farbstoffe, die in basischen Lösungen eine typische Farbänderung anzeigen.

Nachweis von basischen Lösungen

Nachzuweisendes Ion	Nachweismittel Indikator	Farbänderung
Hydroxid-Ion OH^-	Lackmus	rot ⟶ blau
	Phenolphthalein	farblos ⟶ rotviolett
	Universalindikator	grün ⟶ blau

Metallhydroxidlösungen

Basische Lösungen, die beim Lösen von Metallhydroxiden in Wasser entstehen. Zum Beispiel:

Natriumhydroxid ⟶ Natrium-Ionen + Hydroxid-Ionen
$NaOH (s) \longrightarrow Na^+ (aq) + OH^- (aq)$ | exotherm

Kaliumhydroxid ⟶ Kalium-Ionen + Hydroxid-Ionen
$KOH (s) \longrightarrow K^+ (aq) + OH^- (aq)$ | exotherm

Metallhydroxid ⟶ Metallhydroxidlösung

Massenanteil *w*

Der Massenanteil ist eine Angabe zur Kennzeichnung verdünnter und konzentrierter basischer (alkalischer) Lösungen:

Formel $w(\mathrm{B}) = \frac{m(\mathrm{B})}{m(\mathrm{Gem})}$

$w(\mathrm{B})$ = Massenanteil des Stoffs B
$m(\mathrm{B})$ = Masse des Stoffs B
$m(\mathrm{Gem})$ = Masse des Stoffgemischs

Umgang mit basischen Lösungen

Regeln beim Arbeiten mit basischen Lösungen	Angaben auf Aufbewahrungsgefäßen
Augen, Haut und Kleidung schützen! Verschüttete Lösung sofort mit einem feuchten Wischtuch aufnehmen! Bei Hautkontakt gründlich mit Wasser spülen! Gegebenenfalls Arzt aufsuchen!	Angaben zur Einstufung als gefährliche Stoffe: Name, Formel, Massenanteil, Gefahrenpiktogramm, Signalwort, Gefahrenhinweise

Aufgaben

1 Im Alltag haben wir es oft mit basischen Lösungen zu tun.
- **a** ▢ Nenne drei Beispiele für basische Lösungen.
- **b** ▢ Nenne mindestens zwei Eigenschaften, die für basische Lösungen charakteristisch sind.
- **c** ▢ Nenne die typischen Teilchen, die basische Lösungen kennzeichnen.

2 Basische Lösungen sind oft Bestandteile in Haushaltschemikalien.
- **a** ◪ Manche Haushaltschemikalien sind trotz der Farbänderung von Universalindikator ungefährlich. Begründe.
- **b** ◪ Erläutere, ab wann ein Stoff als reizend oder gesundheitsschädlich eingestuft werden muss.

3 ◪ Beschreibe, wie man experimentell ermitteln kann, in welchem von zwei mit Flüssigkeiten gefüllten Reagenzgläsern sich Kaliumhydroxidlösung und Zuckerlösung befinden.

4 Du erhältst den Auftrag, eine verdünnte Natronlauge mit einem Massenanteil von 1 % herzustellen.
- **a** ◪ Beschreibe, wie du 200 g dieser Lösung herstellen würdest.
- **b** ■ Beurteile, ob diese basische Lösung als Gefahrstoff eingestuft werden muss.

5 ■ Kaliumhydroxidlösung leitet den elektrischen Strom. Erkläre diesen Sachverhalt.

6 ◪ Auf den Etiketten vieler Reinigungsmittel befindet sich der Hinweis: „Vorsicht: Augenkontakt vermeiden!“ Begründe diesen Hinweis.

7 ◪ Begründe, warum es sich beim Lösen von Natriumhydroxid um eine chemische Reaktion handelt.

8 ◪ Formuliere die Reaktionsgleichung für das Lösen von Lithiumhydroxid in Wasser.

9 ▢ Nenne drei Beispiele für die Verwendung von Calciumhydroxid. Unterscheide dabei, ob es in fester Form oder als Lösung verwendet wird.

10 ◪ Löschkalk, Kalkwasser und Kalkmilch sind Bezeichnungen für unterschiedliche Formen des Calciumhydroxids. Erläutere diese Begriffe.

11 ▢ In Deutschland werden über 4 Mio. Tonnen Natronlauge im Jahr produziert. Sie findet in vielen Wirtschaftsbereichen Anwendung. Man spricht dabei von einer Grundchemikalie. Nenne vier Bereiche, in denen Natriumhydroxid bzw. Natronlauge verwendet wird.

12 Lackmuslösung ist ein Beispiel für einen Indikator.
- **a** ▢ Kennzeichne den Farbumschlag bei Zugabe einer basischen Lösung.
- **b** ◪ Erläutere den Begriff „Indikator“.
- **c** ▢ Nenne weitere Beispiele für Indikatoren.

Hilfe zu den Aufgaben findest du auf den Seiten ...

1	32 f.	7	34
2	32 f.	8	34
3	32 f.	9	35
4	33	10	35
5	33	11	35
6	33	12	32 f.

▶ Die Lösungen findest du im Anhang.

Säuren und saure Lösungen

Ob saure Fruchtgummis, Essiggurken oder Getränke mit Kohlensäure, auf den sauren Geschmack von Lebensmitteln wollen wir nicht verzichten. Ihre ätzende Wirkung ist aber auch eine Gefahr für unseren Zahnschmelz.
Auf den richtigen pH-Wert kommt es an: Ein Korallenriff ist ein sehr empfindliches Ökosystem. Schon ein geringes Absinken des pH-Werts kann zur Zerstörung der wertvollen Kalkriffe und Muschelbänke führen.

Säuren und saure Lösungen

Exp. 1 Prüfen verschiedener Lösungen mit Indikatoren

2 5 7

Materialien: Reagenzgläser, Pipetten, Mineralwasser, Vitamin-C-Brause, Essigessenz (GHS 5), Entkalker (GHS 7), Bromthymolblau- (GHS 2|7), Lackmus- und Universalindikatorlösung (GHS 2)

Durchführung: Fülle 2 mL der Lösungen in je eines der Reagenzgläser und füge 3 Tropfen Bromthymolblaulösung hinzu. Notiere die Beobachtungen mit Farbstiften in einer Tabelle. Wiederhole den Versuch mit Lackmus und Universalindikator.

Auswertung: Leite eine Schlussfolgerung aus den Farbänderungen des Universalindikators ab.

Exp. 2 Elektrische Leitfähigkeit von Fruchtsäuren

7

Materialien: 2 Bechergläser (50 mL), Leitfähigkeitsprüfer, Citronensäure (GHS 7), Ascorbinsäure, Wasser

Durchführung: Untersuche die elektrische Leitfähigkeit der beiden Säuren zunächst im festen Zustand. Löse dann jeweils eine Spatelspitze in 5 mL Wasser im Becherglas und prüfe erneut die Leitfähigkeit.

Auswertung: Notiere deine Beobachtungen. Leite Schlussfolgerungen daraus ab.

Exp. 3 Wirkung von Rotkohlsaft auf wässrige Lösungen

5

Materialien: zwei Bechergläser, vier Reagenzgläser, Glasstab, Dreifuß mit Drahtnetz, Brenner, Rotkohlblatt, Essig, Zitronensaft, 5 %ige Salzsäure (GHS 5), Wasser

Durchführung: Schneide ein Rotkohlblatt in kleine Stückchen. Gib in einem Becherglas zum Rotkohl so viel Wasser, dass die Blätter gerade bedeckt sind. Erhitze und lass etwa 3 Minuten sieden. Dekantiere den Saft nach dem Abkühlen ab. Gib in die vier Reagenzgläser jeweils 2 mL der Lösungen. Versetze die Lösungen mit einigen Tropfen Rotkohlsaft.

Auswertung: Notiere deine Beobachtungen.

Exp. 4 Elektrische Leitfähigkeit verschieden saurer Lösungen

2 5 7

Materialien: drei Reagenzgläser, Pipetten, Tropfpipette, Leitfähigkeitssensor, Messwandler, Ausgabegerät (Smartphone oder Tablet), 5 %ige Salzsäure (GHS 5), 2 %ige Schwefelsäure (GHS 5), 2 %ige Phosphorsäure (GHS 5|7), Universalindikatorlösung (GHS 2), Wasser

Durchführung: Gib in die Reagenzgläser jeweils 5 mL der Säurelösungen. Versetze jede Probe mit vier Tropfen Universalindikatorlösung. Prüfe nacheinander die elektrische Leitfähigkeit der Lösungen.

Auswertung: Notiere deine Beobachtungen und deute das Ergebnis.

Exp. 5 Einleiten von Kohlenstoffdioxid in Wasser

2

Materialien: Winkelrohr mit Stopfen, Reagenzglas mit passendem Stopfen, Mineralwasserflasche (ungeöffnet), Wasser, Universalindikatorlösung (GHS 2)

Durchführung: Baue die Apparatur wie in der Skizze auf. Schüttle die Mineralwasserflasche vorsichtig, sodass Gasblasen in die Indikatorlösung übertreten. Verschließe das Reagenzglas mit einem Stopfen, schüttle, leite dann erneut Gas ein.

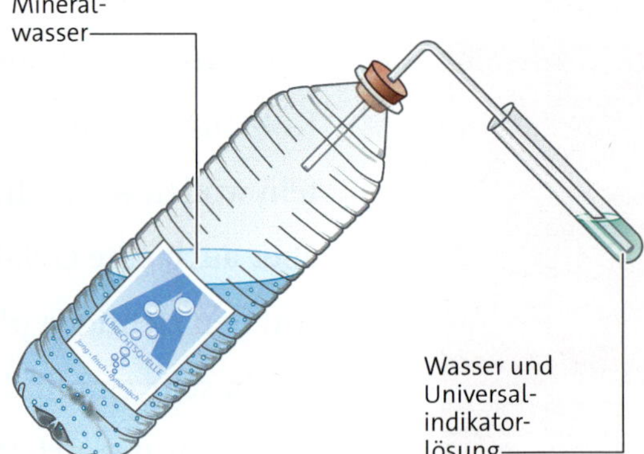

Auswertung: Deute deine Beobachtungen.

Luftverschmutzung und saurer Regen

Ursachen der Luftverschmutzung Hohe Emissionen an Kohlenstoffdioxid und Schwefeldioxid sind die Hauptursache für Smog und sauren Regen. Sie gelangen durch das Verbrennen fossiler Brennstoffe in Industrie, Haushalten und Verkehr in die Luft.

Saurer Regen Bei hoher Luftfeuchtigkeit und Niederschlägen reagieren die Luftschadstoffe Kohlenstoffdioxid und Schwefeldioxid mit dem Wasser zu sauren Lösungen. Als „saurer Regen“ gelangen sie auf Pflanzen, Böden sowie Gestein und verursachen verschiedene Schäden.

Maßnahmen zur Luftverbesserung Rauchgasentschwefelungsanlagen, Aufforstung, Kalken der Wald- und Ackerböden, Autokatalysatoren, Einsatz regenerierbarer Energiequellen sowie Maßnahmen zur Energieeinsparung sind geeignete Schritte, um die Emissionen zu vermindern.

Waldschäden in Deutschland Über den Zustand des deutschen Waldes gibt jährlich der Waldzustandsbericht der Bundesregierung Auskunft. Darin werden die Schäden der Bäume anhand des Zustands der Baumkronen klassifiziert.

2 Schadstufen erkennt man an der unterschiedlichen Kronenverlichtung: hier bei Buchen.

Schadstufe	Kronenverlichtung	Schadstufenverteilung bei Buchen
0	≤ 10 %	39 %
1	> 11 %≤ 25 %	31 %
2	> 26 %≤ 60 %	28 %
3	> 61 %≤ 99 %	2 %
4	100 %	

3 Waldzustandsbericht für Sachsen (2022)

Info 1 **Luftverschmutzung**

Vor allem die Megastädte, z. B. in China oder Indien, leiden unter extremer Luftverschmutzung. Laut New York Times hat die Luftverschmutzung in China einen Verlust von 25 Millionen gesunden Lebensjahren in der Bevölkerung verursacht. Nach Schätzungen der Weltgesundheitsorganisation starben 2019 weltweit 7 Millionen Menschen wegen der Luftverschmutzung. In Europa verringert sich die Lebenserwartung aufgrund der Belastung der Atemluft durch Feinstaub und Schadstoffe im Durchschnitt um zwei Jahre. Grenzüberschreitend sind Luftverschmutzungen auf Platz sieben der Gesundheitsrisikofaktoren.

1 Luftverschmutzung in China

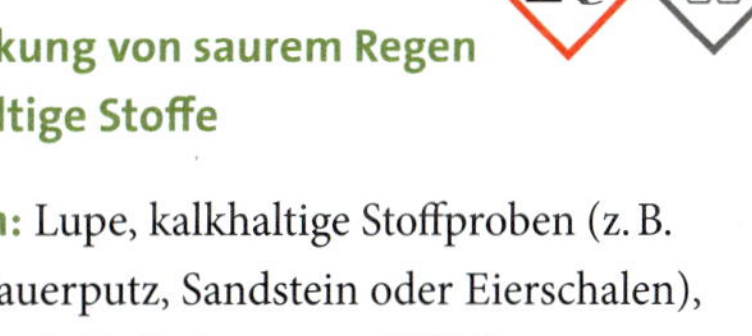

Exp. 1 **Wirkung von saurem Regen auf kalkhaltige Stoffe**

Materialien: Lupe, kalkhaltige Stoffproben (z. B. Marmor, Mauerputz, Sandstein oder Eierschalen), saure Lösung (z. B. Essigessenz, GHS 5)

Durchführung: Prüfe die Oberfläche der Proben und betrachte sie danach mit einer Lupe genauer. Gib anschließend auf die Proben einige Tropfen der sauren Lösung. Spüle nach einigen Minuten die Proben mit Wasser ab. Untersuche sie erneut.

Auswertung: Notiere deine Beobachtungen.

Aufgabe

1 Recherchiere, welche Maßnahmen in Deutschland gegen Luftverschmutzung bereits getroffen wurden und wie jeder Einzelne dazu beitragen kann, dass die Belastung der Luft zurückgeht.

Saure Lösungen

„Sauer macht lustig" – ob damit der erheiternde Gesichtsausdruck gemeint ist, wenn jemand in eine Zitrone beißt?
Der saure Geschmack vieler Früchte und von Essig begleitet uns von alters her. Wir schätzen z. B. den erfrischenden Geschmack von säuerlichen Fruchtsäften und Limonaden.

1 Sauer macht lustig ...

2 Saure Reiniger

Saure Lösungen im Alltag Der Begriff Säure leitete sich ursprünglich vom sauren Geschmack vieler Früchte ab. Sie enthalten Fruchtsäuren wie Citronensäure, Äpfelsäure oder Weinsäure. Säuren kommen aber auch in anderen Lebensmitteln vor (▸**4**). In Milchprodukten ist z. B. Milchsäure enthalten. Sie entsteht, wenn Milchsäurebakterien den in der Milch vorhandenen Milchzucker umwandeln (▸**6**).
In Sauerkonserven wie Gurken, Paprika oder Zwiebeln wird Essigsäure als Konservierungsmittel eingesetzt und sorgt für eine längere Haltbarkeit. Bei der Verwendung von Essig- oder Citronensäure in Reinigern und Entkalkern wird deren kalklösende Eigenschaft genutzt (▸**2**).
Auch andere Säuren dienen in der Lebensmittelindustrie als Konservierungsstoffe. So bleibt z. B. Fleischsalat durch den Zusatz von Benzoesäure länger haltbar. Erfrischungsgetränke, Fruchtsäfte und Salate werden mit Ameisensäure haltbar gemacht.

Lebensmittel	Masse an Vitamin C in 100 g
Apfelsinen	50 mg
Zitronen	53 mg
Brokkoli	90 mg
Paprikaschote	139 mg
Hagebutten	1 250 mg
Tagesbedarf eines Jugendlichen	75 mg

3 Gehalt an Vitamin C (Ascorbinsäure)

Säure	Lebensmittel
Milchsäure	Joghurt, Käse, Quark, Crème fraîche, Sauerkraut
Essigsäure	Salatsoßen, Bestandteil von Essig (z. B. Branntweinessig, Fruchtessig)
Fruchtsäuren	(saure) Früchte wie Äpfel, Orangen, Zitronen, Kirschen
Citronensäure	Früchte, Sauerkraut, Säuerungsmittel in Limonaden
Ascorbinsäure (Vitamin C)	Früchte und Gemüse (▸**3**), als Konservierungsstoff in Lebensmitteln

4 Säuren in Lebensmitteln

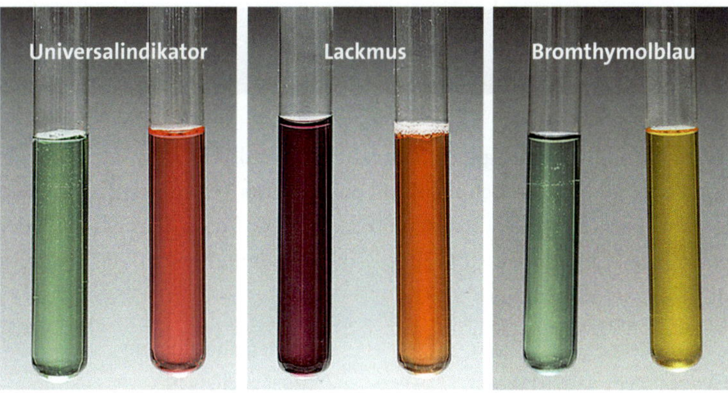

5 Verschiedene Indikatoren jeweils in destilliertem Wasser (links) und in saurer Lösung (rechts)

6 Viele Milchprodukte enthalten Milchsäure.

Nachweis saurer Lösungen Schon sehr früh wurde beobachtet, dass manche der zum Färben von Textilien verwendeten Farbstoffe in sauren Lösungen ihre Farbe ändern. Solche Farbstoffe, genannt Indikatoren, können wie bekannt zum Nachweis von Lösungen benutzt werden.
Bei Zugabe von Lackmuslösung als Indikator zu einer sauren Lösung lässt sich ein Farbumschlag von Violett nach Rot beobachten. Universalindikator ist ein Farbstoffgemisch. Gelbe bis rote Farben zeigen hier saure Lösungen an (► Exp. 1, S. 40). Bromthymolblau färbt sich gelb (► **5**).

Konzentration von Säurelösungen Eine bestimmte Stoffportion einer sauren Lösung kann verschiedene Massen der Säure enthalten. Ist viel Säure in der sauren Lösung gelöst, handelt es sich um eine **konzentrierte Säurelösung**, ist wenig Säure gelöst, um eine **verdünnte Säurelösung**, was mithilfe der Angabe des Massenanteils w gekennzeichnet wird.
Die Angabe des Massenanteils w(Schwefelsäure) = 25 % bedeutet, dass 100 g Säurelösung 25 g reine Schwefelsäure enthalten.
Bei Schwefelsäure beträgt der maximale Massenanteil w(Schwefelsäure) = 96 % (► **7**).

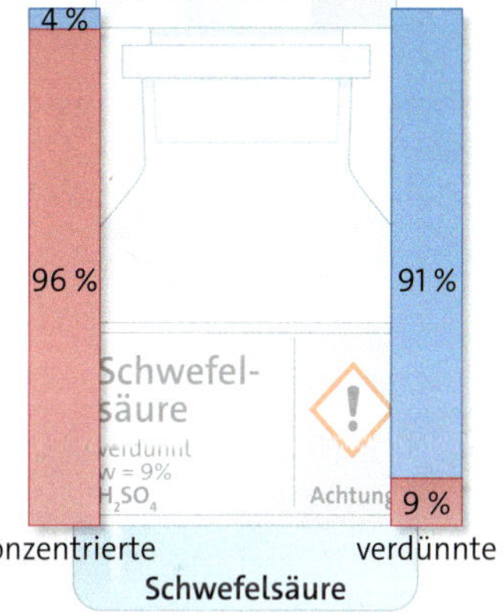

7 Massenanteile von Schwefelsäure (rot) und Wasser (blau) in konzentrierter und in verdünnter Schwefelsäure

Umgang mit Säuren und sauren Lösungen Viele saure Lösungen wirken stark ätzend und einige sind auch giftig. Damit beim Umgang mit diesen Stoffen die Gefahren möglichst gering gehalten werden, sind die folgenden Regeln unbedingt zu beachten:

- Immer Schutzbrille tragen!
- Immer Schutzhandschuhe anziehen!
- Säuredämpfe nicht einatmen!
- Säurespritzer, die auf die Haut oder die Kleidung gelangt sind, sofort mit viel Wasser abwaschen!
- Beim Verdünnen von Säuren oder Säurelösungen stets zuerst das Wasser und danach die Säure zugeben, niemals umgekehrt!
- Beim Verdünnen von Säuren kann eine starke Wärmeentwicklung eintreten. Dabei können Wasser und Säure aus dem Gefäß spritzen.
- Unfälle der Lehrerin oder dem Lehrer melden!

Aufgaben

1 Finde heraus, wo dir im Alltag Säuren und saure Lösungen begegnen. Benenne die Säuren.

2 Auch an unserer Verdauung sind saure Lösungen beteiligt. Informiere dich, wo diese zu finden sind und welche Funktion sie haben.

3 Säuren dürfen niemals in Getränkeflaschen gefüllt werden. Begründe.

Kennzeichen saurer Lösungen

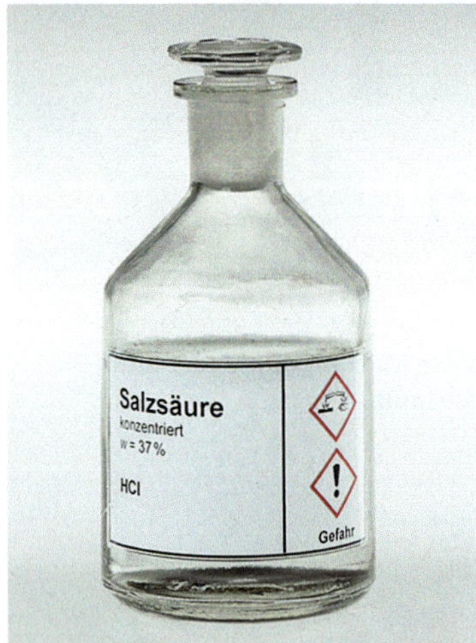

1 Chlorwasserstoff bildet mit Wasser Salzsäure

Saure Lösung ist nicht gleich Säure Säuren sind im Gegensatz zum alltäglichen Sprachgebrauch nicht mit einer sauren Lösung gleichzusetzen. Säuren sind Reinstoffe, die fest (Citronensäure), flüssig (Essigsäure) oder gasförmig (Chlorwasserstoffsäure) sein können und erst in Wasser gelöst die saure Lösung bilden.

Citronensäure	+	Wasser	⟶	Citronensäurelösung
Essigsäure	+	Wasser	⟶	Essigsäurelösung
Schwefelsäure	+	Wasser	⟶	Schwefelsäurelösung
Ameisensäure	+	Wasser	⟶	Ameisensäurelösung

Säure + Wasser ⟶ Säurelösung
Säuren reagieren mit Wasser zu sauren Lösungen.

Säuren unterscheiden sich in ihren Eigenschaften von ihren Lösungen, so leiten saure Lösungen den elektrischen Strom, feste Säuren hingegen nicht (▸ Exp. 2, S. 40). Demzufolge müssen in den wässrigen Säurelösungen frei bewegliche Ladungsträger vorhanden sein.

Teilchen in sauren Lösungen Säuren bestehen aus Molekülen, die in wässrigen Lösungen frei bewegliche elektrisch geladene Teilchen, Ionen, bilden. Die Farbänderungen von Indikatoren in sauren Lösungen werden durch elektrisch positiv geladene **Wasserstoff-Ionen** (H^+) hervorgerufen, die beim Zerfall jedes Säuremoleküls in wässriger Lösung entstehen (▸ **2**). Jede Säure muss also mindestens ein Wasserstoff-Atom in ihrem Molekül besitzen. Der bei dieser Reaktion entstehende „Rest" sind negativ geladene **Säurerest-Ionen**. Für diese Reaktion kann eine vereinfachte Reaktionsgleichung (Ionengleichung) aufgestellt werden.

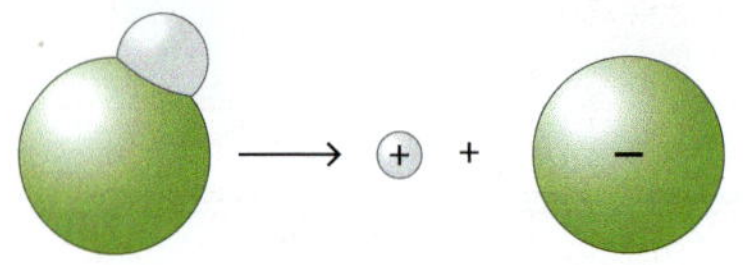

2 Zerfall des Chlorwasserstoff-Moleküls in Ionen

Chlorwasserstoff-Molekül	⟶	Wasserstoff-Ion	+	Chlorid-Ion
HCl (aq)	⟶	H^+ (aq)	+	Cl^- (aq)
Schwefelsäure-Molekül	⟶	Wasserstoff-Ion	+	Sulfat-Ion
H_2SO_4 (aq)	⟶	2 H^+ (aq)	+	SO_4^{2-} (aq)
Säuremolekül	⟶	**Wasserstoff-Ion(en)**	+	**Säurerest-Ion**

Das „aq" steht für in Wasser gelöst (engl. *in aqueous solution*).

Bei dieser chemischen Reaktion erfolgt nicht nur eine Teilchenveränderung, bei der aus Molekülen Ionen entstehen, sondern es wird auch Wärme abgegeben. Der Vorgang ist exotherm. Teilchenveränderung und Energieumwandlung sind Merkmale für eine chemische Reaktion.

Säuren sind Stoffe, die in wässriger Lösung Wasserstoff-Ionen und Säurerest-Ionen bilden. Saure Lösungen enthalten immer positiv elektrisch geladene Wasserstoff-Ionen.

Aufgaben

1. Nenne die typischen Teilchen einer sauren Lösung und erläutere deren Bildung.
2. Begründe, warum Schwefelsäurelösung den elektrischen Strom leitet.
3. Trockenes Indikatorpapier zeigt in reinem Chlorwasserstoff keine Farbänderung. Erkläre.

Säuren im Überblick

Schwefelsäure Handelsübliche konzentrierte Schwefelsäure ist ca. 96- bis 98 %ig. Sie wirkt stark wasseranziehend, was auch als **hygroskopisch** bezeichnet wird. Das Bestreben, Wasser aufzunehmen, ist so groß, dass sie organischen Stoffen den gebundenen Wasserstoff und Sauerstoff entzieht (► 1, ► Video).

1 Einwirkung von konzentrierter Schwefelsäure auf Zucker

wokumi

Schwefelsäure – Formel: H_2SO_4	
Eigenschaften der konz. Säure	ölige Flüssigkeit, hygroskopisch, stark ätzend
Verwendung	37 %ig als Batteriesäure in Fahrzeugen, zur Herstellung von Farbstoffen, Düngemitteln, Sprengstoffen und Chemiefasern

2 Eigenschaften und Verwendung von Schwefelsäure

Salpetersäure Der Name Salpeter geht auf Ausblühungen an Steinen (lat. *sal petrae:* Felsensalz) zurück, aus denen früher Salpetersäure hergestellt wurde. Ein Gemisch konzentrierter Salpetersäure mit Schwefelsäure wird als **Nitriersäure** bezeichnet und zur Sprengstoffherstellung genutzt.

3 Mit Salpetersäure kann man die Echtheit von Goldschmuck feststellen.

Salpetersäure – Formel: HNO_3	
Eigenschaften der konz. Säure	farblose, stechend riechende Flüssigkeit, stark ätzend; reagiert mit vielen Metallen, außer Gold und Platin
Verwendung	als konzentrierte Säure zur Unterscheidung von Gold von anderen Metallen (► 3); zur Herstellung von Farbstoffen, Düngemitteln, Waschmitteln, Sprengstoffen, Kunststoffen und Kosmetikartikeln

4 Eigenschaften und Verwendung von Salpetersäure

Phosphorsäure Reine Phosphorsäure ist bei Zimmertemperatur ein Feststoff. Gebräuchlicher ist die 80- bis 85 %ige Säure, eine ölige, sirupartige Flüssigkeit. Phosphorsäure wirkt in verdünnter Form erfrischend und wird deswegen auch als Zusatzstoff in colahaltigen Erfrischungsgetränken verwendet (► 5). Als Lebensmittelzusatzstoff hat diese Säure die EU-Nummer E 338.

5 Phosphorsäure kommt in Cola-Getränken vor.

Phosphorsäure – Formel: H_3PO_4	
Eigenschaften der konz. Säure	farb- und geruchlose, ölige Flüssigkeit, stark ätzend; nicht giftig
Verwendung	konzentrierte Säure als Rostumwandler, zur Herstellung von Düngemitteln und Waschmitteln; in verdünnter Form als Säuerungs- und Konservierungsmittel in der Lebensmittelindustrie

6 Eigenschaften und Verwendung von Phosphorsäure

Aufgaben

1 ▢ Notiere Lebensmittel aus deinem Haushalt, die Phosphorsäure als Zusatzstoff enthalten.

2 ▢ Recherchiere zur Kohlensäure. Entwickle einen Steckbrief.

Reaktionen saurer Lösungen

Exp. 6 Verhalten von Metallen gegenüber sauren Lösungen

Materialien: 9 Reagenzgläser, Reagenzglashalter, Brenner, Spatel, Pipette, Gasableitungsrohr mit Stopfen, Stopfen, Glaswanne, Lupe, Pulver von Magnesium (GHS 2), Eisen (GHS 2), Zink (GHS 2|9) und Kupfer (GHS 2|9), 10 %ige Salzsäure (GHS 5|7), 10 %ige Schwefelsäure (GHS 5), Wasser

Durchführung: Gib je eine Spatelspitze der Metallpulver in je ein Reagenzglas. Fülle in jedes Reagenzglas 5 mL Salzsäure. Fange das entstehende Gas pneumatisch auf und führe die Knallgasprobe durch. Dampfe nach Beendigung der Gasentwicklung jeweils 2 mL der entstandenen Lösungen in Reagenzgläsern vorsichtig ein und betrachte die Rückstände mit der Lupe. Wiederhole den Versuch mit Schwefelsäure.

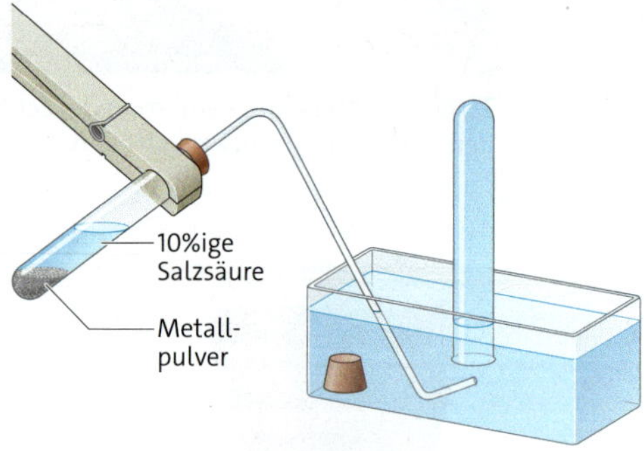

Auswertung: Notiere deine Beobachtungen und deute die Versuchsergebnisse.

Exp. 7 Saure Lösungen auf Marmor

Materialien: Tropfpipetten, Bleistift, Lupe, Tuch, ebenes Stück Marmor, Essigessenz (GHS 5), Entkalker (GHS 7), Wasser

Durchführung: Gib auf das Stück Marmor an verschiedenen Stellen jeweils einige Tropfen der sauren Lösungen. Beschrifte die Stellen mit dem Bleistift und beobachte mit der Lupe. Spüle nach einigen Minuten das Marmorstück mit Wasser ab und trockne es mit einem Tuch. Schau dir die beschrifteten Stellen noch einmal an und streiche mit dem Finger darüber.

Auswertung: Notiere deine Beobachtungen.

Exp. 8 Reaktion von sauren Lösungen mit Kalkstein

5 7

Materialien: zwei Uhrgläser, Glasstab, Pipette, Kalksteinstücke (Calciumcarbonat), 15 %ige Salzsäure (GHS 5|7), 10 %ige Essigsäure (GHS 5), Kalkwasser (Calciumhydroxidlösung, GHS 5)

Durchführung: Gib auf ein Uhrglas einige kleine Kalksteinstücke und tropfe Salzsäurelösung darauf. Halte über das Reaktionsgemisch einen Glasstab, der mit frischem Kalkwasser befeuchtet ist.
Wiederhole den Versuch mit der Essigsäure.

Auswertung: Notiere deine Beobachtungen, vergleiche sie und deute das Ergebnis.

Exp. 9 Untersuchung von Haushaltsmitteln mit Universalindikator- und Lackmuslösung

2

Materialien: 13 Reagenzgläser, Tropfpipetten, Tee, Zitronensaft, Milch, Honig, Essig, Seifenwasser, Joghurt, Universalindikatorlösung (GHS 2), Lackmuslösung, Wasser

Durchführung: Gib in sechs Reagenzgläser jeweils 1 mL Wasser und dann einige Tropfen der Proben. Versetze jede Probe mit vier Tropfen Universalindikatorlösung. Gib in ein Reagenzglas etwa 2 mL Wasser. Versetze es mit fünf Tropfen Lackmuslösung. Betrachte die Lösung, beschreibe die Farbe. Prüfe danach die oben genannten Stoffe mit Lackmuslösung.

Auswertung: Notiere deine Beobachtungen und deute dein Ergebnis.

5

Exp. 10

pH-Wert von Lösungen

Materialien: 6 Reagenzgläser, Zitronensaft, Essig, Sodalösung, verdünnte Natronlauge (GHS 5), Kochsalzlösung, Zuckerlösung, Unitestpapier, pH-Meter
Durchführung: Bestimme den pH-Wert der Proben mit dem Universalindikator. Vergleiche mit der Messung über das pH-Meter.
Auswertung: Ordne die Proben nach ansteigenden pH-Werten. Gib an, welche Lösungen sauer, basisch oder neutral sind.

2 5 7

Exp. 11

Mischen von sauren und basischen Lösungen

Materialien: zwei kleine Bechergläser, Tropfpipetten, Brenner, Abdampfschale, Dreifuß mit Drahtnetz, Calciumhydroxidlösung (GHS 5), 2 %ige Salpetersäure (GHS 5), 5 %ige Salzsäure (GHS 5), 1 %ige Natronlauge (GHS 5), Phenolphthaleinlösung (GHS 2|7), Universalindikatorlösung (GHS 2), Wasser
Durchführung:
A: Mische in einem Becherglas 5 mL Wasser mit fünf Tropfen Calciumhydroxidlösung und vier Tropfen Phenolphthaleinlösung. Tropfe die Salpetersäure zu. Schwenke nach jedem Tropfen vorsichtig das Becherglas, um die Lösungen zu mischen.
B: Mische in einem Becherglas 5 mL Wasser, 5 Tropfen Salzsäure und 4 Tropfen Universalindikatorlösung. Tropfe Natronlauge hinzu. Schwenke nach jedem Tropfen vorsichtig das Becherglas, um die Lösungen zu mischen.
C: Dampfe die entstandenen Lösungen vorsichtig ein.

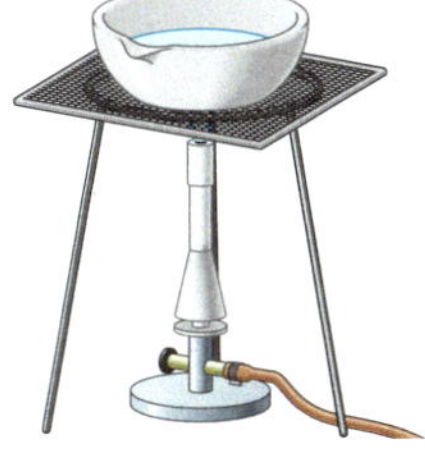

Auswertung: Beschreibe das Verhalten der Indikatoren. Gib an, welche Teilchen bei den verschiedenen Färbungen der Indikatoren in der Lösung vorliegen müssen.

5 7

Exp. 12

Temperaturveränderung beim Mischen von sauren und basischen Lösungen

Materialien: zwei Bechergläser, Temperatursensor, Messwandler, Ausgabegerät (Smartphone oder Tablet), 10 %ige Salzsäure (GHS 5|7), 10 %ige Natronlauge (GHS 5)
Durchführung: Stelle ein Becherglas mit 10 mL Salzsäure und eines mit 10 mL Natronlauge bereit. Ermittle die Temperatur beider Lösungen.
Gib beide Lösungen langsam zusammen und zeichne dabei die Temperaturkurve auf.
Auswertung: Notiere deine Beobachtungen und deute das Ergebnis.

Exp. 13

Neutralisation mithilfe einer Bürette

Materialien: Bürette, Erlenmeyerkolben, Stativ mit Klemme, Magnetrührer, 3 %ige Salzsäure (GHS 5), 0,5 %ige Kalilauge (GHS 5), Bromthymolblaulösung (GHS 2|7)
Durchführung: Fülle die Bürette mit der Salzsäure. Gib in den Erlenmeyerkolben 50 mL der Kalilauge und versetze die Lösung mit drei Tropfen Bromthymolblaulösung. Tropfe nun so lange Salzsäure hinzu, bis durch den Indikator eine neutrale Lösung angezeigt wird.

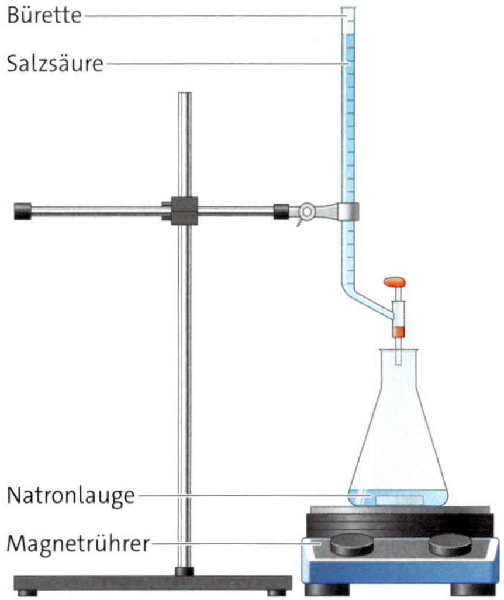

Auswertung: Gib den Verbrauch an Salzsäure an.

Chemische Reaktionen saurer Lösungen

Beim Erhitzen von Wasser mit Geräten wie Wasserkocher, Kaffeemaschinen, Tauchsiedern, Waschmaschinen und Geschirrspülern setzt sich Kesselstein ab, der ein schlechter Wärmeleiter ist. Das erhöht den Energieverbrauch dieser Geräte.
Kesselstein kann zum Beispiel mit Essig entfernt werden.

1 Kesselstein auf der Heizspirale der Waschmaschine

2 Kalkentferner mit Citronensäure

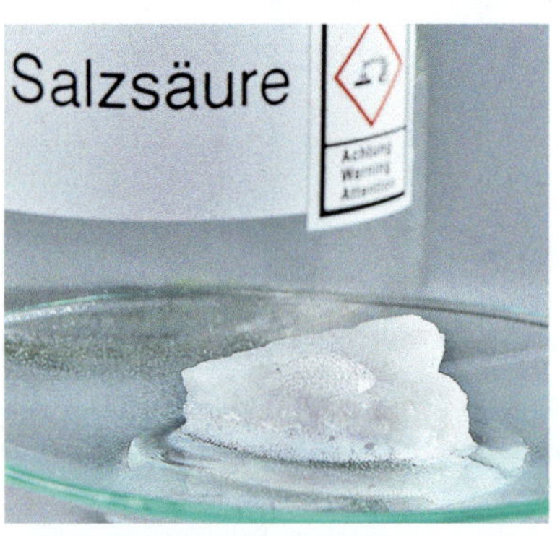

3 Marmor reagiert mit Salzsäure.

xekuqe

Kalk entfernen mit Essig Kesselstein besteht im Wesentlichen aus Calciumcarbonat $CaCO_3$. Versetzt man Kesselstein mit Essig, so steigen Gasblasen auf. Essigsäure reagiert mit dem Kesselstein. Das aufsteigende Gas ist Kohlenstoffdioxid CO_2, das sich mit Kalkwasser nachweisen lässt (► Exp. 8, S. 46). Manche Entkalkungsmittel enthalten Citronensäure mit einer ähnlichen Wirkung (► **2**).

Kalkstein und saure Lösungen In der Natur kommt Kalkstein unter anderem als Marmor vor. Hauptbestandteil des Marmors ist Calciumcarbonat $CaCO_3$. Salzsäure reagiert mit Marmor (► **3**). Dabei wird Kohlenstoffdioxid CO_2 freigesetzt. Marmor reagiert auch mit Essig (► Exp. 7, S. 46). Deshalb dürfen Marmorflächen nicht mit säurehaltigen Haushaltschemikalien gereinigt werden.
Im Kalkputz und im Mörtel ist ebenfalls Kalkstein enthalten. Salzsäure kann zum Entfernen von Mörtelresten oder eines Zementschleiers von Mauerwänden verwendet werden (► Video). Bei solchen Arbeiten sind die Regeln für den Umgang mit Säuren unbedingt zu beachten (► S. 43).

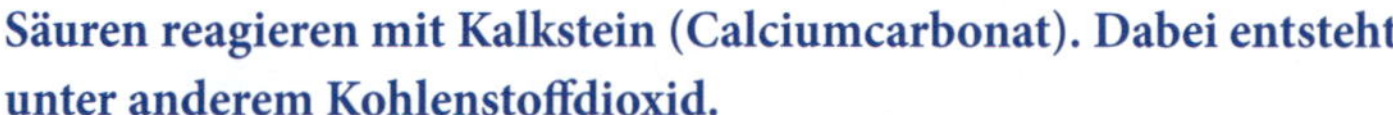

Säuren reagieren mit Kalkstein (Calciumcarbonat). Dabei entsteht unter anderem Kohlenstoffdioxid.

Metalle und saure Lösungen Magnesium ist ein Metall, das leicht mit anderen Stoffen reagiert. Mit dem im Haushalt verwendeten Essig geht Magnesium eine chemische Reaktion ein (► Exp. 6, S. 46) Das dabei entstehende Gas ist Wasserstoff H_2. Außerdem entsteht eine Salzlösung. Nicht nur Magnesium, sondern auch andere Metalle reagieren mit sauren Lösungen. Auch die Metalle Zink und Eisen reagieren mit verdünnter

4 Magnesium, Zink und Kupfer in verdünnter Salzsäure

5 Aluminiumteile nach der Reinigung im Säurebad

Salzsäure (▸**4**; ▸Exp. 6, S. 46). Bei Magnesium, Zink und Eisen handelt es sich um Beispiele für unedle Metalle. Bei der Reaktion entsteht das Gas Wasserstoff H_2.
Wird nach der Reaktion eines unedlen Metalls mit einer verdünnten Säurelösung die entstandene Lösung eingedampft, scheidet sich ein salzartiger Stoff ab (▸Exp. 6, S. 46).

Verdünnte Säurelösungen reagieren mit unedlen Metallen. Dabei entsteht Wasserstoff und eine Salzlösung.

Kupfer und Silber reagieren nicht mit verdünnter Salzsäure (▸**4**), auch nicht mit anderen verdünnten Säuren. Gold und Platin widerstehen auch konzentrierten Säurelösungen, deshalb werden Laborgeräte für bestimmte Zwecke aus Platin hergestellt.

Bedeutung der chemischen Reaktionen von Säuren Der Kalkgehalt im Acker- oder Gartenboden ist für das Pflanzenwachstum sehr wichtig. Wird zu einer Bodenprobe Salzsäure gegeben, so kann an der Stärke der Gasentwicklung (Kohlenstoffdioxidbildung) der Kalkgehalt annähernd beurteilt werden. Auf Ackerböden, die saure Eigenschaften besitzen, ist bei einigen Kulturpflanzen der Ertrag geringer.
Soll im Labor für Experimente Kohlenstoffdioxid hergestellt werden, so kann man von der Reaktion des Marmors mit Salzsäure ausgehen. Die chemische Reaktion von Metallen mit Salzsäure nutzt man zum Beizen oder Ätzen. Die meisten Metalle sind an ihrer Oberfläche keine reinen Metalle, sondern mit einer Metalloxidschicht überzogen. Für die Bearbeitung muss häufig diese Schicht durch Einwirken von Säuren entfernt werden.
Abbildung 5 verdeutlicht, wie Säuren zum „Reinigen" der Metalloberflächen verwendet werden können (▸**5**). Diese Reaktion spielt in der metallverarbeitenden Industrie eine Rolle.

Aufgaben

1 Ein länger benutzter beheizbarer Wassertopf enthält einen Belag von Kesselstein. Erläutere, welche Beobachtung du nach Zugabe von Wasser mit Essig erwartest.

2 Die Tempel der Akropolis bestehen aus Marmor. Es gibt Überlegungen, dieses Bauwerk durch eine Glashülle vor Einflüssen der Umwelt zu schützen.
Finde dafür eine Erklärung.

pH-Werte wässriger Lösungen

Bei der Bezeichnung der leckeren Bratenbeilage kann es immer wieder zu Diskussionen kommen. Ein und dasselbe Gemüse wird im Süden Deutschlands als Blaukraut, im Norden – und auch bei uns in Sachsen – hingegen als Rotkohl bezeichnet. Dabei wird es in den unterschiedlichen Regionen nur anders zubereitet.

1 Rotkohl oder Blaukraut?

2 Sauer schmeckender Fruchtsaft

3 Farbe von Rotkohlsaft in saurer (links), neutraler (Mitte) und basischer (rechts) Lösung

Saure und basische Lösungen Das experimentelle Untersuchen verschiedener wässriger Lösungen zeigte, dass sich die Farben der Indikatoren bei Zugabe unterschiedlich verändern (▸ Exp. 9, S. 46).

In den Lösungen von Essig, Zitronensaft und Kalkentferner sind wie bei der Salzsäure Wasserstoff-Ionen vorhanden, die einen Farbumschlag des Indikators bewirken. Lackmuslösung zeigt durch Rotfärbung und Universalindikator durch gelbe bis rote Färbung eine saure Lösung an.

Bei den Experimenten wurde auch festgestellt, dass die gleichen Indikatoren in Seifenwasser und Haushaltsreinigern ihre Farbe in anderer Weise ändern. Hier färben sich Lackmus und Universalindikator blau und zuvor farbloses Phenolphthalein zeigt eine rotviolette Färbung. Der Farbumschlag bedeutet, dass diese Lösungen keine sauren Eigenschaften aufweisen. Die Lösungen müssen wegen ihrer gleichartigen Wirkung auf Indikatoren ebenfalls ein gemeinsames Merkmal haben, in diesem Fall die Hydroxid-Ionen, die in basischen Lösungen vorkommen.

Auch Farbstoffe aus Rotkohl (oder schwarzem Tee) ändern bei Zugabe von sauren bzw. basischen Lösungen die Farbe (▸ **3**). So färbt sich Rotkohl rot, wenn er zusammen mit etwas Essig gekocht wird.

Wasserstoff- und Hydroxid-Ionen bewirken in wässriger Lösung bei Indikatoren einen charakteristischen Farbumschlag.

Es gibt aber auch Lösungen, die weder sauer noch basisch sind. Sie werden als **neutrale Lösungen** (lat. *neutrum:* keins von beiden) bezeichnet. In diesen Lösungen gibt es keinen Überschuss an Wasserstoff- oder Hydroxid-Ionen.

Genauere Angaben zum jeweiligen Charakter einer Lösung (sauer, basisch oder neutral) lassen sich mithilfe des pH-Werts machen.

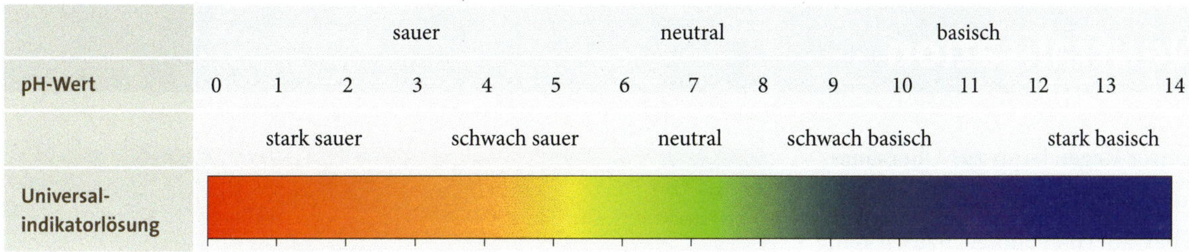

4 pH-Werte und Farbveränderungen des Universalindikators

pH-Wert Der pH-Wert ist eine Zahlenangabe, mit deren Hilfe angegeben werden kann, wie sauer oder wie basisch eine Lösung ist. Er kann mit einem pH-Meter oder mit Universalindikatoren bestimmt werden.
Der angegebene Zahlenwert drückt aus, wie stark oder schwach sauer bzw. basisch die Lösung ist. Der pH-Wert saurer Lösungen liegt bei zunehmender Stärke zwischen 6 und 0, der von basischen Lösungen zwischen 8 und 14. Neutrale Lösungen und reines Wasser haben den pH-Wert von 7 (▸**4**).
Die Größe des pH-Werts ist abhängig von der Anzahl der Wasserstoff- oder Hydroxid-Ionen in einem bestimmten Volumen einer Lösung.
Betrachtet man ein konstantes Volumen einer sauren Lösung, so gilt, dass mit wachsender Anzahl Wasserstoff-Ionen in diesem Volumen der pH-Wert kleiner wird. Das bedeutet, dass z. B. bei einem pH-Wert von 1 die Lösung stark sauer ist. In einer basischen Lösung wird mit steigender Anzahl der Hydroxid-Ionen der pH-Wert größer. Bei pH = 14 ist die Lösung stark basisch.

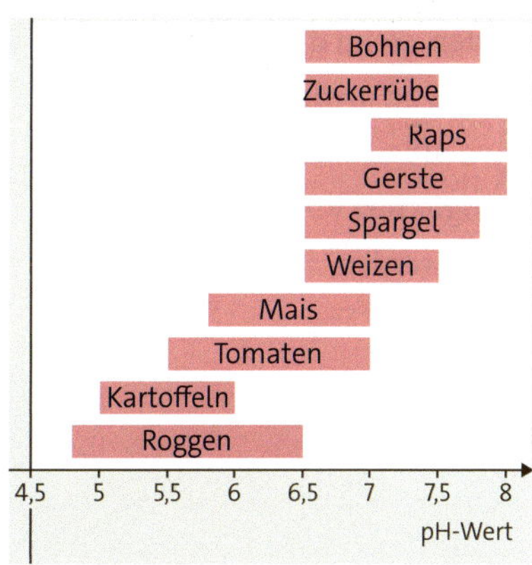

5 Um optimal gedeihen zu können, brauchen Pflanzen einen für sie geeigneten pH-Wert.

Der pH-Wert kennzeichnet saure, basische und neutrale Lösungen. Neutrale Lösungen haben den pH-Wert 7.

Bedeutung des pH-Werts Für viele Vorgänge in Natur und Technik ist der pH-Wert von praktischer Bedeutung. Kulturpflanzen gedeihen nur auf Böden mit bestimmten pH-Werten (▸**5**). In Sümpfen und Mooren ist das Bodenwasser sauer (pH-Wert ca. 3,5). Hier existieren nur besonders angepasste Organismen. An einigen wild wachsenden Pflanzen, den sogenannten Zeigerpflanzen, kann man den pH-Wert des Bodens erkennen. Industrieabwässer müssen so aufbereitet werden, dass ihr pH-Wert zwischen 6 und 7 liegt, um das Leben in den Gewässern nicht zu gefährden. In Aquarien muss ein pH-Wert zwischen 5,5 und 7,5 eingehalten werden (▸ Video), sonst kann bei den Fischen eine „Säure- oder Laugenkrankheit" auftreten. Im Meerwasseraquarium sollte ein pH-Wert von 8 bis 8,5 vorliegen.

6 Seepferdchen benötigen einen pH-Wert zwischen 8 und 8,5.

mehuhe

Aufgaben

1 Schätze aufgrund der ermittelten Farbänderungen des Universalindikators den pH-Wert der Lösungen aus Experiment 9 (▸ S. 46).

2 Erläutere die Entstehung der verschiedenen Bezeichnungen für Rotkohl bzw. Blaukraut.

3 Beurteile unter Nutzung von Bild ▸**5**, ob Roggen und Zuckerrüben auf demselben Ackerland angebaut werden könnten.

Neutralisation

Saurer Regen kann zur Übersäuerung der Äcker führen. Um der Übersäuerung entgegenzuwirken, werden die Böden gekalkt. Auch ganze Wälder können gekalkt werden, wenn der pH-Wert des Bodens zu niedrig ist. In Kläranlagen müssen die Abwässer vor der biologischen Reinigung neutralisiert werden.

joyiri

1 Kalken eines sauren Bodens (▸ Video).

2 Reaktion einer sauren mit einer basischen Lösung bei Verwendung von Universalindikatorlösung

Reaktion einer sauren mit einer basischen Lösung Wird zu verdünnter Salzsäure, die mit Universalindikator versetzt ist, tropfenweise verdünnte Natronlauge gegeben, so ändert sich die Farbe des Indikators nach Zugabe eines bestimmten Volumens Natronlauge nach Grün (▸ **2**). Bei Zugabe von Salpetersäure zu Calciumhydroxidlösung ist auch ein Farbumschlag beobachtbar (▸ Exp. 11, S. 47). Es ist jeweils eine neutrale Lösung entstanden. Chemische Reaktionen, bei denen saure Lösungen mit basischen Lösungen zu **neutralen Lösungen** reagieren, werden als **Neutralisationen** bezeichnet. Tropft man die Lösung mit einer Bürette zu, kann die Neutralisation genau bestimmt werden (▸ Exp. 13, S. 47).
Bei den durchgeführten Neutralisationen entstehen Salzlösungen, z. B. eine Natriumchloridlösung. Dampft man diese ein, scheiden sich die Salzkristalle im Gefäß ab (▸ Exp. 11, S. 47).

saure Lösung + basische Lösung ⟶ Salzlösung + Wasser

Teilchenveränderung bei Neutralisationen Die Farbänderung des Indikators bei Zugabe von Natronlauge zu Salzsäure zeigt an, dass sich die Stoffmengenkonzentration der Wasserstoff-Ionen in der sauren Lösung verringert. Bei der Neutralisation findet eine chemische Reaktion zwischen den Wasserstoff-Ionen der sauren Lösung und den Hydroxid-Ionen der basischen Lösung statt. Aus je einem Wasserstoff-Ion und einem Hydroxid-Ion entsteht ein Wasser-Molekül (▸ **3**):

$$H^+ (aq) + OH^- (aq) \longrightarrow H_2O (l) \mid \text{exotherm}$$

Die Abnahme der Ionenkonzentration ist durch Messung der elektrischen Leitfähigkeit während der Neutralisation nachweisbar.

Energieumwandlung bei Neutralisationen Bei der Neutralisation handelt es sich um eine exotherm verlaufende chemische Reaktion. Die Zugabe von Salzsäure zu Natronlauge führt zu einem deutlichen Temperaturanstieg (▸ Exp. 12, S. 47).

Reaktionsgleichungen für Neutralisationen Betrachtet man eine Neutralisationsreaktion auf stofflicher Ebene, so kann die Reaktion durch eine Reaktionsgleichung beschrieben werden:

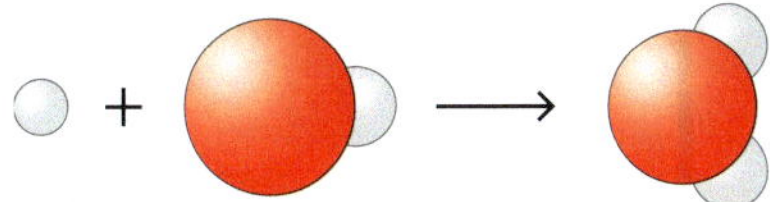

3 Modell der Neutralisation

$$HCl\,(aq) + NaOH\,(aq) \longrightarrow NaCl\,(aq) + H_2O\,(l) \mid \text{exotherm}$$

Die beschriebene Teilchenveränderung ist aber erst in einer **Ionengleichung** erkennbar. Natronlauge, Salzsäure sowie die entstehende Kochsalzlösung enthalten frei bewegliche Ionen:

$$\underbrace{H^+(aq) + Cl^-(aq)}_{\text{Salzsäure}} + \underbrace{Na^+(aq) + OH^-(aq)}_{\text{Natronlauge}} \longrightarrow \underbrace{Na^+(aq) + Cl^-(aq) + H_2O\,(l)}_{\text{Natriumchloridlösung}} \mid \text{exotherm}$$

An dieser Gleichung ist erkennbar, dass die Natrium-Ionen der basischen Lösung und die Chlorid-Ionen der sauren Lösung nach der chemischen Reaktion unverändert vorliegen. Nach dem Eindampfen der entstandenen neutralen Lösung bleibt festes Natriumchlorid zurück (▸ Exp. 11, S. 47).

Bei einer Neutralisation reagieren Wasserstoff-Ionen und Hydroxid-Ionen zu Wasser-Molekülen. Dies geschieht bei der Reaktion einer sauren mit einer basischen Lösung.

4 Um eine Versauerung der Waldböden zu beheben, wird Kalk verteilt.

Bedeutung von Neutralisationen Pflanzen benötigen zum Wachstum nicht nur Wasser, sondern auch bestimmte Mineralien, die sie über ihre Wurzeln aus dem Boden aufnehmen. Je nach Art gedeihen die Pflanzen bei einem bestimmten pH-Wert besonders gut. Durch sauren Regen kann der Boden sauer werden, wodurch die Aufnahme eingeschränkt wird. Kalkdünger schaffen einen für die Pflanzen günstigen pH-Wert (▸ **4**).
Das Spülmittel in der Spülmaschine ist stark basisch, um z. B. Fettrückstände vom Geschirr leicht lösen zu können. Deswegen wird das Wasser am Ende mit einem sauren Klarspüler zur Neutralisation versetzt (▸ **5**).
Auch im menschlichen Körper spielen pH-Werte eine wichtige Rolle. Der Ablauf vieler Stoffwechselvorgänge hängt häufig von einem optimalen pH-Wert ab. Beim Sodbrennen werden Medikamente eingesetzt, um die Magensäure zu neutralisieren und Verätzungen der Speiseröhre vorzubeugen.

5 Geschirrspüler: basischer Spültab, saurer Klarspüler

Aufgaben

1 Recherchiere Medikamente und Hausmittel gegen Sodbrennen. Bereite eine digitale Präsentation vor, die auch die Wirkungsweise der Medikamente erläutert.

2 Erläutere den Begriff Neutralisation und begründe, dass die Neutralisation eine chemische Reaktion ist.

Auf einen Blick

Säuren und saure Lösungen

Säuren und saure Lösungen

Säuren sind Stoffe, die beim Lösen in Wasser saure Lösungen bilden. Saure Lösungen zeigen mit Indikatoren eine typische Farbänderung und leiten den elektrischen Strom. Sie enthalten **Wasserstoff-Ionen** und **Säurerest-Ionen**.

Säuremoleküle ⟶ Wasserstoff-Ionen + Säurerest-Ionen
Salpetersäure-Moleküle ⟶ Wasserstoff-Ionen + Nitrat-Ionen
$HNO_3(aq) \longrightarrow H^+(aq) + NO_3^-(aq)$

Nachweis saurer Lösungen

Wasserstoff-Ionen in sauren Lösungen bewirken eine Farbänderung bei Indikatoren, z. B. Lackmus, Bromthymolblau, Universalindikator.

Reaktionen von sauren Lösungen

Unedle Metalle reagieren mit verdünnten Säurelösungen zu Wasserstoff und einer Salzlösung. Auch Kalkstein (Calciumcarbonat) reagiert mit sauren Lösungen. Dabei entsteht u. a. auch Kohlenstoffdioxid.

Saure, neutrale, basische Lösung

Saure Lösung	Neutrale Lösung	Basische (alkalische) Lösung
enthält einen Überschuss an Wasserstoff-Ionen	ist weder sauer noch basisch	enthält einen Überschuss an Hydroxid-Ionen
H^+		OH^-

sauer — neutral — basisch

0 1 2 3 4 5 6 7 8 9 10 11 12 13 14

stark sauer — schwach sauer — neutral — schwach basisch — stark basisch

pH-Wert

Zahlenangabe zur genauen Kennzeichnung der sauren, basischen oder neutralen Eigenschaften einer Lösung. Er ist auf die Konzentration an Wasserstoff-Ionen in einer Lösung bezogen.

Neutralisation

Exotherme chemische Reaktion einer sauren mit einer basischen Lösung:
saure Lösung + basische Lösung ⟶ Salzlösung + Wasser

Die Wasserstoff-Ionen der sauren Lösung reagieren mit den Hydroxid-Ionen der basischen Lösung zu Wasser-Molekülen.

$H^+ + OH^- \longrightarrow H_2O$

Neutralisationen werden im Alltag und in der Technik genutzt, um saure oder basische Lösungen unschädlich zu machen, z.B. in der Abwasserreinigung.

Aufgaben

1 Säuren und saure Lösungen haben in der Chemie eine große Bedeutung.

a ▢ Nenne drei charakteristische Eigenschaften einer sauren Lösung.

b ◪ Nenne die typischen Teilchen einer sauren Lösung und erläutere deren Bildung.

c ▢ Gib jeweils zwei Beispiele für eine Säure und eine saure Lösung an.

2 Säuren oder saure Lösungen gehören zu den Gefahrstoffen.

a ◪ Erläutere, wovon die Einstufung als Gefahrstoff abhängt.

b ▢ Gib das Gefahrenpiktogramm an, das eine Flasche mit 20 %iger Schwefelsäurelösung tragen muss.

3 ◪ Stelle anhand eines selbst gewählten Beispiels die Bedeutung von Säuren die chemische Industrie dar.

4 Chlorwasserstoff wird in Wasser eingeleitet.

a ▢ Gib Namen und Formeln der Teilchen an, die in der entstandenen wässrigen Lösung vorliegen.

b ◪ Begründe, warum die entstandene Lösung den elektrischen Strom leitet.

5 Säurelösungen reagieren mit anderen Stoffen.

a ◪ Entscheide, ob man saure Lösungen in Metallbehältern aufbewahren kann. Begründe deine Antwort.

b ▢ Nenne Stoffe, die mit sauren Lösungen reagieren.

6 Natronlauge und Salzsäure sind ätzende Lösungen.

a ▢ Vergleiche diese Stoffe bezüglich ihrer Teilchen in der Lösung.

b ▢ Nenne je zwei gemeinsame und zwei unterschiedliche Eigenschaften dieser Stoffe.

c ◪ Begründe das unterschiedliche Verhalten gegenüber Universalindikatorlösung.

7 ◪ Ordne den pH-Werten 2, 8, 7, 5, 14 die Begriffe: neutral, schwach basisch, schwach sauer, stark basisch, stark sauer zu.

8 In einem medizinischen Labor wird eine Urinprobe untersucht. Der pH-Wert der Urinprobe beträgt pH = 5,0.

a ▢ Gib an, ob es sich bei dieser Probe um eine saure, neutrale oder basische Lösung handelt.

b ◪ Erläutere den Begriff pH-Wert.

9 Der pH-Wert ist entscheidend.

a ◪ Beschreibe die Farbänderung von Universalindikatorlösung, wenn zu einer Hydroxidlösung eine Säurelösung gegeben wird.

b ◪ Erläutere, wie sich dabei der pH-Wert ändert.

c ▢ Nenne ein Beispiel, wo diese Reaktionen praktische Anwendung finden

10 Im Chemieunterricht wird mit verdünnter Salzsäurelösung experimentiert.

a ◪ Erläutere, wie man die Reste der Salzsäurelösung unschädlich machen kann.

b ■ Formuliere für den Vorschlag eine Reaktionsgleichung.

11 Neutralisationen sind wichtige chemische Reaktionen.

a ◪ Erläutere den Begriff Neutralisation an der Reaktion von Kalilauge mit Schwefelsäurelösung.

b ■ Stelle die Teilchenveränderungen bei der Neutralisation modellhaft dar.

c ◪ Benenne die Reaktionsprodukte.

Hilfe zu den Aufgaben findest du auf den Seiten ...

1	42 ff.	7	50 f.
2	43	8	50 f.
3	45	9	52 f.
4	44	10	52 f.
5	48 f.	11	52 f.
6	42 ff.		

▶ Die Lösungen findest du im Anhang.

Ethanol

Der aus Trauben gewonnene Wein enthält Ethanol, umgangssprachlich auch bekannt als Alkohol.
In vielen Parfüms ist Ethanol als Lösemittel enthalten.
Ethanol wird auch als Brennstoff verwendet, zum Beispiel als Zusatz im E10-Benzin oder in reiner Form als Brennspiritus in einem Spiritusbrenner.

Verwendung und Herstellung von Ethanol

Besonders viele Sonnentage pro Jahr schaffen im Elbtal geeignete klimatische Verhältnisse für den Weinbau. Vom Spätsommer bis in den Herbst werden dort die Weintrauben geerntet, was als Weinlese bezeichnet wird.

1 Weinbau bei Meißen mit Blick auf die Albrechtsburg

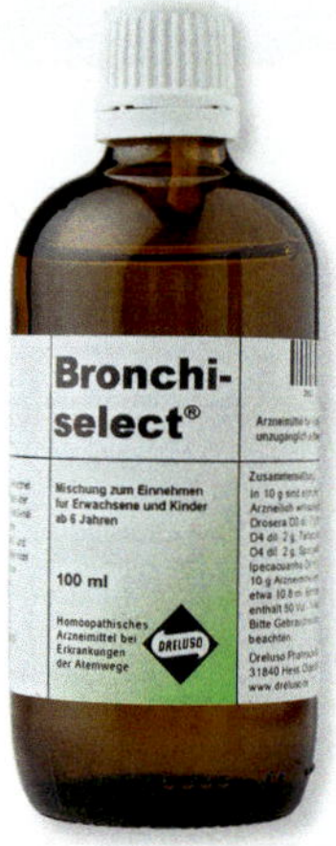

2 Dieses Hustenmittel enthält 50 % Ethanol als Auszugsmittel für die pflanzlichen Wirkstoffe.

Verwendung von Ethanol Die Hauptmenge des weltweit hergestellten Ethanols wird in Form von alkoholischen Getränken für Genusszwecke verbraucht. Ethanol ist aber auch ein gutes Lösemittel und findet überall im Haushalt Verwendung. So ist es in verschiedenen Reinigern enthalten, z. B. in Glas- oder Metall- und Keramikreinigern, aber auch in vielen Fleckentfernern. Es dient als Zusatz in Scheibenwaschanlagen von Autos. In Parfüms stellt Ethanol den größten Anteil aller darin enthaltenen Stoffe. Es dient dabei als Lösemittel und gleichzeitig als Duftträger für diese Stoffe.
In einigen flüssigen Medikamenten dient Ethanol als Lösemittel oder Auszugsmittel für bestimmte pflanzliche Inhaltsstoffe (▸ 2).
Hochprozentige Ethanollösung wird zum Einreiben der Haut verwendet, weil damit deren Durchblutung gefördert wird. Auch bei Insektenstichen wird Ethanollösung zur Kühlung und damit zur Schmerzlinderung des Stiches benutzt.

Ethanol wird als Kraftstoff oder Kraftstoffbeimischung eingesetzt. So ist z. B. an Tankstellen seit 2011 der Kraftstoff mit der Zusatzbezeichnung „E10“ erhältlich. „E“ steht für Ethanol, die Zahl „10“ für den Volumenanteil 10 % Ethanol als Beimischung in gewöhnlichem Fahrzeugbenzin.
Brennspiritus ist ein Gemisch mit einem hohen Anteil an Ethanol. Damit Brennspiritus oder Bioethanol nicht zum Trinken missbraucht werden können, macht man sie durch Zusätze schlecht schmeckender Stoffe ungenießbar (Vergällen).

Ethanol wird als Löse-, Reinigungs- und Genussmittel, aber auch als Kraftstoff verwendet.

Eigenschaft	Verwendung
sehr gutes Lösemittel	Zusatz in Haushaltsreinigern, Scheibenwaschanlagen, Fleckentfernern, flüssigen Medikamenten, Auszugsmittel für bestimmte pflanzliche Inhaltsstoffe, Parfümbestandteil, industrielle Herstellung von Farben, Lacken, Ölen, Harzen
durchblutungsfördernd	Hauteinreibung, Insektenstichkühlung
brennbar	Brennstoff, z. B. Spiritus, Treibstoff

3 Eigenschaften und Verwendung von Ethanol

Alkoholische Gärung Das älteste und auch heute noch wichtigste Verfahren zur Herstellung von Ethanol ist die **alkoholische Gärung**. Bei der Vergärung von Obstsäften werden unter dem Einfluss von Enzymen bestimmte Zucker wie Traubenzucker und Fruchtzucker zu Trinkalkohol (Ethanol) und weiteren Stoffen umgewandelt. Dabei werden nur etwa 90 % der Zucker in Alkohol umgewandelt. Die restlichen 10 % bilden andere Stoffe, z. B. die wesentlichen Aromastoffe des Weins.

$$\text{Traubenzucker} \xrightarrow{\text{Enzyme}} \text{Ethanol} + \text{Kohlenstoffdioxid}$$

Wirkung von Enzymen Bei jeder Gärung werden unter dem Einfluss der Enzyme von Mikroorganismen bestimmte organische Stoffe in Stoffe mit einfacherem Molekülbau umgewandelt. Bei der alkoholischen Gärung sind das Hefepilze und Hefeenzyme, die überall in der Luft und besonders auf aufgeplatzten Früchten vorkommen. Die Enzyme wirken als **Biokatalysatoren**. Die alkoholische Gärung findet immer anaerob, das heißt ohne Beteiligung von Sauerstoff statt (▸**4**). Bei der alkoholischen Gärung entstehen Ethanollösungen mit einem Volumenanteil von maximal 18 %. Bei höheren Volumenanteilen an Ethanol sterben die Hefepilze ab. Durch Destillation lässt sich der Ethanolanteil bis auf 96 % erhöhen.

4 Ein mit Wasser gefülltes Gärröhrchen verhindert den Lufteintritt im Gärballon.

Bedeutung von Gärungsprozessen Gärungsprozesse besitzen Bedeutung im Stoffwechsel von lebenden Organismen. Sie werden biotechnologisch zur Herstellung von Produkten wie Alkohol eingesetzt. Sie dienen aber auch zur Konservierung von Lebensmitteln und spielen in der Abwasseraufbereitung bei der Wasserreinigung durch Mikroorganismen eine Rolle.

> **Ethanol kann durch alkoholische Gärung aus zuckerhaltigen Naturstoffen hergestellt werden.**

Aufgaben

1 ▢ Erkunde in deiner Wohnung alle flüssigen Stoffe, in denen Ethanol enthalten ist (z. B. Getränke, Medikamente, Reinigungsmittel). Erstelle dazu eine Tabelle mit dem Namen der Flüssigkeit, dem Alkoholanteil und dem Verwendungszweck.

2 Erläutere die Vorgänge der alkoholischen Gärung von Traubensaft. Begründe, warum bei dieser Gärung keine Hefe zugesetzt werden muss.

3 Erläutere die Bedeutung der Enzyme der Hefe bei der Vergärung.

Bioethanol alsTreibstoff

Treibstoffe vom Acker Chemische Energie ist nicht nur in fossilen Rohstoffen wie Erdöl oder Erdgas, sondern auch in den von Pflanzen produzierten Kohlenstoffverbindungen gespeichert. Land- oder forstwirtschaftlich erzeugte Produkte wie Holz, Raps, Weizen oder Zuckerrohr gelten als **nachwachsende Rohstoffe**, wenn sie zur Energiegewinnung oder zur Herstellung alternativer Treibstoffe genutzt werden statt für Ernährungs- oder Fütterungszwecke.
Auch beim Verbrennen von nachwachsenden Treibstoffen entsteht Kohlenstoffdioxid. Es wird aber immer nur so viel Kohlenstoffdioxid freigesetzt, wie die Pflanzen zuvor zum Wachstum aus der Luft gebunden haben. Bei der Verbrennung fossiler Treibstoffe gelangen im Gegensatz dazu zusätzlich große Mengen an Kohlenstoffdioxid in die Atmosphäre.

Bioethanol als Treibstoff Ethanol ist ein leichtflüchtiger Alkohol, der mit Luft explosive Gasgemische bildet. Daher eignet sich Ethanol zur Verbrennung in Ottomotoren. Wie herkömmliches Benzin verbrennt es vollständig zu Wasser und Kohlenstoffdioxid.
Bioethanol kann aus stärkehaltigen Pflanzen wie Getreide, Kartoffeln und Mais sowie aus zuckerhaltigen Pflanzen wie Zuckerrübe oder Zuckerrohr gewonnen werden (▸**1**, **2**).
Die Benzinsorten *Super* und *Super Plus* enthalten bis zu 5 % und E10-Benzin bis zu 10 % Bioethanol. Als reiner Treibstoff ist es in Deutschland nicht erhältlich.

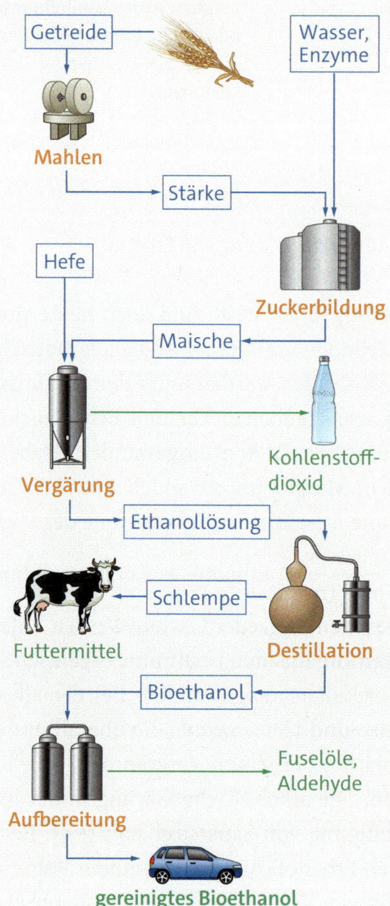

2 Erzeugung von Bioethanol

Vor- und Nachteile von Bioethanol als Treibstoff Ein Liter Ethanol hat einen um etwa 35 % geringeren Gehalt an chemischer Energie als ein Liter gewöhnliches Benzin. Daher müsste man bei gleicher Fahrleistung eine entsprechend größere Menge tanken. Gegenüber ethanolfreien Treibstoffen sind in den Abgasen von Bioethanol geringere Mengen an umweltschädlichen Stoffen enthalten. Die Verwendung von Bioethanol als Treibstoff erfordert korrosionsbeständige Ventile aus besonders gehärtetem und temperaturbeständigem Material. Ethanol reagiert mit Gummi und Kunststoffen und darf daher nur in speziell ausgerüsteten Fahrzeugen verwendet werden.

1 Zuckerrohr – Rohstoff für Bioethanol

Aufgabe

1 ● Diskutiere, ob Bioethanol ein nachhaltiger Treibstoffersatz ist. Recherchiere hierzu z. B. unter dem Stichwort „Energiebilanz von Bioethanol".

Eigenschaften von Ethanol

Exp. 1

Eigenschaften von Ethanol

Materialien: 2 Reagenzgläser, 2 Stopfen, 2 Bechergläser (100 mL), Leitfähigkeitsmessgerät, Porzellanschale, langer Holzspan, Ethanol (GHS 2|7), 5 %ige Natronlauge (GHS 5), Wasser, Speiseöl, Universalindikatorpapier

Durchführung:

A Ermittle Aussehen, Aggregatzustand und Geruch von Ethanol.

B Fülle beide Reagenzgläser ca. 2 cm hoch mit Ethanol. Gib in eines die gleiche Menge Wasser und in das andere die gleiche Menge Speiseöl. Verschließe die Reagenzgläser, schüttle vorsichtig und beobachte.

C Gib auf Indikatorpapier jeweils einige Tropfen Ethanol und einige Tropfen Natronlauge. Vergleiche.

D Prüfe mit dem Leitfähigkeitsmessgerät die elektrische Leitfähigkeit von Ethanol und von Natronlauge.

E Gib ca. 5 mL Ethanol in eine Porzellanschale und halte an die Flüssigkeitsoberfläche einen langen brennenden Span.

Auswertung: Notiere deine Beobachtung und ziehe Schlussfolgerungen.

Exp. 2

Wirkung von Ethanol auf Eiweiß

Materialien: Reagenzgläser, Tropfpipetten, Ethanol (GHS 2|7), 0,9 %ige Kochsalzlösung, Eiweißlösung aus einem Hühnerei

Durchführung: Versetze etwas Eiklar mit 0,9 %iger Kochsalzlösung im Verhältnis 1 : 5 und schüttle kräftig. Gib zu ca. 5 mL der entstandenen Eiweißlösung ca. 5 mL Ethanol und schüttle wiederum kräftig.

Auswertung: Notiere deine Beobachtungen. Überlege, welche Wirkungen der regelmäßige Genuss von Alkohol auf Organe im menschlichen Körper haben kann.

Exp. 3

Wirkung eines elektrisch geladenen Plastikstabs auf Ethanol

2 7

Materialien: Bürette, elektrisch geladener Plastikstab, Auffangwanne, Ethanol (GHS 2|7)

Durchführung: Lass aus der Bürette einen feinen Ethanolstrahl an dem Stab vorbei in eine Auffangwanne laufen. Beobachte den Ethanolstrahl.

Auswertung: Beschreibe das Beobachtungsergebnis und versuche für das Verhalten des Strahls eine Erklärung zu finden.

Exp. 4

Verbrennung von Ethanol in einem geschlossenen Gefäß

Materialien: Erlenmeyerkolben, Verbrennungslöffel, durchbohrter Stopfen, Spatel, Ethanol (Spiritus, GHS 2|7), Kupfer(II)-sulfat (GHS 7|9), Bariumhydroxidlösung (GHS 5)

Durchführung: Gib auf den Verbrennungslöffel das Ethanol und entzünde es. Tauche den Verbrennungslöffel in den sauberen, trockenen Erlenmeyerkolben und verschließe ihn mit dem Stopfen.

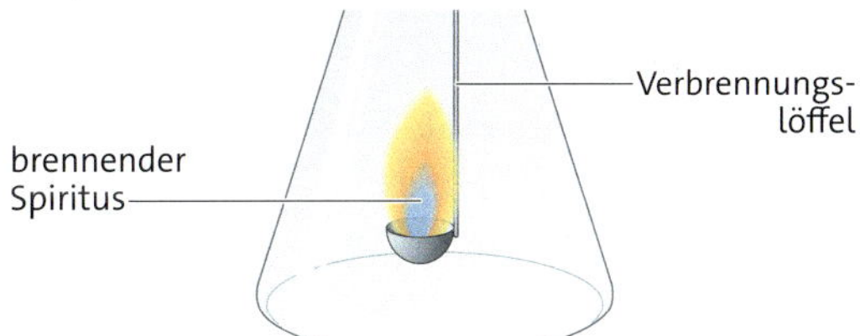

Lass den Erlenmeyerkolben nach beendeter Verbrennung abkühlen. Hebe den Stopfen ab und gib auf den Verbrennungslöffel einige Kristalle des wasserfreien Kupfer(II)-sulfats. Beobachte.
Entferne dann den Verbrennungslöffel und gib etwa 5 mL der Bariumhydroxidlösung in den Kolben. Verschließe ihn wieder, schüttle und beobachte die Lösung.

Auswertung: Deute die Beobachtungsergebnisse.

Eigenschaften und Bau von Ethanol

tikeyu

In einem Lokal wird zum Abschluss eines festlichen Essens eine brennende Nachspeise serviert. Die Früchte werden mit Alkohol, genauer Ethanol, flambiert.

1 Flambieren mit Alkohol (▸ Video).

Eigenschaften von Ethanol Ethanol ist eine farblose, leicht flüchtige Flüssigkeit mit einem charakteristischen Geruch. Umgangssprachlich wird Ethanol fälschlicherweise nur als Alkohol bezeichnet. Ethanol hat die Summenformel C_2H_6O. Seine Siedetemperatur liegt bei 78,4 °C. Ethanol verbrennt mit blassblauer Flamme zu Kohlenstoffdioxid und Wasser (▸ Exp. 4, S. 61).

Ethanol löst sich gut in Wasser und ist auch selbst ein gutes Lösemittel (▸ Exp. 1, S. 61). Ethanol leitet den elektrischen Strom nicht, ein Ethanolstrahl wird aber von einem elektrisch aufgeladenen Plastikstab abgelenkt (▸ Exp. 3, S. 61). Ethanol zerstört Eiweiße (▸ Exp. 2, S. 61; ▸ **2**). Ethanol färbt Universalindikator nicht (▸ Exp. 1, S. 61). Mit Borsäure verbrennt Ethanol mit gelber Flamme, die einen grünen Flammensaum besitzt (▸ Exp. 5; ▸ **3**).

Exp. 5

2 5 7 8

Reaktion von Borsäure mit Ethanol

Materialien: Porzellanschale, Gasbrenner, Dreifuß mit Drahtnetz, Glasstab, Spatel, Tropfpipette, Holzspan; Ethanol (GHS 2|7), Borsäure (GHS 8), konz. Schwefelsäure (GHS 5)

Durchführung: Gib in die Porzellanschale ca. 5 mL Ethanol, 1 g feste Borsäure und drei Tropfen konzentrierte Schwefelsäure. Erwärme das Gemisch vorsichtig und rühre mit einem Glasstab um, bis sich die Borsäure gelöst hat. Entzünde die Flüssigkeit mit einem langen brennenden Holzspan.

Auswertung: Notiere deine Beobachtungen.

2 Flüssiges Eiweiß wurde in Ethanol gegeben.

3 Verbrennen von Borsäure mit Ethanol

Struktur des Ethanol-Moleküls Beim Verbrennen von Ethanol wurden nur Wasser und Kohlenstoffdioxid als Reaktionsprodukte nachgewiesen (▸Exp. 4, S. 61). Das lässt auf das Vorhandensein der Elemente Kohlenstoff und Wasserstoff schließen. Bei der Reaktion mit Magnesium bildet sich Magnesiumoxid (▸Exp. 6). Ethanol muss daher auch das Element Sauerstoff enthalten.
Damit ist bestätigt, dass Ethanol aus den Elementen Kohlenstoff, Wasserstoff und Sauerstoff aufgebaut ist. Wie bereits bekannt, ist die Summenformel von Ethanol C_2H_6O.
Untersuchungen ergaben, dass sich an dem Sauerstoff-Atom ein Wasserstoff-Atom befindet (–OH). Eine solche Gruppe wird als **Hydroxylgruppe** bezeichnet. Um die Anordnung der Atome im Ethanol-Molekül auch in der Formel darzustellen, schreibt man die Summenformel C_2H_5OH (▸**4**). Die Hydroxylgruppe (–OH-Gruppe) bestimmt wesentliche Eigenschaften des Ethanols.

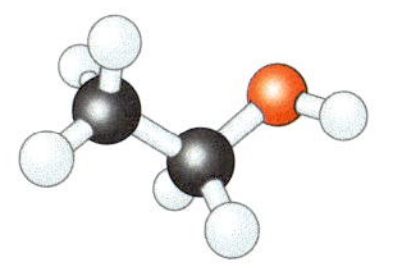

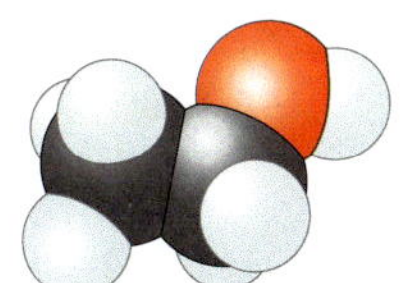

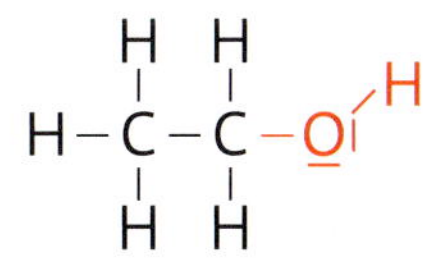

4 Verschiedene Modelle und Formel des Ethanol-Moleküls

Hydroxylgruppe und Hydroxid – unterschiedliche Teilchen Bei Zugabe von Universalindikatorlösung zu einer wässrigen Ethanollösung wird im Gegensatz zur Prüfung von Natronlauge keine Farbänderung des Indikators sichtbar (▸Exp. 1, S. 61). Dies deutet darauf hin, dass die Hydroxylgruppe im Ethanol-Molekül andere Eigenschaften als die Hydroxid-Ionen im Ionengitter oder in der wässrigen Lösung eines Metallhydroxids bewirkt. Hydroxylgruppe und Hydroxid-Ion sind unterschiedliche Teilchen.

**Ethanol ist eine brennbare Flüssigkeit und ein gutes Lösemittel.
Es ist ein aus Molekülen aufgebauter Stoff.
Die Hydroxylgruppe ist das charakteristische Merkmal des Ethanol-Moleküls.**

Exp. 6 | **L**

Reaktion von Ethanol mit Magnesium

Ethanoldämpfe (GHS 2|7) werden über stark erhitzte Magnesiumspäne (GHS 2) geleitet.
Das entweichende Gas (GHS 2) wird entzündet.

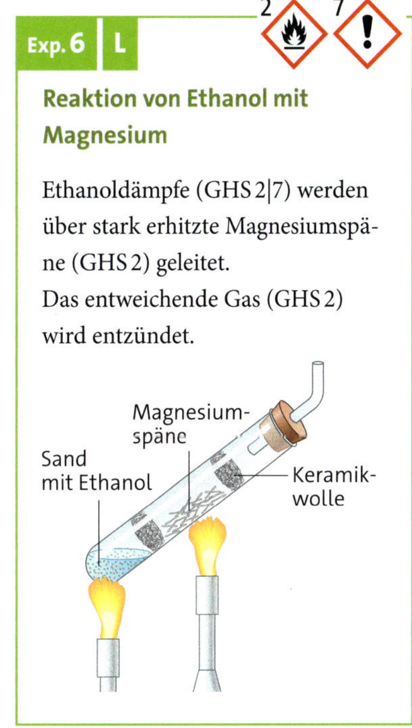

Aufgaben

1 Begründe, warum im Winter Kraftstoffen oder Scheibenwaschanlagen von Kraftfahrzeugen häufig Ethanol zugesetzt wird.

2 Zum Fensterputzen wurden früher Spiritus und Zeitungspapier empfohlen. Führe diese Verwendung auf Eigenschaften der verwendeten Stoffe zurück.

3 Erkläre, warum hochprozentige Spirituosen zum Flambieren von Speisen genutzt werden können. Entwickle die Wort- und die Reaktionsgleichung für diesen Vorgang.

4 Beschreibe den Bau des Ethanol-Moleküls anhand eines selbstgewählten Modells.

Ethanol – Genussmittel, Gefahrstoff und Suchtpotenzial

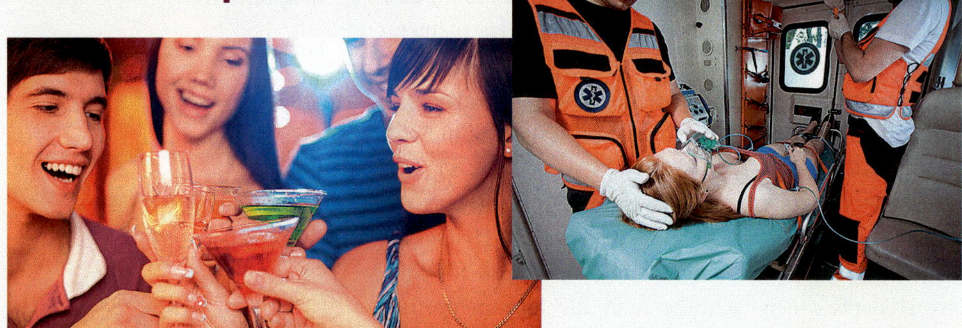

1 Erwünschte und unerwünschte Wirkungen von Ethanol

Die Party ist in vollem Gange, alle Leute unterhalten sich gut. Die servierten Cocktails kommen bei den Gästen gut an – haben sie zur lockeren Stimmung beigetragen? Einige Zeit später: Einer der Gäste muss sich übergeben und kann ohne fremde Hilfe nicht mehr stehen. Nachdem er nicht mehr ansprechbar ist, ruft der Gastgeber den Notarzt. Waren die Getränke daran schuld?

Konsum alkoholischer Getränke Im Durchschnitt trinkt jeder Deutsche pro Jahr ca. 130 Liter Bier, Wein und Spirituosen und nimmt damit 7 kg Ethanol auf. Ethanol löst sich im wässrigen Körpergewebe besser als im Fettgewebe, kann aber die aus Fetten bestehenden Membranen von Zellen durchdringen. Etwa ein bis zwei Stunden nach dem Konsum eines alkoholischen Getränks hat sich das Ethanol im Körper verteilt. Ein voller Magen verzögert die Aufnahme des Ethanols. Kohlensäure und Zucker verstärken sie, weil sie die Blutzirkulation beschleunigen.

Alkoholaufnahme im menschlichen Körper Alkohol aus alkoholischen Getränken gelangt sehr schnell ins Blut, etwa 20 % über den Magen, der restliche Anteil überwiegend über den Dünndarm. Leerer Magen, schnelles Trinken, Wärme sowie Kohlensäure in alkoholischen Getränken, z. B. Alcopops und Sekt, beschleunigen diesen Vorgang erheblich. Wenige Minuten nach dem Genuss ist Alkohol im Blut nachweisbar, nach anderthalb Stunden ist die Verteilung des Alkohols im Körper abgeschlossen. Die Blutalkoholkonzentration (BAK) wird in Promille (‰) angegeben.

Blutalkoholkonzentration	Wirkung
> 0,2 ‰	**Angeheitert** Wärmegefühl, anregende Wirkung
> 0,5 ‰	**Leichter Rausch** gereizte oder depressive Stimmung, Reaktionsvermögen, Seh- und Konzentrationsfähigkeit nehmen ab
> 1,5 ‰	**Mittlerer Rausch** Gleichgewichts-, Hör-, Seh- und Sprachstörungen, unkoordinierte Bewegungen
> 2,5 ‰	**Schwerer Rausch** Orientierungslosigkeit, Betäubungszustand
> 3,5 ‰	**Volltrunkenheit** Bewusstlosigkeit, Koma, schwere Vergiftung des Körpers

2 Wirkungen von Blutalkoholkonzentrationen

Missbrauch von Alkohol Unter Jugendlichen sind seit einigen Jahren Trinkexzesse verbreitet, bei denen bis zur Bewusstlosigkeit getrunken wird (Binge-Trinken). Etwa ein Drittel der 15-Jährigen war bereits zweimal im Leben völlig betrunken. Der Missbrauch von Alkohol hat viele Gesichter. Oft fallen die Betroffenen ihrer Umwelt erst auf, wenn eine Alkoholabhängigkeit vorliegt. Gelegentlicher Alkoholkonsum kann schnell zur regelmäßigen, täglichen Gewohnheit werden. Der Schritt zur Alkoholabhängigkeit ist dann oft schon getan. Die Betroffenen bekommen ohne Alkohol Entzugserscheinungen. Sie können ihren Konsum nicht mehr steuern.

3 In einer 0,3-Liter-Flasche Alcopops sind 5,5 % Alkohol enthalten. Das sind 16,5 mL bzw. 13,04 g reines Ethanol.

Info 1

Alkoholrausch und Alkoholismus

Etwa ein Viertel der 16- und 17-Jährigen nimmt einmal monatlich vier oder mehr alkoholische Getränke zu sich („Komasaufen", „Binge-Trinken"). Bei fast 10 % der Befragten einer Studie der Bundeszentrale für gesundheitliche Aufklärung war das viermal oder häufiger im Monat der Fall.

Im Jahr 2019 wurden in Deutschland über 1 00 000 Personen aufgrund einer Alkoholvergiftung stationär in einem Krankenhaus behandelt. Davon waren etwa 20 300 Kinder und Jugendliche im Alter von 10 bis 19 Jahren.

Ethanol wirkt als Droge, sein Konsum kann nicht nur zur psychischen, sondern auch zur körperlichen Abhängigkeit, dem Alkoholismus, führen. Der Organismus passt sich teilweise an die Zufuhr von Ethanol an. Das hat zur Folge, dass zum Erreichen einer erwünschten Wirkung immer größere Mengen alkoholischer Getränke konsumiert werden müssen.

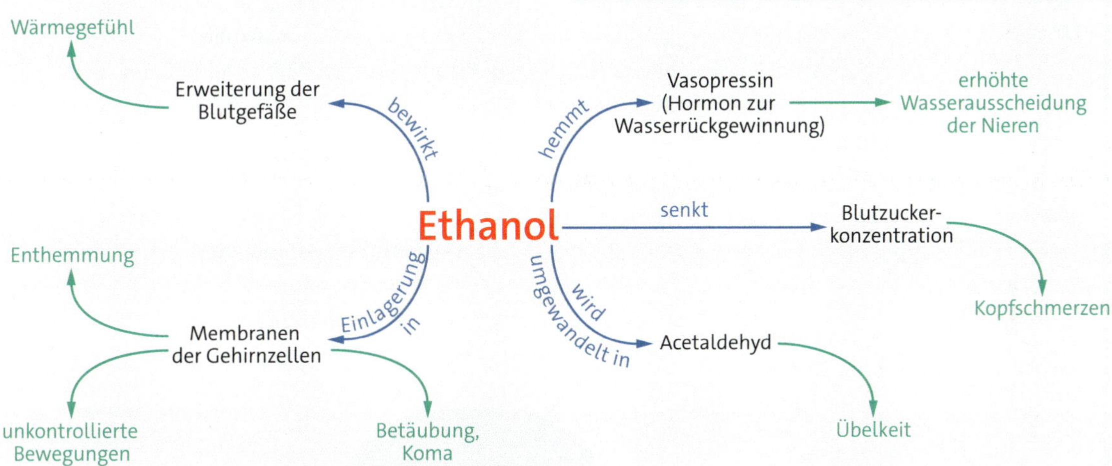

4 Schema für einige kurzfristige Wirkungen von Ethanol im Körper

5 Trinkgelage auf einer griechischen Vasenmalerei aus dem 4. Jh. v. Chr.

Aufgaben

1 ▢ Beschreibe die Phasen der Alkoholkrankheit.

2 ◧ Stelle mögliche Ursachen für den hohen Alkoholkonsum in der Gesellschaft zusammen.

3 ◧ Erläutere Folgen des Fahrens unter Alkohol im Straßenverkehr.

4 ▢ Entwickle ein Poster mit Hinweisen auf die Gefahren durch Alkohol.

Ethanol

Ethanol	Stoff mit der Formel ist C_2H_5OH. Ethanol wird üblicherweise als Alkohol bezeichnet.
Bau von Ethanol	Ethanol ist aus Molekülen aufgebaut. Die Moleküle sind aus Atomen der Elemente Kohlenstoff, Wasserstoff und Sauerstoff zusammengesetzt. Die Moleküle enthalten eine charakteristische Atomgruppe – die Hydroxylgruppe -OH.
Hydroxylgruppe	Atomgruppe innerhalb eines Ethanol-Moleküls. Sie unterscheidet sich vom Hydroxid-Ion.
Eigenschaften von Ethanol	Reines Ethanol ist eine farblose, brennbare, leicht flüchtige Flüssigkeit. Es ist mit Wasser mischbar und löst auch Fette und Aromastoffe. Ethanol leitet nicht den elektrischen Strom und färbt Universalindikator nicht. Es verbrennt mit blassblauer Flamme.
Verwendung von Ethanol	Ethanol wird vielseitig genutzt. Verwendung von Ethanol **in Haushaltsprodukten** – Möbelpolitur – Brennspiritus **in Kosmetika** – Parfüm – Erfrischungstücher **in Arzneimitteln** – Hustensaft – Pflegesalben **als Genussmittel** – Bier – Sekt **in der Industrie** – Lösemittel – Kraftstoffzusatz
Herstellung von Ethanol	Durch alkoholische Gärung aus zucker- und stärkehaltigen Naturstoffen mithilfe von Hefepilzen (Enzymen) $\text{Traubenzucker} \xrightarrow{\text{Enzyme}} \text{Ethanol} + \text{Kohlenstoffdioxid}$

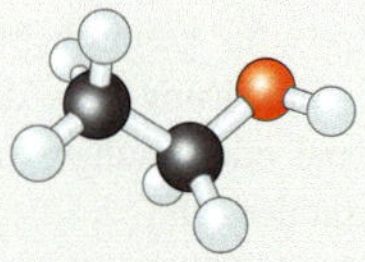

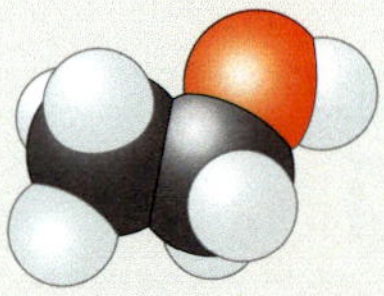

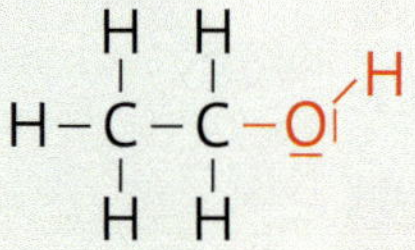

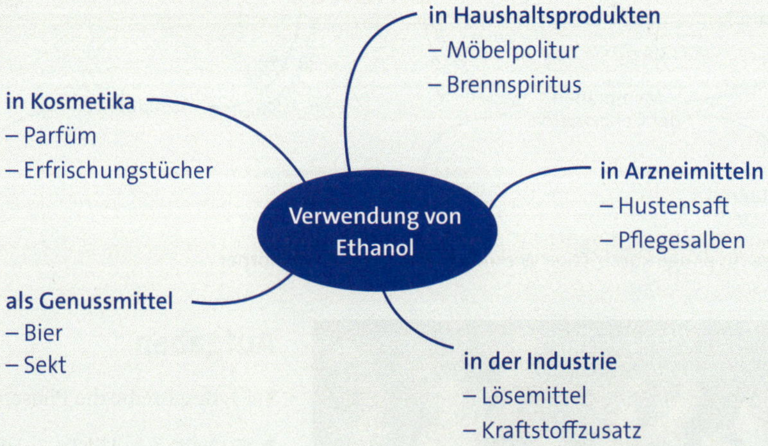

Aufgaben

1 Ethanol ist ein wichtiger Stoff im Alltag, aber auch in der Industrie und in der Technik.

a ▢ Nenne Verwendungen von Ethanol im Haushalt und in der Technik.

b ▢ Ordne den Verwendungsmöglichkeiten konkrete Beispiele zu.

2 ▢ Bei der Herstellung von Kosmetika wie Rasierwasser oder Parfüm wird Ethanol verwendet. Nenne Eigenschaften von Ethanol, die dabei genutzt werden.

3 ◪ Stelle anhand von drei Beispielen den Zusammenhang zwischen der Verwendung von Ethanol und der jeweiligen charakteristischen Eigenschaft her. Fertige eine Tabelle an.

4 Obstweine lassen sich durch alkoholische Gärung herstellen.

a ▢ Beschreibe die Durchführung der alkoholischen Gärung.

b ◪ Formuliere die Wortgleichung für diese Reaktion.

c ■ Erläutere, warum der Alkoholanteil im Wein kaum höher als 14 % sein kann.

5 Bei der alkoholischen Gärung entsteht ein Gas.

a ▢ Benenne das Gas, das sich dabei bildet.

b ◪ Entwickle eine Experimentieranordnung zum Nachweis des Gases.

c ▢ Nenne Möglichkeiten, wie man Gärungen verhindern kann.

6 ▢ Entwickle einen Steckbrief für Ethanol.

7 ◪ Benenne das Verfahren, durch welches Ethanol von Wasser getrennt werden kann. Begründe deine Aussage.

8 Ethanol kann als Treibstoff oder Treibstoffzusatz eingesetzt werden.

a ◪ Erläutere anhand der Stoffeigenschaften, warum sich Ethanol gut als Treibstoff für Ottomotoren eignet.

b ■ Beurteile die Verwendung von Bioethanol als Treibstoff.

9 Ethanol besteht aus Molekülen.

a ▢ Beschreibe den Bau des Ethanol-Moleküls.

b ◪ Zeichne ein Modell vom Ethanol-Molekül.

c ▢ Gib die Formel für Ethanol an.

10 Alkohol – eine gefährliche Droge.

a ▢ Nenne Wirkungen des Alkohols auf den Menschen.

b ◪ Erläutere die Gefahren des Alkohols als Suchtmittel.

11 Die Hydroxylgruppe und das Hydroxid-Ion sind unterschiedliche Teilchen.

a ◪ Erläutere, wie man diese Aussage experimentell überprüfen könnte.

b ▢ Nenne drei Beispiele für Stoffe, die Hydroxid-Ionen enthalten.

Hilfe zu den Aufgaben findest du auf den Seiten ...

1	58 f.	7	62 f.
2	58 f.	8	58, 60, 62
3	58 f., 62	9	63
4	59	10	64
5	59	11	63
6	62 f.		

▶ Die Lösungen findest du im Anhang.

Erdöl und Erdgas

Ein mehr als drei Millionen Kilometer langes Netz aus Erdöl- und Erdgaspipelines umspannt unsere Erde und durchzieht auch die entlegensten Orte.
Erdölvorkommen unter dem Meeresboden werden mithilfe von Plattformen gefördert. In Tankschiffen wird das Erdöl abtransportiert.
Heute werden aus Erdöl und Erdgas so unterschiedliche Produkte wie Kraftstoffe, Klebstoffe oder Medikamente synthetisch hergestellt, alles organische Stoffe.

Fossile Rohstoffe

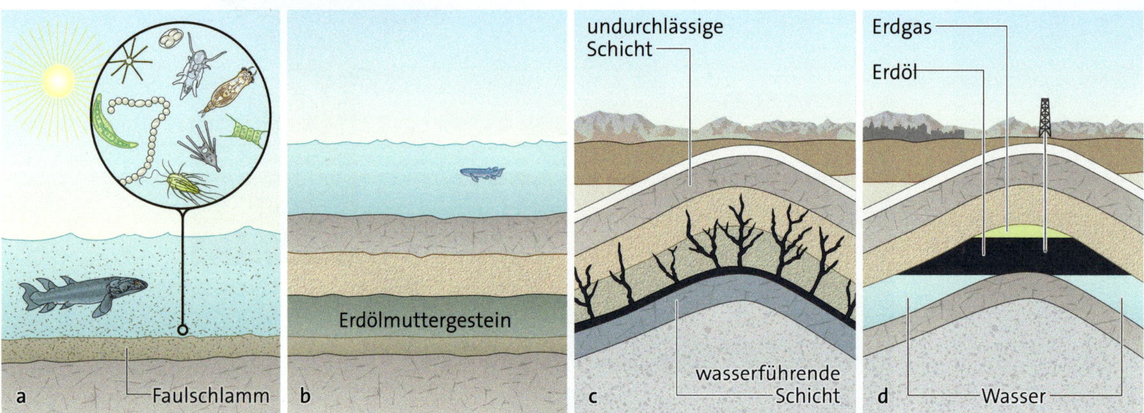

1 Entstehung von Lagerstätten für Erdöl und Erdgas (schematisch)

2 Ölkuhle (Erdölsee)

Entstehung von Erdöl und Erdgas Das Ausgangsmaterial bei der Entstehung von Erdöl und Erdgas bildeten **Kleinstlebewesen**, vor allem Algen im Plankton des Meerwassers. Abgestorben und abgesunken auf den Meeresgrund fehlte jedoch der Sauerstoff zur Zersetzung. Es kam zur Bildung von **Faulschlamm** (▸ **1a**). Durch die Last des darüber abgelagerten Materials, vor allem Sand und Ton, ging der Faulschlamm in Tonschiefer über. Es bildet sich das **Erdölmuttergestein** (▸ **1b**). Im Laufe von Jahrmillionen wandelten Bakterien, die ohne Sauerstoff leben können, bei hohem Druck und hohen Temperaturen das Material langsam in einfache Kohlenwasserstoffe um. Das gebildete Erdöl stieg wegen seiner geringen Dichte nach oben (▸ **1c**). Manchmal erreichte es die Erdoberfläche und bildete Ölkuhlen (▸ **2**). Stieß das Erdöl auf eine **undurchlässige Gesteinsschicht** (Sperrschicht), entstand eine **Lagerstätte**. Enthaltene gasförmige Stoffe bildeten darüber Erdgasblasen (▸ **1d**).

Förderung und Transport Bei der Erdölförderung wird heute innerhalb der Lagerstätte meist horizontal gebohrt. Nur etwa jede sechste Bohrung wird dabei fündig. Das Erdöl schießt zuerst von selbst zur Erdoberfläche auf, da es innerhalb der Lagerstätte unter hohem Druck steht. Lässt der Druck allmählich nach, werden Pumpen eingesetzt. Unter günstigsten Bedingungen können so bis zu 50 % des Erdöls gefördert werden. Zur weiteren Ausbeute wird das Öl entweder durch Erwärmen dünnflüssiger gemacht oder durch das Einbringen von Lösemitteln aus dem Gestein herausgelöst und mit dem Lösemittel zutage gefördert. Nach der Reinigung von Gas, Sand und Wasser erhält man aus dem Erdöl das **Rohöl**.
Erdöl und Erdgas müssen meist über Tausende Kilometer in Pipelines oder per Schiff transportiert werden. Während das Erdöl in Erdölraffinerien weiterverarbeitet wird, nutzt man Erdgas in Deutschland hauptsächlich zum Heizen. Ein Teil des Erdgases wird in riesigen Untertagespeichern gelagert, die meist aus porösem Gestein bestehen (▸ **3**).

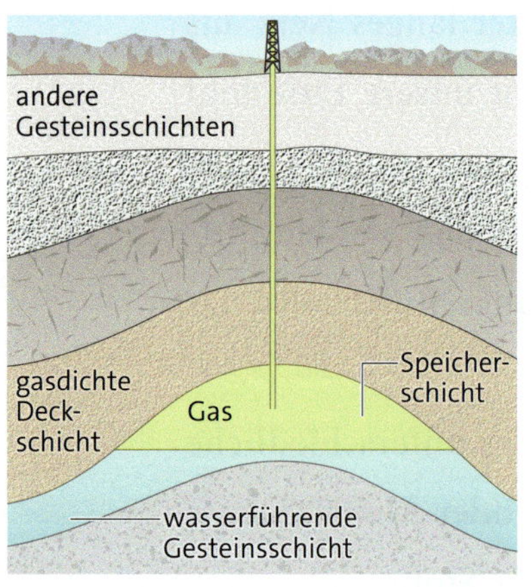

3 Porenspeicher für Erdgas

Zusammensetzung und Eigenschaften Erdöl ist ein Gemisch aus vielen Stoffen, die sich z. B. in ihren Siedetemperaturen unterscheiden. So findet man im Erdöl eine Vielzahl von organischen Verbindungen, an deren Aufbau nur die Elemente Kohlenstoff und Wasserstoff beteiligt sind. Weiterhin enthält Erdöl noch geringe Mengen an organischen Sauerstoff-, Stickstoff- und Schwefelverbindungen sowie einige anorganische Stoffe. Die Zusammensetzung dieses Stoffgemischs unterscheidet sich in jeder Lagerstätte. Schon das Aussehen variiert von hellgelb bis fast schwarz (▸4). Erdöl riecht charakteristisch nach Petroleum, ist flüssig bis zähflüssig und kann sogar fest sein. Mit steigender Temperatur nimmt die Viskosität des Erdöls ab. Bei der Verbrennung von Erdöl entstehen Kohlenstoffdioxid und Wasser.
Erdgas ist ein Gasgemisch. Es besteht zu etwa 90 % aus Methan (▸S. 86). Neben organischen Verbindungen wie Ethan, Propan und Butan sind meistens noch Kohlenstoffdioxid und Stickstoff enthalten.

4 Erdöl aus unterschiedlichen Lagerstätten

	Erdöl	Erdgas
Aggregatzustand	flüssig bis fest	gasförmig
Farbe	hellgelb bis schwarz	farblos
Geruch	charakteristisch	geruchlos
Brennbarkeit	nach Erwärmung	explosiv mit Luft
Dichte	geringer als Wasser	geringer als Luft
Löslichkeit in Wasser	unlöslich	–

5 Ausgewählte Eigenschaften von Erdöl und Erdgas

6 Löscharbeiten nach der Explosion der „Deepwater Horizon“

Erdöl und Umwelt Bei der Förderung oder dem Transport von Erdöl kommt es immer wieder zu erschreckenden Umweltkatastrophen. So kam es im Jahr 2010 infolge des Untergangs der Ölbohrinsel „Deepwater Horizon“ zur bis zu diesem Zeitpunkt größten Ölpest (▸6). Es dauerte drei Monate, die Ölquelle zu verschließen. Bis dahin strömten täglich 5,6 bis 9,6 Millionen Liter Erdöl aus dem geborstenen Steigrohr. Bereits wenige Tage nach dem Sinken der Plattform betrug die Fläche des Ölteppichs mehr als 10 000 Quadratkilometer. Etwa zwei Monate nach dem Unglück waren die Küsten aller US-Bundesstaaten, die an den Golf von Mexiko grenzen, stark mit Öl verschmutzt.
Wenn Öl z. B. nach einem Tankerunglück ins Wasser gelaufen ist, bildet sich ein durch Wind und Strömung schnell ausbreitender dünner Ölfilm. Um die unkontrollierte Ausbreitung zu verhindern, werden Ölsperren gebildet. Auf die Öllache wird Ölbindemittel gegeben. Hierzu eignet sich Polyurethan, das als fester, hochadsorptiver Schaumstoff über eine sehr große Oberfläche verfügt und große Mengen des ausgelaufenen Öls binden kann.
Moderne Tanker haben doppelte Außenwände, damit im Fall einer Kollision die Gefahr der Verseuchung herabgesetzt ist.

Aufgaben

1 ▢ Erstelle eine Übersicht über weltweite Erdöl- und Erdgasvorkommen. Nutze hierfür deinen Atlas oder recherchiere im Internet.

2 ◩ Überlege, wie sich nachweisen lässt, dass Erdöl wirklich ein Stoffgemisch ist.

3 ◩ Diskutiert den Satz: „Erdöl ist nicht gleich Erdöl.“

4 ◩ Erläutere, weshalb bei einer Ölpest das Erdöl auf dem Wasser schwimmt und keine Lösung mit Wasser bildet.

Verarbeitung des Rohöls

Damit wir Mopeds oder Autos betreiben können, benötigen wir Benzin oder Dieselkraftstoff. Diese Kraftstoffe werden neben viele anderen Produkten in Erdölraffinierien gewonnen.

1 Destillationstürme einer Erdölraffinerie

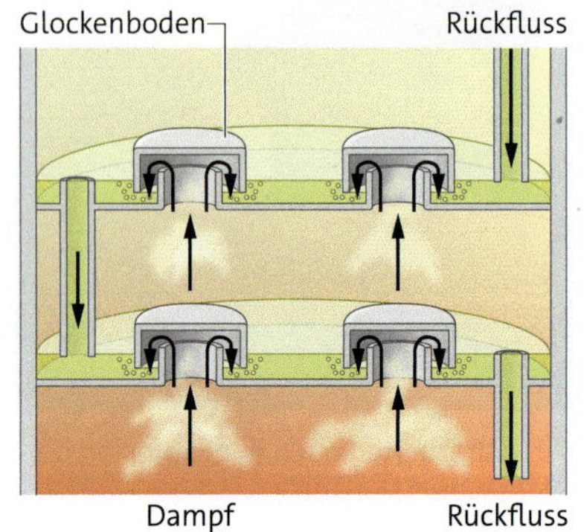

2 Vorgänge auf den Glockenböden (▸ bewegte Grafik)

qagova

Destillation von Rohöl Zur Trennung der verschiedenen im Erdöl enthaltenen Bestandteile mit ihren jeweils charakteristischen Siedetemperaturen eignet sich die Destillation. Im Experiment konnten bei unterschiedlichen Temperaturen Stoffe mit andersartiger Farbe, Viskosität, Entflammbarkeit und charakteristischem Geruch durch Destillation aufgefangen werden (▸ Exp. 1).
Die erhaltenen Stoffe sind jedoch keine Reinstoffe, sondern ebenfalls Stoffgemische, da die Siedetemperaturen der Stoffe sehr nah beieinanderliegen. Diese Stoffgemische werden als **Fraktionen**, die Art der Destillation als **fraktionierte Destillation** bezeichnet.

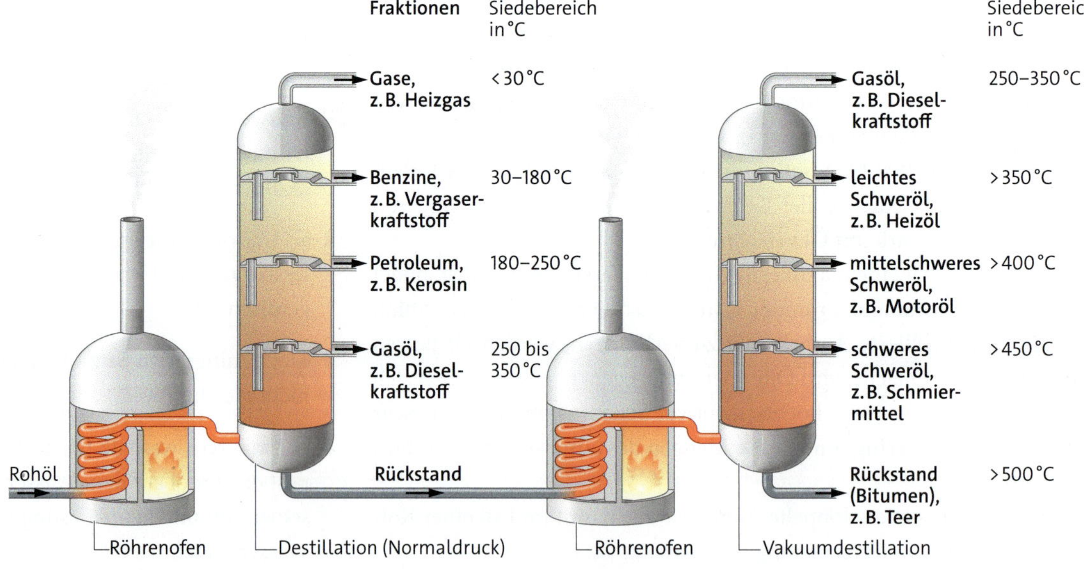

3 Schema der fraktionierten Destillation von Erdöl und der erhaltenen Produkte

Fraktionierte Destillation in der Technik In der großtechnischen Aufbereitung von Erdöl findet dieser Vorgang in Raffinerien statt (▸1). Das Rohöl wird im Röhrenofen auf 350–400 °C erhitzt. Die Rohöldämpfe gelangen in den ersten Destillationsturm mit Normaldruck. Der Turm ist durch Glockenböden stockwerkartig unterteilt.
Die Temperatur nimmt von unten nach oben ab, sodass sich auf den unteren Böden die hochsiedenden Fraktionen, weiter oben die niedrigsiedenden Fraktionen sammeln (▸3). Die Böden sorgen konstruktionsbedingt für eine gute Trennung des Stoffgemischs. Um die Trennung zu verbessern, wird ein Teil der Flüssigkeit auf den nächsttieferen Glockenboden zurückgeleitet (▸2).

Rohöl wird durch fraktionierte Destillation in Fraktionen mit unterschiedlichen Siedebereichen aufgetrennt.

Vakuumdestillation Die Verbindungen des Rückstands, die sich am Boden des Destillationsturms sammeln, würden sich bei normalem Druck und Temperaturen über 400 °C zersetzen. Deshalb leitet man den Rückstand in einen anderen Destillationsturm, in dem ein verminderter Druck herrscht. Dadurch sinken auch die Siedetemperaturen des Rückstands und er kann in weitere Fraktionen getrennt werden. Durch Vakuumdestillation werden Schmieröle, schwere Heizöle und das Bitumen gewonnen (▸3).

Erdölprodukte Erdöl gehört zu den wichtigsten Grundstoffen der chemischen und weiterverarbeitenden Industrie. Hauptprodukte von Erdölraffinerien sind Benzin, Dieselkraftstoffe und Heizöl.
Die durch die Destillation gewonnenen Kraftstoffe müssen zunächst entschwefelt werden, um den Ausstoß von Schwefeldioxid zu vermeiden, das bei der Verbrennung entstehen würde. Außerdem werden die Kraftstoffe mithilfe verschiedener Prozesse weiterverarbeitet und für ihre Einsatzgebiete optimiert.
Aus Erdöl wird aber auch eine Vielzahl anderer Produkte gewonnen bzw. aus Erdölprodukten hergestellt, z. B. Kunstfasern, Farbstoffe oder Waschmittel (▸4).

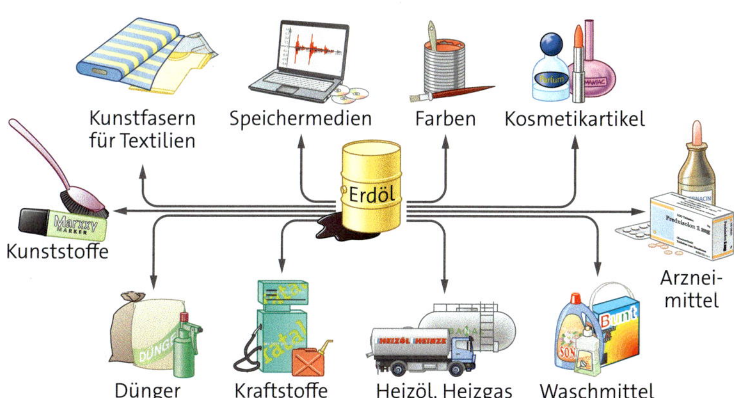

4 Erdölprodukte

Exp. 1 **L**

Fraktionierte Destillation von Erdöl

2 7 8 9

Vorsicht! Abzug! Etwa 40 mL Rohöl (GHS02|07|08|09) werden destilliert. Die entstehenden Fraktionen sind auf Aussehen, Geruch, Viskosität und Entflammbarkeit zu untersuchen.

Aufgaben

1 ▢ Beschreibe, was man unter einer Fraktion versteht.

2 ▢ Nenne Fraktionen, die sich am Boden des Destillationsturms ansammeln.

3 ◪ Überlege die Vorteile der Vakuumdestillation für die Fraktionierung des Rückstands aus der ersten Destillation.

4 ◪ Recherchiere weitere Verwendungen von Erdölprodukten.

5 ◪ Erläutere die Entzündbarkeit von Benzin und Dieselkraftstoff.

6 ◪ Erläutere die Notwendigkeit der Entschwefelung von Erdöl.

Brennstoffe im Fokus

An der Wärme des Feuers erkennt man, dass Kohle bei der Verbrennung viel Energie freisetzt. Kohlekraftwerke wandeln diese Wärmeenergie in elektrische Energie um und tragen so zur Deckung unseres täglichen Strombedarfs bei. Jedoch belastet das freigesetzte Kohlenstoffdioxid die Umwelt.

1 Energiefreisetzung zur Stromerzeugung

2 Brennstoffe Holz, Steinkohle und Erdöl

Brennstoffe und Energieumwandlung Kohle gehört wie Erdöl und Erdgas zu den fossilen Brennstoffen (lat. *fossilis*: ausgegraben). Sie sind vor etwa 200 bis 300 Millionen Jahren in langsamen Prozessen aus abgestorbenen pflanzlichen und tierischen Organismen entstanden (► S. 70).
In fossilen Brennstoffen ist eine große Menge chemischer Energie gespeichert. Bei ihrer Verbrennung kann diese nutzbar gemacht werden. Im Motor eines Autos wird chemische Energie in thermische und kinetische Energie umgewandelt und zur Fortbewegung genutzt.
Die natürlich vorkommenden Brennstoffe wie Erdöl oder Erdgas, aus denen Energie freigesetzt werden kann, heißen **Primärenergieträger**. Werden diese zur besseren Verwendbarkeit weiterverarbeitet, erhält man **Sekundärenergieträger**. Ein Beispiel hierfür ist die Herstellung von Benzin aus Erdöl. Gleiche Massen verschiedener Brennstoffe liefern bei ihrer Verbrennung unterschiedliche Mengen an Energie, sie besitzen spezifische **Heizwerte**. Diese geben an, wie viel Energie bei der Verbrennung von einem Gramm des Brennstoffs freigesetzt wird (► **3**).

Erdöl, Erdgas und Kohle sind fossile Brennstoffe. Sie sind bedeutende Primärenergieträger.

Brennstoffe und Umweltbelastung Bei der Verbrennung von fossilen Energieträgern wird aber nicht nur Energie freigesetzt, sondern auch große Mengen des klimaschädlichen Kohlenstoffdioxids. So besteht Kohle je nach Herkunft aus bis zu 70 % Kohlenstoff, der während der Verbrennung zu Kohlenstoffdioxid umgesetzt wird. Die Brennstoffe sind aber auch Quelle für weitere Luftschadstoffe wie Schwefeldioxid und Stickstoffoxide. Zudem entstehen bei der Verbrennung größere Mengen an Feinstaub und sogar Schwermetalle, die Luft und Böden belasten.

Energieversorgung Eine ausreichende Energieversorgung ist bedeutsam für die wirtschaftliche Entwicklung aller Länder. Mit der starken Zunahme der Weltbevölkerung und ihrer Bedürfnisse geht ein stark steigender Energiebedarf einher: Der weltweite Energieverbrauch wird sich bis 2030 im Vergleich zu heute wahrscheinlich um mehr als 50 % erhöhen.
In Deutschland ist der Trend rückläufig. Seit 1990 ist der Verbrauch an Primärenergieträgern um 9 % zurückgegangen, wobei ca. 80 % von fossilen Energieträgern gedeckt wurden (▸**4**). Die zeitweisen Preisanstiege für Öl, Benzin und andere Brennstoffe in den letzten Jahren machen deutlich, dass eine Abhängigkeit von den fossilen Energieträgern ein großes wirtschaftliches Risiko für die Entwicklung eines Landes darstellt. Zumal Deutschland ein Großteil der Primärenergieträger importieren muss.

Regenerative Energie Immer größere Bedeutung gewinnen daher die **regenerativen (erneuerbaren) Energien**. Darunter versteht man Energieträger, die nach menschlichem Ermessen quasi unerschöpflich sind. Das Spektrum reicht von großen Wasserkraftwerken und Windparks zur Stromerzeugung über die Verwendung von Biogas zum Kochen bis hin zu kleinen Fotovoltaikanlagen zum Betrieb elektrischer Geräte. Allein die Sonne strahlt so viel Energie auf die Erde, dass sich der Gesamtenergiebedarf der Menschen 15 000-mal decken ließe.
Regenerative Energien bieten Versorgungssicherheit, schützen die Umwelt, das Klima und unsere Gesundheit und schonen letztendlich die knapper werdenden Ressourcen.

Eine vielversprechende Alternative für fossile Brennstoffe sind daher **regenerative Brennstoffe**. Sie werden aus schnell wachsenden Pflanzen wie Raps oder Zuckerrohr hergestellt. Die Pflanzen wandeln während des Wachstums die Energie der Sonne in nutzbare chemische Energie um. Diese Brennstoffe werden auch häufig unter dem Begriff **Biomasse** zusammengefasst. Idealerweise setzen sie bei ihrer Verbrennung nur so viel Kohlenstoffdioxid frei, wie sie vorher bei der Fotosynthese aufgenommen haben. Zur Verbrennung in Benzinmotoren eignet sich besonders das aus Weizen gewonnene Bioethanol. Für Dieselmotoren kann Biodiesel genutzt werden, der aus Raps hergestellt wird.

> **Regenerative Energie wird aus Energieträgern gewonnen, die sich ständig erneuern. Schnell wachsende, energiereiche Pflanzen können als regenerative Brennstoffe genutzt werden.**

Brennstoff	Heizwert in $\frac{kJ}{g}$
Holz (trocken)	16
Holzkohle	26
Erdgas	30 bis 45
Steinkohle	32
Heizöl	42
Benzin	44
Methan	50
Wasserstoff	120

3 Heizwerte verschiedener Brennstoffe

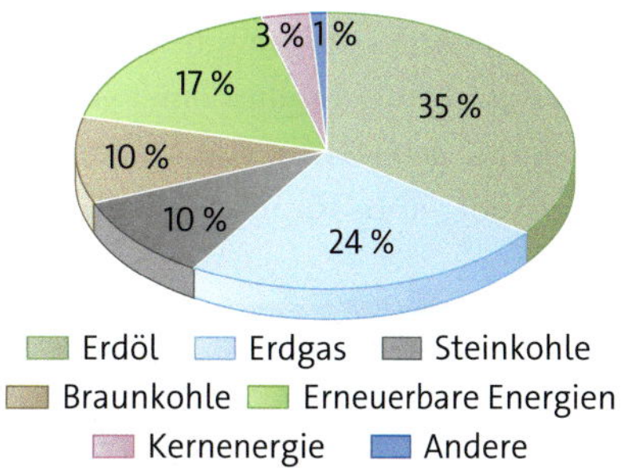

4 Primärenergieverbrauch in Deutschland 2022 (Quelle: Umweltbundesamt)

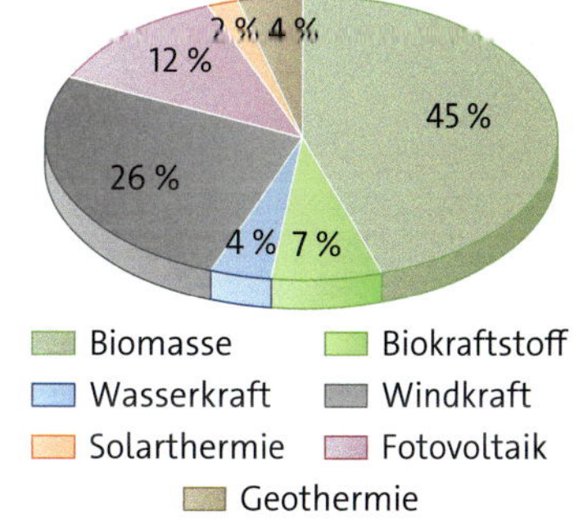

5 Anteile der verschiedenen regenerativen Energieträger in Deutschland 2022 (Quelle: Umweltbundesamt)

Aufgaben

1 Erläutere, was man unter einem Brennstoff versteht.

2 Bei der Verbrennung von Holzkohle beim Grillen bleibt oft noch etwas Asche im Grill zurück. Beurteile, ob Holzkohle ein Brennstoff ist.

3 Beschreibe anhand der Diagramme den Primärenergieverbrauch in Deutschland sowie die Bedeutung der Biomasse bzw. Biokraftstoffe innerhalb der erneuerbaren Energieträger (▸**4**, **5**).

4 Erläutere die im Text aufgeführten Vorteile regenerativer Brennstoffe.

Organische Chemie – organische Stoffe

Bereits im 18. Jahrhundert erkannten Naturforscher, dass sich Mineralien, Erze und Gesteine durch ihr chemisches Verhalten und ihren Aufbau von solchen Stoffen unterscheiden, die im Körper von Pflanzen, Tieren und Menschen gebildet werden.

Organische Stoffe Der schwedische Chemiker JÖNS JAKOB BERZELIUS (1779 bis 1848) bezeichnete deshalb um 1807 solche Stoffe, die von lebenden Organismen hergestellt werden, als organische Stoffe. Man glaubte, dass organische Stoffe nur von Pflanzen und Tieren unter Einfluss einer geheimnisvollen „Lebenskraft" gebildet werden könnten. Eine Herstellung im Labor wurde für unmöglich gehalten.

1 Früchte und Gemüse – reich an organischen Stoffen

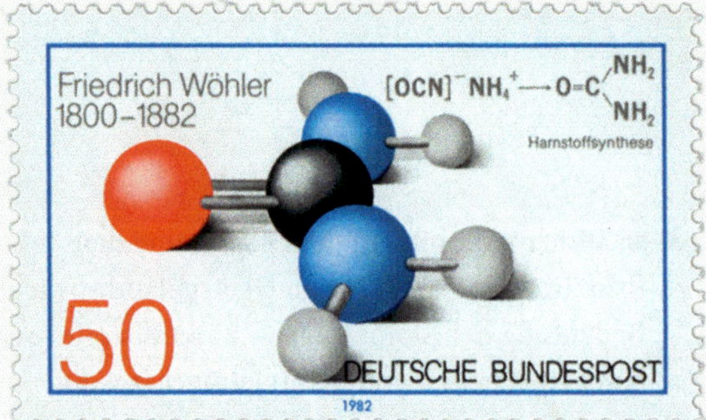

2 Harnstoffsynthese – Gedenkmarke zum 100. Todestag WÖHLERS

Berlin, 28. Februar 1828

Lieber Herr Professor!
Obgleich ich sicher hoffe, einen Brief von Ihnen zu erhalten, so will ich ihn doch nicht abwarten, sondern schon wieder schreiben, denn ich kann sozusagen mein chemisches Wasser nicht halten und muß Ihnen erzählen, daß ich Harnstoff machen kann, ohne dazu Nieren oder überhaupt ein Thier, sey es Mensch oder Hund, nöthig zu haben.
Ich fand, daß immer, wenn man Cyansäure mit Ammoniak zu verbinden sucht, eine kristallisierte Substanz entsteht, die … weder auf Cyansäure noch Ammoniak reagierte …, und es bedurfte nun weiter Nichts als einer vergleichenden Untersuchung mit Pisse-Harnstoff, den ich in jeder Hinsicht selbst gemacht hatte, und dem Cyan-Harnstoff. Wenn nun … kein anderes Produkt als Harnstoff entstanden war, so mußte endlich … der Pisse-Harnstoff genau dieselbe Zusammensetzung haben wie das cyansaure Ammoniak. Und dies ist in der That der Fall …

3 Auszug eines Briefes von WÖHLER an BERZELIUS über die erstmalige Synthese einer organischen Verbindung

WÖHLER – Wegbereiter der organischen Chemie Die Auffassung über organische Stoffe änderte sich erst, als 1828 der deutsche Chemiker FRIEDRICH WÖHLER (1800 bis 1882) in seinem Labor aus dem anorganischen Salz Ammoniumcyanat die organische Verbindung Harnstoff erhalten hatte. Harnstoff wird in Tieren und im Menschen als ein Endprodukt des Eiweißstoffwechsels gebildet und durch Urin ausgeschieden. Erstmals war die Herstellung einer organischen Verbindung ohne Mitwirkung der angenommenen „Lebenskraft" gelungen.

Im Lauf der Zeit wurde bei Untersuchungen festgestellt, dass alle organischen Stoffe Kohlenstoffverbindungen sind. Wegen der Vielzahl der organischen Stoffe wurde die traditionelle Trennung zwischen organischer und anorganischer Chemie beibehalten.

Eigenschaften und Vielfalt organischer Verbindungen

Einige Eigenschaften organischer Stoffe Viele organische Stoffe haben einen charakteristischen Geruch, der auch noch in großer Verdünnung bemerkbar ist, wie der Geruch von Benzin, Alkohol oder Klebstoff. Außerdem sind viele organische Verbindungen in Wasser unlöslich, wenig wärmebeständig und brennbar. Sie sind häufig leicht flüchtig und feuergefährlich, wie Brennspiritus, Ether oder Benzin.

Zusammensetzung Organische Verbindungen bestehen aus Molekülen. Analysen von organischen Verbindungen zeigen, dass an ihrem Aufbau nur wenige Elemente beteiligt sind. Immer enthalten ist das Element Kohlenstoff. Das zeigt sich deutlich am Verkohlen organischer Stoffe beim Erhitzen – ob bewusst im Labor oder unabsichtlich im Alltag. Beim Anbrennen von Milch bzw. Fleisch oder beim zu starken Toasten von Brot bilden sich schwarze Reaktionsprodukte (▸1).
Weitere Elemente in organischen Verbindungen sind vor allem Wasserstoff, Sauerstoff und Stickstoff sowie Schwefel, Phosphor, Halogene und Metalle wie Eisen, Kupfer und Magnesium.
Bei der Verbrennung von organischen Verbindungen entsteht – häufig neben Ruß – auch immer Kohlenstoffdioxid, das sich mit Kalkwasser nachweisen lässt. Entsteht bei der Verbrennung einer organischen Verbindung Wasser, kann daraus geschlossen werden, dass am Aufbau der Verbindung Wasserstoff beteiligt ist. Organische Verbindungen, die nur die Elemente Kohlenstoff und Wasserstoff enthalten, bezeichnet man als **Kohlenwasserstoffe**.

Verknüpfungsmöglichkeiten von Kohlenstoff-Atomen Aus der Stellung des Elements Kohlenstoff im Periodensystem (▸2) folgt, dass jedes Kohlenstoff-Atom in der Lage ist, mit Elektronen von weiteren Atomen **gemeinsame Elektronenpaare** zu bilden. Dabei durchdringen die Atomhüllen der Atome einander. Von den Atomen gemeinsam beanspruchte Elektronen führen zu einer stabilen Elektronenanordnung für jedes Atom. Für die Kohlenstoff-Atome bedeutet das, dass vier Elektronenpaare ausgebildet werden. Man sagt, das Kohlenstoff-Atom ist **vierbindig**. Der Zusammenhalt zwischen Atomen in Molekülen, der durch gemeinsame Elektronenpaare bewirkt wird, wird als **Atombindung** (**Elektronenpaarbindung**) bezeichnet (▸3).
Die Atombindung wird in der chemischen Zeichensprache durch ein oder mehrere Striche zwischen den Elementsymbolen angegeben. Dabei steht ein Strich für ein Elektronenpaar. Die Kohlenstoff-Atome verfügen über die besondere Eigenschaft, sich durch Atombindungen miteinander zu verbinden. So kann sich eine praktisch unbegrenzte Anzahl von organischen Verbindungen bilden.

> **Die Atombindung ist eine Art der chemischen Bindung, die durch gemeinsame Elektronenpaare zwischen den Atomen bewirkt wird.**

1 Ein ärgerliches Missgeschick

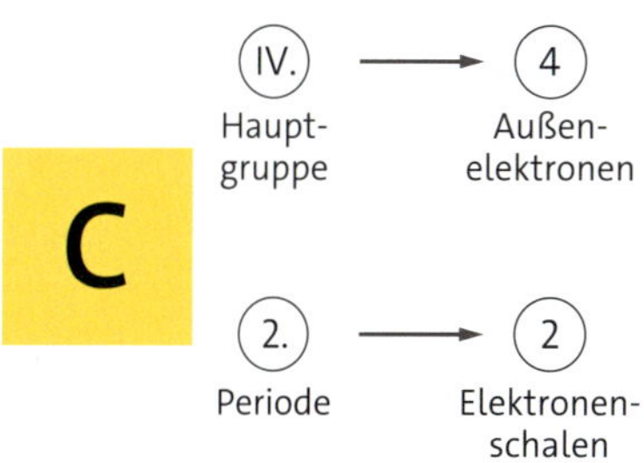

2 Stellung des Elements Kohlenstoff im Periodensystem der Elemente

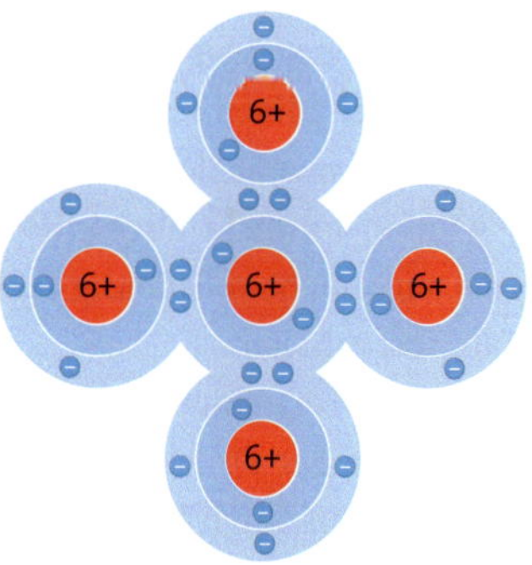

3 Modell der Bindungsverhältnisse zwischen Kohlenstoff-Atomen (Ausschnitt)

Aufgaben

1 ▢ Nenne einen Vorgang, an dem zu erkennen ist, dass Fleisch und Milch Kohlenstoffverbindungen enthalten.

2 ◪ Zucker und Kochsalz wurden verwechselt. Beschreibe, wie sie sich ohne zu kosten experimentell unterscheiden lassen.

Das Element Kohlenstoff

1 Steinkohle (links) und Braunkohle (rechts)

Info 1 **Das Element Kohlenstoff**

Kohlenstoff wird auch als das „Element des Lebens" bezeichnet. Er ist Hauptbestandteil organischer Verbindungen. 99 % aller Atome im menschlichen Körper sind entweder Kohlenstoff-, Wasserstoff-, Sauerstoff- oder Stickstoff-Atome.
Auch Kohlen, die wichtigen Energieträger und Rohstoffe, bestehen hauptsächlich aus Kohlenstoff. Je nach Art der Kohle liegt dieser Anteil zwischen 50 und 90 %.

Entstehung von Kohlen Die Zeit vor etwa 300 Millionen Jahren wird erdgeschichtlich als Karbon (lat. *carbo:* Kohle) bezeichnet. Damals herrschte bei uns ein feuchtes, fast tropisches Klima. Es gediehen ausgedehnte „Steinkohlenwälder" (▸**2**).
Diese Wälder aus riesigen Bärlappgewächsen, Farnen und Schachtelhalmen wuchsen auf Sumpfböden. Absterbende Pflanzenteile versanken in den Sümpfen und wurden luftdicht abgeschlossen. Deshalb wurden sie auch nicht vollständig zersetzt, sondern blieben als Torf erhalten.
Je stärker die Torfschicht mit der Zeit anwuchs, desto größer wurde der Druck auf die unteren Lagen. Außerdem wurden durch Überflutungen Steine und Geröll auf den Torfschichten abgelagert, sodass das im Torf gespeicherte Wasser herausgepresst wurde. Torf wandelte sich unter Druck in **Braunkohle** um. Durch Absenkungen dieser Schichten war die Braunkohle hohem Druck und hoher Temperatur ausgesetzt, sodass sich aus Braunkohle **Steinkohle** bildete.
Bei der Umwandlung von Torf zu Steinkohle, der **Inkohlung**, erhöht sich der Massenanteil von Kohlenstoff (▸**4**).

2 Steinkohlewald

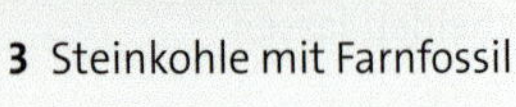

3 Steinkohle mit Farnfossil

Element	Braunkohle	Steinkohle
Kohlenstoff	55,0 %	82,0 %
Wasserstoff	5,5 %	4,0 %
Sauerstoff	18,0 %	4,0 %
Stickstoff	1,0 %	1,0 %
Schwefel	0,5 %	0,5 %

4 Zusammensetzung der Kohlenarten (Massenanteile)

5 Schaufelradbagger im Einsatz

6 Rekultivierte Landschaft bei Leipzig

Abbau von Kohle Die Braunkohlenvorkommen in der Lausitz liegen nur etwa 60 Meter unter der Erde und werden daher im Tagebau abgebaut. Schaufelradbagger fördern pro Jahr etwa 60 Millionen Tonnen Kohle (▸**5**). Die Braunkohle wird vor allem für die Energieversorgung genutzt. Der Abraum gelangt über 600 Meter lange Förderbrücken in den kohlefreien Teil des Tagebaugeländes und wird dort „verkippt".
Da Steinkohle meist in wesentlich größerer Tiefe liegt als Braunkohle, wird sie unter Tage abgebaut.

Rekultivierung Der Braunkohlentagebau hinterlässt eine Mondlandschaft mit tiefen Restlöchern. Zur Rekultivierung müssen Böschungen verfestigt, künstliche Seen geflutet und Kulturboden aufgebracht werden, damit sich Wälder oder Felder anlegen lassen. Flächen in der Lausitz und bei Leipzig wurden so mit viel Aufwand rekultiviert (▸**6**).

Verkokung In Kokereien wird Braun- oder Steinkohle unter Luftabschluss auf 1200 °C erhitzt und dadurch chemisch verändert (▸Exp. 1). Dabei entsteht als Hauptprodukt Koks, als Nebenprodukte unter anderem Steinkohlenteer und Rohgas.
Koks wird z. B. bei der Eisengewinnung im Hochofen verwendet. Teer ist Ausgangsstoff zur Herstellung von Farbstoffen. Rohgas dient zu Heizzwecken.

Aufgaben

1 ▢ Recherchiere, wo in Deutschland größere Vorkommen von Torf, Braunkohle und Steinkohle zu finden sind.

2 Erläutere den Unterschied zwischen Kohlenstoff und Kohle.

Exp. 1 **Herstellung von Koks**

2  

Materialien: Brenner, Becherglas, schwer schmelzbares Reagenzglas, Reagenzgläser, 2 durchbohrte Stopfen, Holzspan, gebogenes Gasableitungsrohr, Glasdüse, Braunkohle, Wasser, Stahlwolle

Durchführung: *Vorsicht! Abzug!* Baue die Apparatur nach der Abbildung auf.

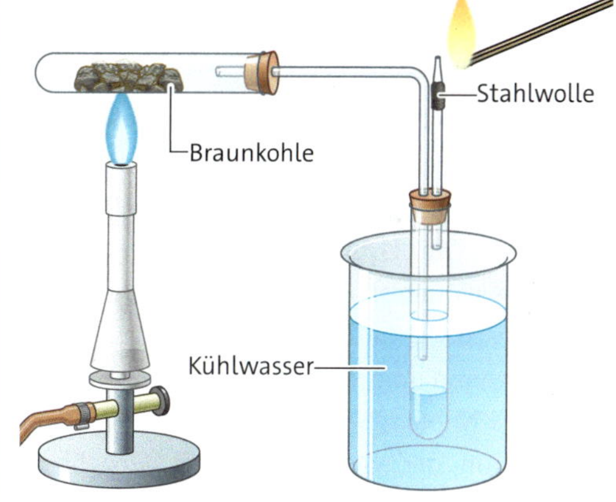

Erhitze in einem schwer schmelzbaren Reagenzglas ein Stückchen Braunkohle kräftig. Leite die Reaktionsprodukte in ein mit Wasser gekühltes Reagenzglas. Führe mit den gasförmigen Reaktionsprodukten (GHS 2) die Knallgasprobe durch. Fange dazu die Gase in mehreren Reagenzgläsern auf. Prüfe so lange, bis die Knallgasprobe negativ ausfällt. Entzünde danach die Gase am Glasrohr.

Auswertung: Beschreibe deine Beobachtungen. Vergleiche die festen Reaktionsprodukte im Reagenzglas mit der Braunkohle.

1 Diamant

2 Graphit

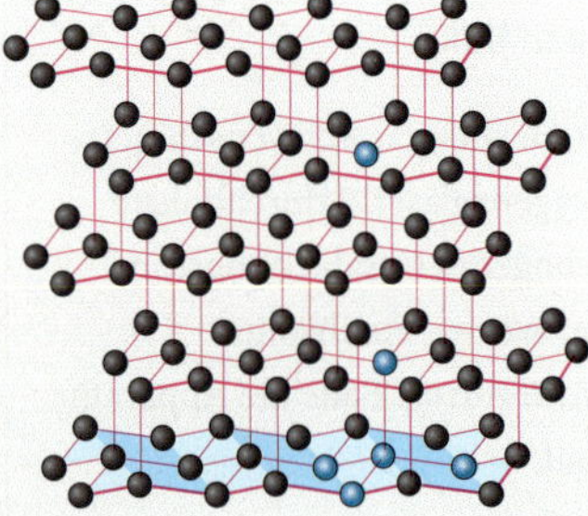

3 Anordnung der Kohlenstoff-Atome im Diamant (Modell)

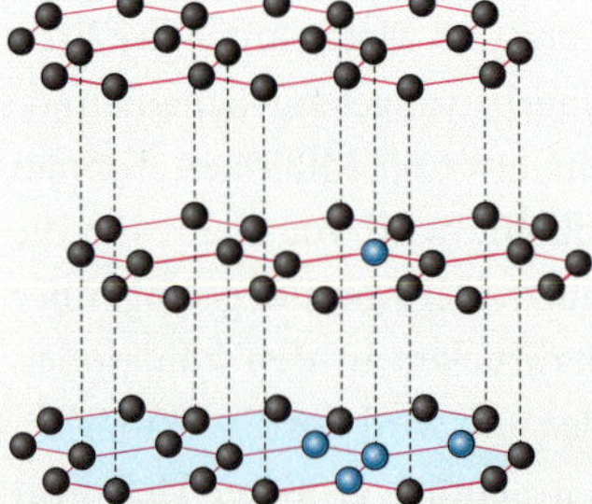

4 Anordnung der Kohlenstoff-Atome im Graphit (Modell)

Diamant – härtester Naturstoff Diamant ist farblos, sehr hart und leitet den elektrischen Strom nicht (▸1). Geschliffene Naturdiamanten nennt man Brillanten. Sie sind z. B. im Grünen Gewölbe im Dresdner Schloss zu bewundern. Im **Diamant** ist jedes Kohlenstoff-Atom von vier anderen Kohlenstoff-Atomen im gleichen Abstand umgeben (▸3). Die vier Außenelektronen jedes Kohlenstoff-Atoms bilden mit je einem Außenelektron der vier unmittelbar benachbarten Kohlenstoff-Atome Elektronenpaare. Die Atome sind so untereinander sehr fest verknüpft. Betrachtet man die Anordnung dieser fünf Kohlenstoff-Atome im Ausschnitt (blaue Hervorhebung in Abbildung ▸3), so bilden vier Atome die Eckpunkte eines gleichseitigen Tetraeders, in dessen Mittelpunkt sich das fünfte Atom befindet.
Der feste Zusammenhalt der Kohlenstoff-Atome und das Fehlen freier Elektronen sind der Grund für die große Härte von Diamant (▸6) und seine Eigenschaft, den elektrischen Strom nicht zu leiten.

Graphit – weicher, fettiger Stoff Graphit (*griech. graphein:* schreiben) ist sehr weich, fühlt sich fettig an und besitzt eine gute elektrische Leitfähigkeit (▸2).

Im **Graphit** liegen die Kohlenstoff-Atome, zu regelmäßigen Sechsecken geordnet, schichtweise übereinander (▸4). Zwischen den Schichten wirken nur schwache Anziehungskräfte. Die Schichten sind so gegeneinander leicht verschiebbar.
Das ist der Grund für die leichte Spaltbarkeit und die Schmierwirkung des Graphits (▸7). Da nur jeweils drei von vier Außenelektronen jedes Kohlenstoff-Atoms in gemeinsamen Elektronenpaaren angeordnet sind, bleibt jeweils ein Außenelektron, ähnlich wie in den Metallen, beweglich. Das bedingt die gute elektrische Leitfähigkeit des Graphits. Ruß und Holzkohle ähneln in ihrer Struktur dem Graphit.

Info 2 **Kohlenstoff-Modifikationen**

Reiner Kohlenstoff tritt in der Natur in verschiedenen Erscheinungsformen auf. Die bekanntesten sind Graphit und Diamant. Unterschiedliche Erscheinungsformen werden als *Modifikationen* bezeichnet. Alle Modifikationen des Kohlenstoffs bestehen aus Kohlenstoff-Atomen. Diese sind durch Atombindungen miteinander verknüpft. Die Anordnung der Kohlenstoff-Atome ist jedoch unterschiedlich.

Eigenschaft	Diamant	Graphit
Aussehen	farblos, durchsichtig, stark lichtbrechend	grauschwarz, undurchsichtig, matt glänzend, blättrigschuppig
Härte	sehr hart, kaum spaltbar	sehr weich, leicht spaltbar
Dichte	3,5 g/cm³	2,3 g/cm³
Verhalten im elektrischen Feld	keine elektrische Leitfähigkeit	gute elektrische Leitfähigkeit
Verwendung	Schmucksteine; Besatz in Bohr-, Schneid- und Schleifwerkzeugen	Einsatz als Schmier- und Korrosionsschutzmittel; Bestandteil von Bleistiftminen; Material für Elektroden und Schleifkontakte für Elektromotoren; Material für Kernreaktoren

5 Diamant und Graphit im Vergleich

6 Bohrkrone mit Diamanten

7 Graphit in „Blei"-Stiftminen

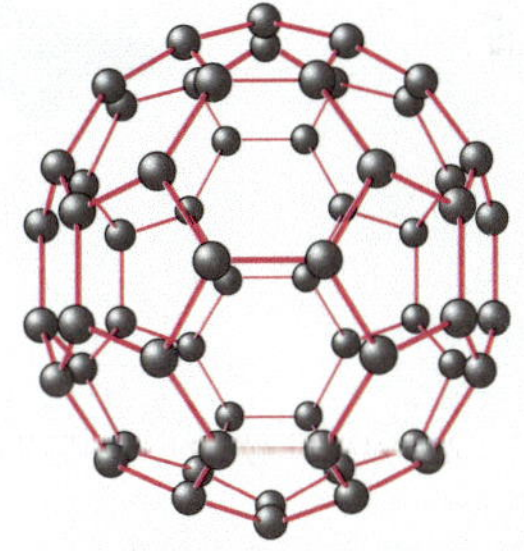

husuru

8 Modell eines C_{60}-Fullerens (▸ Video)

Fullerene Bereits im Jahr 1970 sagte der japanische Chemiker EIJI OSAWA ihre Existenz theoretisch vorher und berechnete ihre Form. Doch erst ab 1985 konnten sie isoliert und genauer untersucht werden. Es sind kugelförmige Moleküle aus 28 bis 94 Kohlenstoff-Atomen, die durch Elektronenpaare miteinander verbunden sind. Sie bilden regelmäßige Fünf- und Sechsecke (▸**8**).

Das bekannteste ist das Buckminster-Fulleren mit 60 Kohlenstoff-Atomen im Molekül und einem fußballähnlichen Aufbau. Es wurde zu Ehren des amerikanischen Architekten RICHARD BUCKMINSTER FULLER benannt, der in den 1960er Jahren kugelförmige Gebäude aus regelmäßigen Fünf- und Sechsecken baute. Fullerene bilden sich als rotes Pulver zwischen Graphitelektroden. Sie sind weich und leicht spaltbar. In Lösemitteln wie Benzin sind Fullerene gut löslich. Unter hohem Druck wandeln sie sich in Graphit um.

Die Fullerenforschung ist noch sehr jung. Derzeit finden Fullerene Anwendung bei Hochspannungsschaltern, Fotokopierern, Leichtgewichtbatterien, Flachbildschirmen und Supraleitern.

Aufgaben

1 ◐ Begründe, warum Graphit den elektrischen Strom leitet, Diamant jedoch nicht.

2 ▢ Recherchiere Lagerstätten, in denen Diamant heute noch gefunden wird.

3 ▢ Koh-i-Noor („Berg des Lichts") und Cullinan („Stern von Afrika") sind die Namen berühmter, geheimnisumwitterter Diamanten. Finde ihre Geschichte heraus.

4 ▢ Recherchiere, was man unter Carbonfasern versteht. Nenne mögliche Einsatzgebiete.

Erdöl und Erdgas

Erdöl	Stoffgemisch verschiedener organischer Verbindungen, ist ein bedeutender Energieträger und Rohstoff für die chemische Industrie
Erdgas	Stoffgemisch, dessen Hauptbestandteile Methan, Ethan, Propan und Butan sind, ist wichtiges Heizgas und Rohstoff für die chemische Industrie
Fossile Energieträger	Brennstoffe, die im Laufe der letzten 200 bis 300 Millionen Jahre in langsamen Prozessen aus dem organischen Material abgestorbener Pflanzen und Tiere entstanden sind Fossile Energieträger: Kohle, Erdgas, Erdöl
Fraktionierte Destillation	Verfahren zur Gewinnung verschiedener Gemische von Stoffen aus dem Rohöl, z. B. Gase, Kraftstoffe, Schweröl, Bitumen
Organische Chemie	Chemie der Kohlenstoffverbindungen. Nur die Oxide des Kohlenstoffs, die Kohlensäure und die Carbonate sind anorganische Stoffe.
Organische Stoffe	Organische Verbindungen, an deren Aufbau nur wenige Elemente wie Kohlenstoff, Wasserstoff, Sauerstoff und Stickstoff beteiligt sind, seltener Schwefel, Phosphor, Halogene sowie Metalle. Sie bestehen aus Molekülen. Beispiele: Traubenzucker, Brennspiritus, Essigsäure
Atombindung	Art der chemischen Bindung, die durch gemeinsame Elektronenpaare zwischen Atomen bewirkt wird
Kohlenwasserstoffe	Organische Verbindungen, die nur die Elemente Kohlenstoff und Wasserstoff enthalten. In Kohlenwasserstoffen sind die Atome durch Atombindung miteinander verbunden. kettenförmig unverzweigt; kettenförmig verzweigt; ringförmig

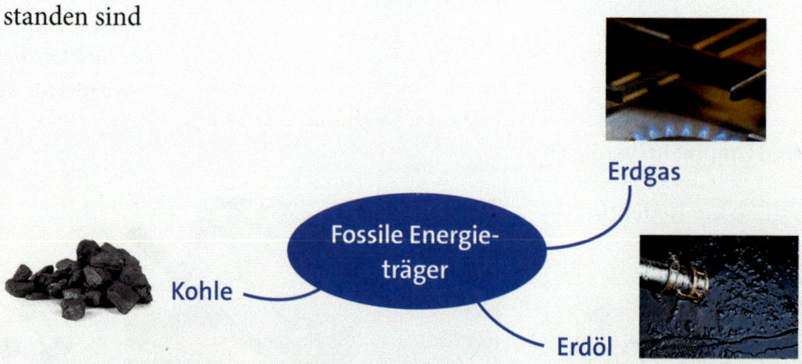

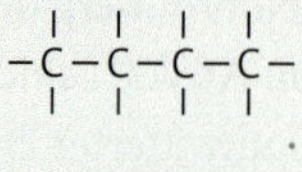

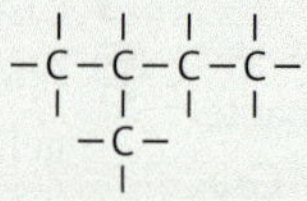

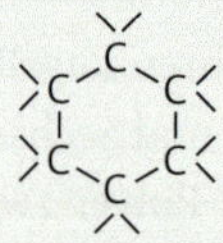

Aufgaben

1 Erdöl wird „schwarzes Gold" genannt.
- **a** ◪ Beschreibe die Entstehung von Erdöllagerstätten.
- **b** ▢ Gib die Zusammensetzung von Erdöl an.
- **c** ▢ Nenne mindestens drei Eigenschaften von Erdöl.

2 ▢ Beschreibe den Unterschied zwischen Erdöl und Rohöl.

3 ◪ Vergleiche das Siedeverhalten von Erdöl mit dem von Wasser.

4 Erdgas ist nicht gleich Erdgas.
- **a** ■ Beurteile diese Aussage.
- **b** ▢ Nenne Hauptbestandteile des Erdgases.
- **c** ◪ Erläutere die Bedeutung von Erdgas.

5 Rohöl kann von den Verbrauchern nicht direkt verwendet werden.
- **a** ▢ Nenne ein Verfahren, das bei der Verarbeitung von Erdöl in Raffinerien genutzt wird.
- **b** ▢ Beschreibe, was man unter einer Fraktion versteht.
- **c** ◪ Erläutere die Vorgänge bei der fraktionierten Destillation.
- **d** ◪ Kennzeichne die Fraktionen, die bei der fraktionierten Destillation anfallen, und gib deren Verwendungsmöglichkeiten an.

6 Durch die Nutzung von fossilen Energieträgern wird die Umwelt belastet.
- **a** ◪ Erläutere die Gefährdung von Wasser und Luft durch Erdöl und Erdölprodukte.
- **b** ◪ Erläutere, weshalb die Verbrennung fossiler Energieträger den Treibhauseffekt verstärkt.
- **c** ▢ Gib Möglichkeiten an, wie die Belastung der Umwelt durch fossile Energieträger verringert werden kann.

7 ◪ Erläutere die Bedeutung des deutschen Chemikers FRIEDRICH WÖHLER für die Entwicklung der organischen Chemie.

8 ▢ Nenne drei Beispiele für organische Stoffe aus dem Alltag.

9 Am Aufbau organischer Verbindungen sind nur wenige Elemente beteiligt.
- **a** ▢ Nenne die Elemente, die in organischen Verbindungen enthalten sind.
- **b** ◪ Erläutere, wie man experimentell nachweisen kann, dass ein Kohlenwasserstoff vorliegt.

10 ◪ Begründe, warum es wesentlich mehr organische als anorganische Verbindungen gibt.

11 Kohlenstoff-Atome sind vierbindig.
- **a** ▢ Beschreibe die Bindungsverhältnisse zwischen Kohlenstoff-Atomen.
- **b** ◪ Zeichne ein Modell der Bindungsverhältnisse.
- **c** ▢ Benenne die Art der chemischen Bindung.

Hilfe zu den Aufgaben findest du auf den Seiten ...

1	70 f.	7	76
2	72 f.	8	77
3	72 f.	9	77
4	70 f.	10	77
5	72 f.	11	77
6	71, 74 f.		

▶ Die Lösungen findest du im Anhang.

Kohlenwasserstoffe

Reis ist für mehr als die Hälfte der Weltbevölkerung das Hauptnahrungsmittel. Jährlich werden weltweit 600 Millionen Tonnen geerntet. Beim Reisanbau steigen aber große Mengen Biogas auf, die eine Gefahr für das Weltklima darstellen, da Biogas vor allem aus dem Treibhausgas Methan besteht, einem Kohlenwasserstoff.
Aber auch beim Betreiben eines Heißluftballons mit Propangas, beim Abbrennen von Paraffinkerzen oder beim Schweißbrennen mit Acetylen, stets handelt es sich um Kohlenwasserstoffe.

Methan

Zum Kochen und Heizen wird häufig Erdgas genutzt. Es besteht fast ausschließlich aus Methan.

1 Methan verbrennt mit blauer Flamme.

Gasgemisch	Volumenanteil φ(Methan)
Erdgas	85–95 %
Biogas	ca. 60 %
Klär-, Faul- und Sumpfgas	bis zu 75 %
Grubengas	80–90 %

2 Methanvorkommen

Vorkommen und Verwendung von Methan Methan entsteht überall dort, wo abgestorbene tierische oder pflanzliche Reste unter Luftabschluss von Bakterien zersetzt werden.

Bei der Abwasserreinigung fällt in den Kläranlagen Schlamm an. Bei dessen Zersetzung entstehen **Klär-** und **Faulgas**.

Durch gezielte bakterielle Fäulnis von pflanzlichem Material wird z. B. aus Stallmist, Gülle, Klärschlamm oder organischem Müll **Biogas** gewonnen. Es besteht vorwiegend aus Methan und Kohlenstoffdioxid. Außerdem enthält es noch die Gase Wasserstoff, Stickstoff und Schwefelwasserstoff. Biogas hat einen hohen Heizwert. Die Gewinnung von Biogas kann dazu beitragen, dass wertvolle Rohstoffe eingespart und Umweltschäden vermieden werden.

Methan ist auch der Hauptbestandteil von **Erdgas** (▸ **2**), das zum Kochen im Haushalt oder zur Beheizung von Wohnungen eingesetzt wird.

Auch das sich in den Klüften von Steinkohlenlagern sammelnde **Grubengas** enthält hauptsächlich Methan. Bei unzureichender Belüftung der Gänge im Bergwerk entstehen explosive Methan-Luft-Gemische, die als „schlagende Wetter" schwere Zerstörungen verursachen. Bereits ein Funken beim Betätigen eines elektrischen Schalters kann das Gemisch entzünden.

Exp. 1 **Verbrennen von Erdgas**

2  5  

Materialien: 2 Bechergläser, Brenner, Erdgas (GHS 2), Kalkwasser (GHS 5)

Durchführung: Entzünde den Gasbrenner und halte über die Flamme zunächst ein umgekehrtes trockenes Becherglas und danach ein Becherglas, das mit Kalkwasser ausgespült wurde.

Auswertung: Beschreibe deine Beobachtungen. Leite daraus Schlussfolgerungen ab.

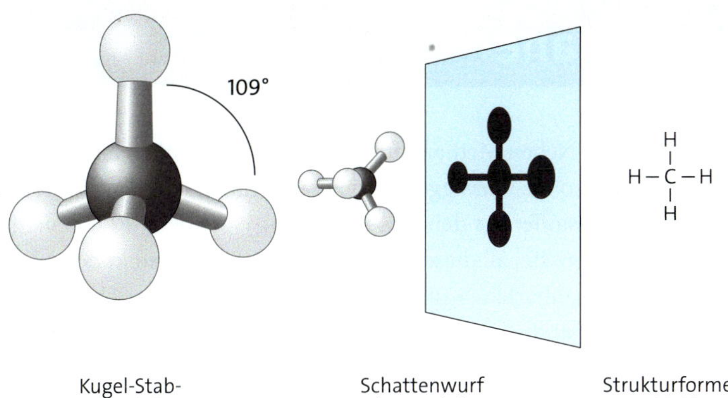

3 Kugel-Stab-Modell des Methan-Moleküls: Aus dem Schattenbild ergibt sich die bekannte Strukturformel (▸ bewegte Grafik).

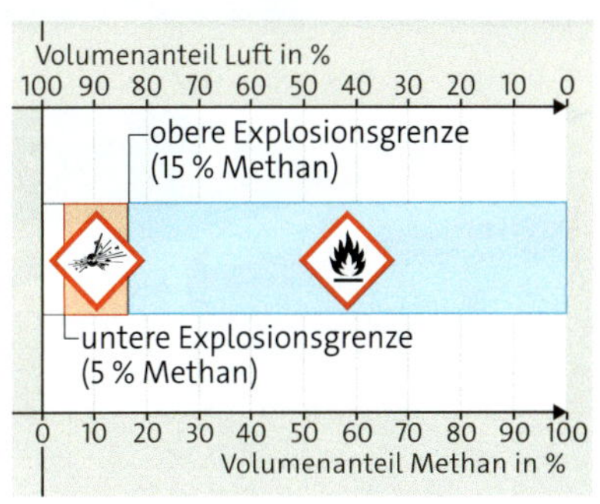

4 Explosionsgrenzen eines Methan-Luft-Gemischs

Eigenschaften von Methan Methan ist ein farbloses Gas, das leichter als Luft ist. Reines Methan ist geruchlos, während Erdgas, Biogas und Sumpfgas aufgrund von Begleitstoffen einen typischen Geruch aufweisen. Methan ist in Wasser fast unlöslich und kann daher pneumatisch aufgefangen werden. Es ist brennbar und bildet mit Luft explosive Gemische (▸ **4**). Bei der vollständigen Verbrennung von Methan entstehen Kohlenstoffdioxid und Wasser (▸ Exp. 1). Die Verbrennungsprodukte Kohlenstoffdioxid und Wasser weisen darauf hin, dass im Methan-Molekül Kohlenstoff-Atome und Wasserstoff-Atome gebunden sind.

Struktur des Methan-Moleküls Im Methan-Molekül umgeben die vier Wasserstoff-Atome das Kohlenstoff-Atom und sind mit ihm jeweils durch ein gemeinsames Elektronenpaar (Atombindung) verbunden (▸ **5**). Die Atombindungen im Methan-Molekül liegen nicht in einer Ebene, sondern sind räumlich mit möglichst weitem Abstand voneinander angeordnet, sodass sich eine tetraedrische Anordnung ergibt. Der H–C–H-Bindungswinkel beträgt 109° und wird als Tetraederwinkel bezeichnet. Mithilfe eines Kugel-Stab-Modells oder eines Kalottenmodells kann der räumliche Bau des Methan-Moleküls veranschaulicht werden (▸ **3**, **6**).
Die **Strukturformel** stellt die Übertragung des dreidimensionalen Modells auf die zwei Dimensionen des Papiers dar, die sich aus dem Schattenwurf des Kugel-Stab-Modells (▸ **3**) ableiten lässt. Jedes gemeinsame Elektronenpaar ist durch einen Strich dargestellt.
Im Unterschied zu den Strukturformeln werden Molekülformeln wie CH_4 als **Summenformeln** bezeichnet. Methan ist der einfachste Kohlenwasserstoff.

H
H •• C •• H
H

H
H – C – H
H

5 Elektronenpaarbindungen im Methan-Molekül

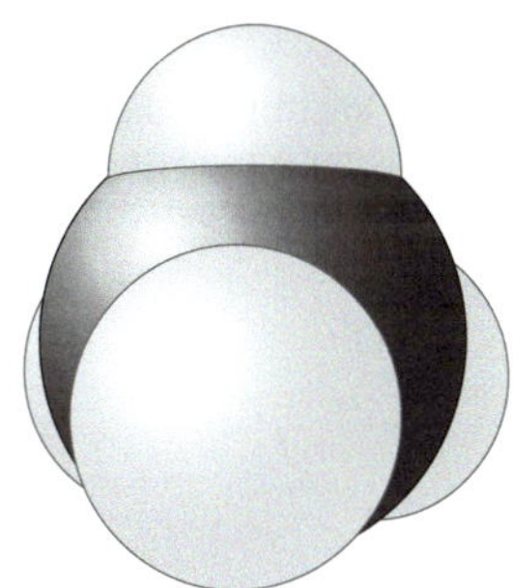

6 Kalottenmodell des Methan-Moleküls

Aufgaben

1 ▢ Entwickle einen Steckbrief von Methan.

2 ◪ Erläutere anhand der Modelle (▸ **3**, **6**) die Struktur des Methan-Moleküls.

3 ▢ Erkunde Sicherheitsbestimmungen beim Umgang mit Erdgas.

4 ▢ Fertige aus verschiedenfarbigen Plastillinkugeln ein Modell des Methan-Moleküls an.

Die homologe Reihe der Alkane

1 Auch Ethan, Propan und Butan werden als Brennstoffe verwendet.

Weitere Alkane Neben Methan gibt es eine große Anzahl weiterer Kohlenwasserstoffe, so die **Flüssiggase** Propan und Butan oder **Paraffine**, feste Kohlenwasserstoffe, aus denen z. B. Kerzen, Wachse und Lippenstifte hergestellt werden. Bei all diesen Kohlenwasserstoffen sind in den Molekülen die benachbarten Kohlenstoff-Atome durch Atombindungen (Elektronenpaarbindungen) verknüpft, die auch als **Einfachbindungen** bezeichnet werden. Solche Kohlenwasserstoffe heißen **Alkane**.

Struktur der Moleküle Methan ist das einfachste Alkan mit den kleinsten Molekülen. Andere Alkane besitzen mehrere Kohlenstoff-Atome und entsprechend viele Wasserstoff-Atome in ihren Molekülen. Die Kohlenstoff-Atome in den Molekülen der Alkane bilden Ketten (▸**3**) – es sind **kettenförmige Kohlenwasserstoffe**. In den Molekülen der Alkane sind zudem alle Kohlenstoff-Atome mit der größtmöglichen Anzahl an Wasserstoff-Atomen verbunden. Dies wird als gesättigt bezeichnet. Alkane gehören zu den **gesättigten Kohlenwasserstoffen**.
Ein Vergleich der Strukturformeln der Alkanmoleküle (▸**3**) zeigt, dass sich die Moleküle aufeinanderfolgender Glieder jeweils um eine CH_2-Gruppe unterscheiden. Eine solche Reihe wird als **homologe Reihe** bezeichnet. Wird die Anzahl der Kohlenstoff-Atome eines Alkans mit n bezeichnet, beträgt die Anzahl der Wasserstoff-Atome desselben Alkans $2n + 2$. Es gilt die **allgemeine Summenformel der Alkane:** C_nH_{2n+2}.

Alkane bilden eine homologe Reihe, in der sich die Moleküle von zwei aufeinanderfolgenden Verbindungen jeweils durch eine CH_2-Gruppe unterscheiden.

Wortstamm	Anzahl der Kohlenstoff-Atome in der Kette
Meth-	1
Eth-	2
Prop-	3
But-	4
Pent-	5
Hex-	6
Hept-	7
Oct-	8
Non-	9
Dec-	10
Undec-	11
Eicos-	20

2 Wortstämme – wichtig für die Namensbildung von Alkanen und anderen homologen Kohlenwasserstoffen

Namen der Alkane Die Namen der Alkane werden aus dem Wortstamm und der Endung **-an** gebildet. Vom Wortstamm lässt sich die Anzahl der Kohlenstoff-Atome im Molekül ableiten (▸**2**), z. B. Pentan C_5H_{12}.

Name	Summenformel	Strukturformel	Molekülmodell
Methan	CH_4	H | H–C–H | H	
	↓ + CH_2		
Ethan	C_2H_6	H H | | H–C–C–H | | H H	
	↓ + CH_2		
Propan	C_3H_8	H H H | | | H–C–C–C–H | | | H H H	
	↓ + CH_2		
Butan	C_4H_{10}	H H H H | | | | H–C–C–C–C–H | | | | H H H H	

3 Die ersten vier Glieder der homologen Reihe der Alkane

Aufgaben

1 Begründe die Zuordnung der Alkane zu den gesättigten Kohlenwasserstoffen.

2 Alkane bilden eine homologe Reihe. Begründe diese Aussage.

3 Stelle die Strukturformeln folgender Alkane auf und benenne sie: C_7H_{16}, $C_{10}H_{22}$, C_9H_{20}.

Alkane auf dem Prüfstand

Exp. 2 Erhitzen von festen Alkanen

Materialien: Brenner, Reagenzglashalter, 2 Reagenzgläser, Pipette, Eicosan, höheres Alkan, z. B. Tetracosan
Durchführung: Gib einige Späne des Eicosans in das Reagenzglas und erhitze vorsichtig mit der rauschenden Flamme.
Wiederhole das Experiment mit dem höheren Alkan.
Auswertung: Beschreibe und deute deine Beobachtungen.

Exp. 3 Mischbarkeit von Alkanen

2 7 8 9

Materialien: 4 Reagenzgläser, 3 Pipetten, Glasstab, Heptan, Octan (beide GHS 2|7|8|9), Paraffinöl (GHS 8), Wasser
Durchführung: Fülle in zwei Reagenzgläser etwa 2 cm hoch Heptan. Gib mit einer Pipette acht Tropfen Octan in das eine Reagenzglas und acht Tropfen Wasser in das andere. Rühre vorsichtig mit dem Glasstab um. Wiederhole das Experiment mit Paraffinöl, dem einmal Octan das andere Mal Wasser zugesetzt wird.
Auswertung: Notiere und deute deine Beobachtungen.

Exp. 4 Brennbarkeit von verschiedenen Alkanen

2 7 8 9

Materialien: Brenner, 2 Porzellanschalen, Pipetten, Holzspan, Heptan (GHS 2|7|8|9), Paraffinöl (GHS 8)
Durchführung:
A: Entzünde den Holzspan, halte ihn über einen Brenner und öffne langsam die Gaszufuhr.
B: Gib in die eine Porzellanschale 2 mL Heptan, in die andere 2 mL Paraffinöl. Versuche mit dem Holzspan die Stoffe zu entzünden.
Auswertung: Beschreibe die Beobachtungen. Interpretiere die Ergebnisse.

Exp. 5 Löslichkeit von Fetten und Ölen in Alkanen

2 7 8 9

Materialien: 4 Reagenzgläser, Pipetten, Spatel, Glasstab, Octan (GHS 2|7|8|9), Schmalz, Speiseöl, Wasser
Durchführung: Fülle in zwei Reagenzgläser etwa 2 cm hoch Octan. Gib danach mit dem Spatel etwas Schmalz bzw. Speiseöl dazu. Rühre vorsichtig mit dem Glasstab um. Wiederhole das Experiment, aber ersetze Octan durch Wasser.
Auswertung: Diskutiere die ermittelten Ergebnisse.

Exp. 6 Ermitteln der Auslaufzeiten von flüssigen Alkanen

2 7 8 9

Materialien: 20-mL-Messpipette mit Pipettierhilfe, Stoppuhr, Heptan (GHS 2|7|8|9), Dodecan (GHS 8), Paraffinöl (GHS 8)
Durchführung: Ziehe das Heptan bis zur Nullmarke der Pipette auf. Starte den Auslauf, indem du die Pipettierhilfe abziehst. Miss die Auslaufzeit. Wiederhole das Experiment mit Dodecan und Paraffinöl.
Auswertung: Deute das Ergebnis.

Exp. 7 Elektrische Leitfähigkeit von verschiedenen Alkanen

2 7 8 9

Materialien: 4 Bechergläser, Pipetten, 2 Graphit-Elektroden, Experimentierkabel, Glühlampe, Spannungsquelle, Heptan, Octan (beide GHS 2|7|8|9), Dodecan (GHS 8), Paraffinöl (GHS 8)
Durchführung: Baue die Versuchsapparatur nach der Experimentieranordnung auf. Prüfe die Stoffe nacheinander auf elektrische Leitfähigkeit.

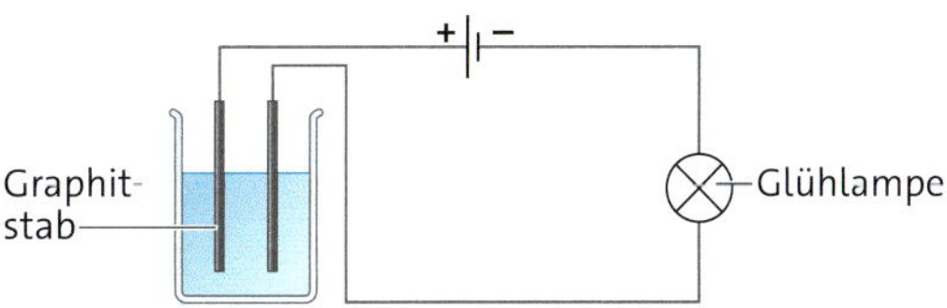

Auswertung: Fertige ein Protokoll an.

Eigenschaften von Alkanen

Wasser perlt ab und die lackierten Teile an Autos oder Motorrädern glänzen stärker, wenn nach dem Waschen Wachs aufgetragen wird. Egal ob feste, flüssige oder gasförmige Alkane im Alltag verwendet werden, immer ist ihre Verwandtschaft an ihren Eigenschaften zu erkennen.

1 Lackpflege mit Wachs – Gemische höherer Alkane

Exp. 8 | **L** | 2 7 8 9

Bestimmung von Siedetemperaturen

Siedetemperaturen von flüssigen Alkanen (GHS 2|7|8|9) werden ermittelt und mit tabellierten Werten verglichen.

Eigenschaften der Alkane Allen Alkanen ist gemeinsam, dass sie den elektrischen Strom nicht leiten, da sie keine frei beweglichen Ladungsträger, sondern nur ungeladene Moleküle enthalten (► Exp. 7, S. 89).

Bei vielen Eigenschaften der Alkane kann man aber feststellen, dass sich diese innerhalb der homologen Reihe regelmäßig ändern. So steigen mit zunehmender Kettenlänge die Siedetemperaturen (► Exp. 8), die Dichten (► **3**) und die Flammpunkte (► Exp. 4, S. 89) der Alkane sowie die Viskosität (Zähflüssigkeit) der flüssigen Alkane (► Exp. 6, S. 89) kontinuierlich an. Kurzkettige Alkane sind dünnflüssig, Schmieröle (C_{11} bis C_{18}) sind zähflüssig. Auch bei den Schmelztemperaturen kann man eine regelmäßige Zunahme feststellen (► **3**).

Alle Erscheinungen können damit erklärt werden, dass zwischen den Molekülen der Alkane schwache Anziehungskräfte wirken: die **Van-der-Waals-Kräfte**. Diese Kräfte müssen beim Schmelzen und beim Sieden eines Stoffs durch Energiezufuhr überwunden werden. Auch beim Auslaufen eines Stoffs müssen die Van-der-Waals-Kräfte z. T. überwunden werden, damit die Moleküle aneinander vorbeigleiten können.
Dabei gilt: Die Stärke der Van-der-Waals-Kräfte hängt von der Größe der Moleküle ab. Mit zunehmender Kettenlänge nimmt die Berührungsfläche der Moleküle zu und damit auch die Anziehungskraft zwischen ihnen (► **2**).

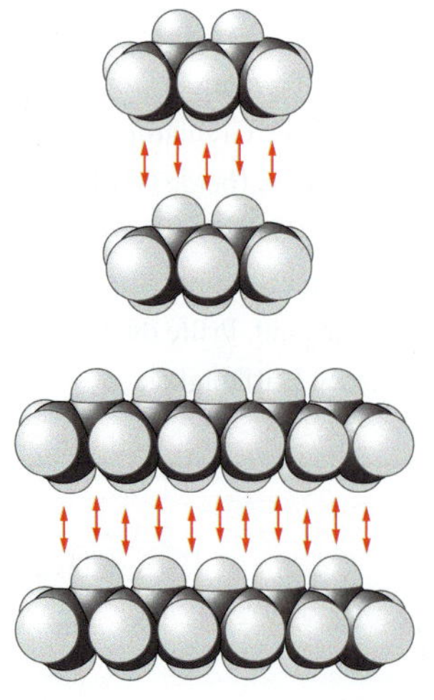

2 Anziehungskräfte zwischen Alkan-Molekülen

So sind die Anziehungskräfte bei den höheren Alkanen so groß, dass es durch Energiezufuhr eher zur Spaltung von Bindungen kommt als zur Überwindung der Van-der-Waals-Kräfte zwischen den Molekülen. Die Alkane etwa ab Eicosan zersetzen sich deshalb unterhalb der Siedetemperatur (► Exp. 2, S. 89).

Name	Summenformel	Schmelztemperatur in °C	Siedetemperatur in °C	Dichte in g/cm³ bei 25 °C
Methan	CH_4	−182,5	−161,4	0,42*
Ethan	C_2H_6	−183,2	−88,5	0,54*
Propan	C_3H_8	−187,1	−42,1	0,58*
Butan	C_4H_{10}	−135,0	−0,5	0,60*
Pentan	C_5H_{12}	−129,7	36,2	0,63
Hexan	C_6H_{14}	−94,3	68,7	0,66
Heptan	C_7H_{16}	−90,0	98,0	0,68
Octan	C_8H_{18}	−56,5	125,8	0,70
Nonan	C_9H_{20}	−53,7	150,7	0,72
Decan	$C_{10}H_{22}$	−29,7	174,0	0,73
Pentadecan	$C_{15}H_{32}$	10,0	268,0	0,77
Hexadecan	$C_{16}H_{34}$	18,1	280,7	0,77
Heptadecan	$C_{17}H_{36}$	22,0	303,0	0,78
Eicosan	$C_{20}H_{42}$	36,4	345,1	0,79

3 Vergleich der Eigenschaften einiger Alkane (* Dichte am Siedepunkt im flüssigen Zustand)

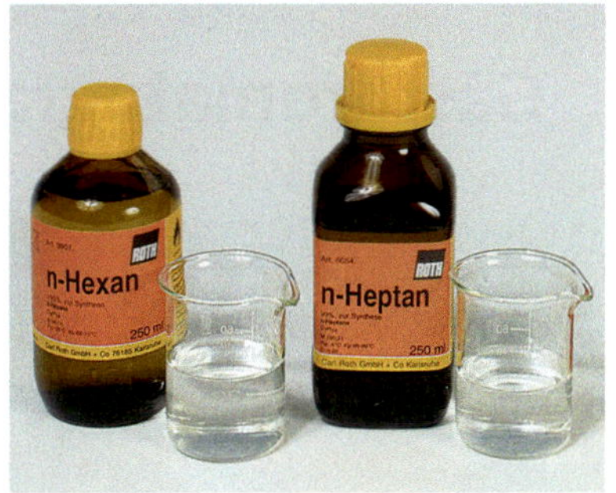

4 Hexan und Heptan sind leicht entzündliche Alkane (Flammpunkt unter 21 °C).

Löslichkeit Alkane sind mit Wasser nicht mischbar (▸5). Sie sind **hydrophob** (griech. *hydro:* Wasser, *phobos:* Furcht). Untereinander sind Alkane aber in jedem Verhältnis mischbar. Dieses unterschiedliche Löseverhalten ist auf unterschiedliche Anziehungskräfte zwischen Alkanmolekülen und Wasser-Molekülen zurückzuführen. Die Moleküle des Wassers ziehen sich untereinander stark an. Die Anziehungskräfte zwischen den Alkanmolekülen sind dagegen gering (▸Exp. 3, S. 89).

Flüssige Alkane sind im Gegensatz zu Wasser gute Lösemittel für Fette, Öle und Lacke (▸Exp. 5, S. 89). Sie sind **lipophil** (griech. *lipos:* Fett, *philein:* lieben).

Es gilt die Regel: **Ähnliches löst sich in Ähnlichem.**

5 Hexan löst sich nicht in Wasser.

Verhalten gegenüber	Butan	Wasser
	H–C(H)(H)–C(H)(H)–C(H)(H)–C(H)(H)–H Butan-Molekül	H–O–H Wasser-Molekül
Stoff aus Molekülen, z. B. Wasser	wasserfeindlich = hydrophob	wasserfreundlich = hydrophil
Stoff aus Molekülen, z. B. Fette, Öle	fettfreundlich = lipophil	fettfeindlich = lipophob

6 Löseverhalten von Stoffen

Aufgaben

1 Alkane haben bei Raumtemperatur unterschiedliche Aggregatzustände. Begründe und gib Beispiele dafür an.

2 Erläutere: „Ähnliches löst sich in Ähnlichem."

3 Erläutere, womit ein Ölfleck aus der Kleidung entfernt werden kann.

Gaschromatografie

1 Gaschromatograf (links) und Auswertung mithilfe des Computers

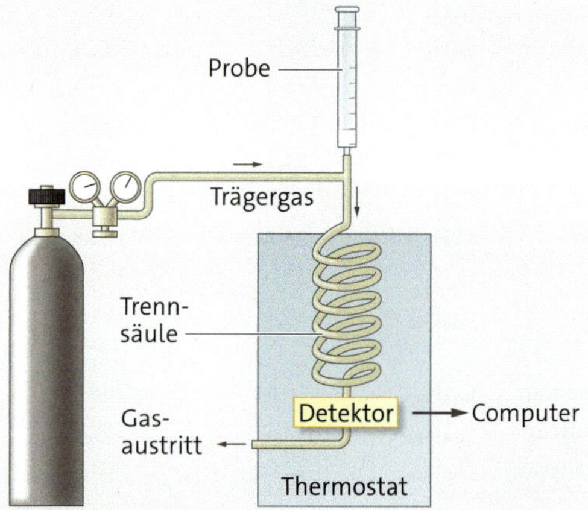

2 Schematische Darstellung des Aufbaus eines Gaschromatografen

Spurensuche In der chemischen Industrie, im Umweltschutz und in der Forschung sind analytische Untersuchungen von besonderer Bedeutung. So dürfen z. B. Arzneimittel oder Nahrungsmittel keine Begleitstoffe enthalten, die gesundheitsgefährdend sind. Für Stoffe mit schädlichen Wirkungen gibt es deshalb gesetzlich festgelegte Höchstmengen, deren Konzentrationen häufig im ppm-Bereich (engl. *parts per million*) liegen. Das bedeutet, dass unter einer Million Teilchen ein Schadstoff-Teilchen aufzuspüren wäre.

Gaschromatografie Ein wichtiges Verfahren bei der Spurensuche ist die Gaschromatografie. Mit ihr lassen sich gasförmige und leicht verdampfbare Stoffgemische trennen und identifizieren sowie die Struktur von Stoffen aufklären.

Die Trennsäule im Gaschromatografen ist ein bis zu 100 m langes, dünnes Glasrohr (Kapillarrohr), das mit einem porösen Feststoff gefüllt ist, z. B. mit Kieselgel oder Silikonöl. Die Oberfläche des Feststoffs ist mit einem Lösemittel bedeckt, in dem sich die Bestandteile des zu untersuchenden Stoffgemischs unterschiedlich gut lösen.

Als Trägergas (mobile Phase) wird meist Helium oder Stickstoff verwendet. Am Ende der Trennsäule kommen zuerst die Bestandteile an, die nur schwach an das Lösemittel gebunden wurden. Der Austritt der Stoffe erfolgt also nacheinander und kann mithilfe eines Computers erfasst und grafisch als Gaschromatogramm dargestellt werden (▸ 3).

Info 1

Flüssiggas

Das Feuerzeug ist mit Flüssiggas gefüllt, einem Stoffgemisch, das aus drei Kohlenwasserstoffen besteht, die sich u. a. in ihren Siedetemperaturen unterscheiden. Mithilfe der Gaschromatografie lässt sich dieses leicht verdampfbare Gemisch trennen und identifizieren.

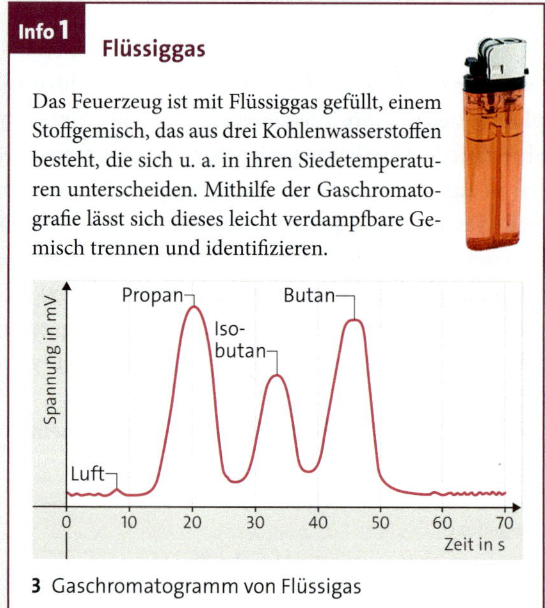

3 Gaschromatogramm von Flüssiggas

Aufgaben

1 Vergleiche die Trennverfahren Papierchromatografie und Gaschromatografie.

2 Nenne konkrete Anwendungsbereiche der Gaschromatografie. Recherchiere im Internet.

Verbrennen von Alkanen

Vollständige Verbrennung Wie bekannt, sind alle Alkane brennbar. Gemische von gasförmigen Alkanen mit Luft sind sogar explosiv. Beim Verbrennen reagieren die Alkane mit Sauerstoff. Chemisch betrachtet handelt es sich hierbei um eine Oxidation.
Bei **vollständiger Verbrennung** entstehen als Reaktionsprodukte Kohlenstoffdioxid und Wasser. Dabei wird Wärme abgegeben.

$$C_3H_8\,(g) + 5\,O_2\,(g) \longrightarrow 3\,CO_2\,(g) + 4\,H_2O\,(l) \mid \text{exotherm}$$
$$2\,C_6H_{14}\,(l) + 19\,O_2\,(g) \longrightarrow 12\,CO_2\,(g) + 14\,H_2O\,(l) \mid \text{exotherm}$$

Die Reaktionsprodukte lassen sich experiementell nachweisen. Kohlenstoffdioxid weist man mit Kalkwasser (Calciumhydroxidlösung) nach, indem man das Gas darin einleitet (▸ Exp. 9). Dabei entsteht ein weißer Niederschlag aus schwerlöslichem Calciumcarbonat.

Unvollständige Verbrennung Ist bei einem Verbrennungsvorgang nicht genügend Sauerstoff vorhanden, kann es zur **unvollständigen Verbrennung** kommen. Neben Wasser entstehen dann giftiges Kohlenstoffmonooxid oder reiner Kohlenstoff in Form von Ruß (▸ Video).

$$2\,C_3H_8\,(g) + 7\,O_2\,(g) \longrightarrow 6\,CO\,(g) + 8\,H_2O\,(l) \mid \text{exotherm}$$
$$C_3H_8\,(g) + 2\,O_2\,(g) \longrightarrow 3\,C\,(s) + 4\,H_2O\,(l) \mid \text{exotherm}$$

$$2\,C_6H_{14}\,(l) + 13\,O_2\,(g) \longrightarrow 12\,CO\,(g) + 14\,H_2O\,(l) \mid \text{exotherm}$$
$$2\,C_6H_{14}\,(l) + 7\,O_2\,(g) \longrightarrow 12\,C\,(s) + 14\,H_2O\,(l) \mid \text{exotherm}$$

Bei der Verbrennung verschiedener Alkane an der Luft nimmt mit steigendem Kohlenstoffanteil des Alkans die Helligkeit der Flamme zu. Hervorgerufen wird das durch hell glühende Rußteilchen in der Flamme. Als Folge der unvollständigen Verbrennung nimmt auch die Rußbildung stark zu (▸ **1**).

Die chemischen Eigenschaften der Alkane stimmen infolge der gemeinsamen Strukturmerkmale weitgehend überein.

Gefahrenquelle unvollständige Verbrennung Bei der Verbrennung von Kohlenstoff oder Kohlenwasserstoffen bei ungenügender Sauerstoffzufuhr bildet sich Kohlenstoffmonooxid. Das Gas hat eine geringere Dichte als Luft und sammelt sich im Gegensatz zu Kohlenstoffdioxid nicht am Boden von Gefäßen und Räumen.
Kohlenstoffmonooxid ist sehr giftig, da es die Bindung des Sauerstoffs an die roten Blutkörperchen blockiert. Diese sind für den Transport des Sauerstoffs im Körper zuständig. Jedes Jahr sterben in Deutschland mehrere hundert Menschen an einer Kohlenstoffmonooxidvergiftung. Ursache ist häufig Leichtsinn oder Unachtsamkeit im Umgang mit Grills, Kaminen oder Öfen in geschlossenen Räumen.

1 Brennende Alkane: Erdgas, Hexan, Paraffinöl

Exp. 9

5

Nachweis von Kohlenstoffdioxid mit Kalkwasser

Materialien: Reagenzglas, Stopfen, Pipette, Kalkwasser (GHS 5), Kohlenstoffdioxid

Durchführung: Tropfe mit einer Pipette einige Milliliter Kalkwasser in ein mit Kohlenstoffdioxidgas gefülltes Reagenzglas. Verschließe das Reagenzglas mit dem Stopfen und schüttle vorsichtig.

Auswertung: Notiere deine Beobachtungen. Deute das Ergebnis.

wavafo

Aufgaben

1 ◻ Nenne Nachteile einer unvollständigen Verbrennung.

2 ■ Stelle die Reaktionsgleichung für die vollständige Verbrennung auf:
a Methan
b Ethan

3 ◪ Beschreibe, wie sich die Reaktionsprodukte der Verbrennung von Propan nachweisen lassen.

Treibhauseffekt

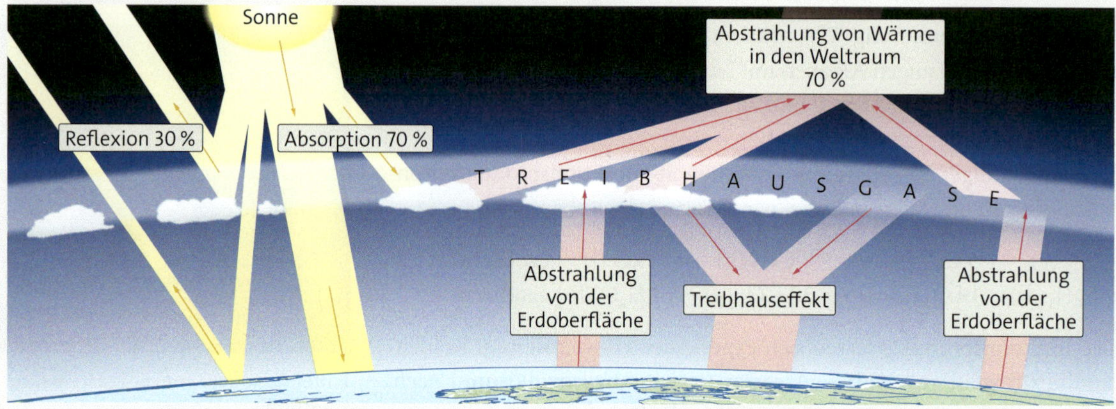

1 Der Treibhauseffekt erwärmt die Erde auf eine Jahresdurchschnittstemperatur von 15 °C.

Atmosphäre Vor 4,5 Milliarden Jahren bestand die Atmosphäre nur aus den Gasen Wasserstoff und Helium. Durch die Abkühlung der Erde und den auftretenden Vulkanismus wurden Gase aus dem Erdinnern, z. B. Kohlenstoffdioxid, freigesetzt, doch der Hauptbestandteil war zu 80 % Wasserdampf. Erst vor 500–600 Millionen Jahren zeigten sich die ersten Sauerstoffvorkommen, die die Ausbildung der Ozonschicht auslösten. Produzenten des Sauerstoffs waren frühe Pflanzenarten.

Heute beträgt die Jahresdurchschnittstemperatur auf der Erde 15 °C und die Luft, die wir atmen, besteht aus Stickstoff (78 %), Sauerstoff (21 %) sowie in geringen Anteilen Argon (1 %), Kohlenstoffdioxid (0,04 %) und Wasserdampf.

2 Die Sauerstoffproduktion eines Baums liegt durchschnittlich bei etwa 3 500 Litern pro Tag.

Treibhauseffekt An einem heiteren Tag spüren wir die Kraft der Sonne. Der Teil der Sonnenstrahlen, der nicht an den Wolken reflektiert oder absorbiert wird, wärmt uns und die Erdoberfläche (▸1). Aber auch diese Energie wird in Form von Wärme wieder abgestrahlt. Gase wie Wasserdampf, Kohlenstoffdioxid, Methan und Stickstoffoxide halten 30 % dieser Wärme in der Atmosphäre und heizen sie weiter auf. Ohne diesen **natürlichen Treibhauseffekt** würde die globale Jahresdurchschnittstemperatur nur −18 °C betragen.

Die Atmosphäre funktioniert wie Glasdach und -wände eines Treibhauses. Das Glas lässt zwar die Sonnenstrahlen passieren, aber nicht die Wärmestrahlung. Sie wird reflektiert und heizt das Treibhaus auf. Diese Funktion von Kohlenstoffdioxid, Methan und Wasserdampf in der Atmosphäre als **Treibhausgase** entdeckte John Tyndall bereits im 19. Jahrhundert.

3 Veranschaulichung des Treibhauseffekts: Die Sonnenstrahlung kann Glas passieren, Wärmestrahlung nicht.

Anthropogener Treibhauseffekt Abgesehen von Wasserdampf gilt Kohlenstoffdioxid als Hauptverursacher des Treibhauseffekts. Der Mensch produziert und emittiert bei Verbrennungsprozessen jedes Jahr rund 30 Milliarden Tonnen Kohlenstoffdioxid, mehr davon im Winter als im Sommer. Insgesamt nimmt der Volumenanteil an Kohlenstoffdioxid jährlich um etwa 2 ppm (1 ppm = 0,0001 %) zu (▸ **4**). Das klingt nicht viel, dennoch steigt die Jahresdurchschnittstemperatur in den letzten Jahren stetig an.

Im Zusammenhang mit dem Treibhauseffekt fällt deshalb auch immer wieder das Stichwort von der globalen Erwärmung.

Die globale Temperatur war schon immer leichten Schwankungen unterworfen. Größere Ausreißer können heute auf den Einfluss von Naturkatastrophen zurückgeführt werden, doch ein gewisser Zusammenhang zwischen gestiegenem Kohlenstoffdioxidanteil in der Luft und Temperaturanstieg lässt sich in vielen statistischen Erhebungen erkennen (▸ **5**).

Diese Verstärkung des natürlichen Treibhauseffekts bezeichnet man als **anthropogenen**, vom Menschen ausgelösten Treibhauseffekt.

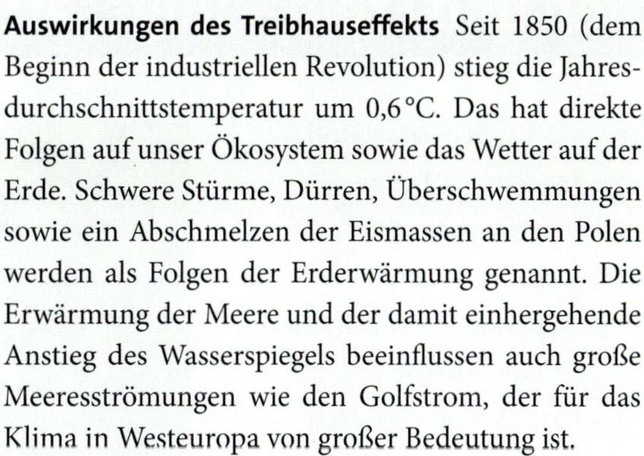

Auswirkungen des Treibhauseffekts Seit 1850 (dem Beginn der industriellen Revolution) stieg die Jahresdurchschnittstemperatur um 0,6 °C. Das hat direkte Folgen auf unser Ökosystem sowie das Wetter auf der Erde. Schwere Stürme, Dürren, Überschwemmungen sowie ein Abschmelzen der Eismassen an den Polen werden als Folgen der Erderwärmung genannt. Die Erwärmung der Meere und der damit einhergehende Anstieg des Wasserspiegels beeinflussen auch große Meeresströmungen wie den Golfstrom, der für das Klima in Westeuropa von großer Bedeutung ist.

Werden die CO_2-Emissionen nicht gesenkt, kann die Erde sich bis zum Jahr 2100 um weitere 4–6 °C erwärmen. Statt Energie aus Erdöl und Kohle zu gewinnen, müssen regenerative Energien wie Wind und Sonne genutzt werden. Benzin muss durch Biodiesel ersetzt und zum Heizen müssen Holzpellets verwendet werden. Holzpellets setzen nur so viel Kohlenstoffdioxid frei, wie sie zuvor beim Wachstum des Baums gespeichert haben. Sie haben deshalb eine neutrale Kohlenstoffdioxidbilanz.

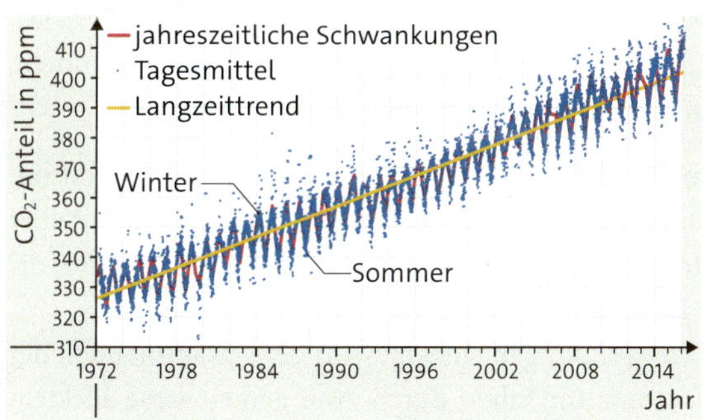

4 Kohlenstoffdioxidanteil der Luft in ppm (parts per million; 1 ppm = 0,000 1 %)

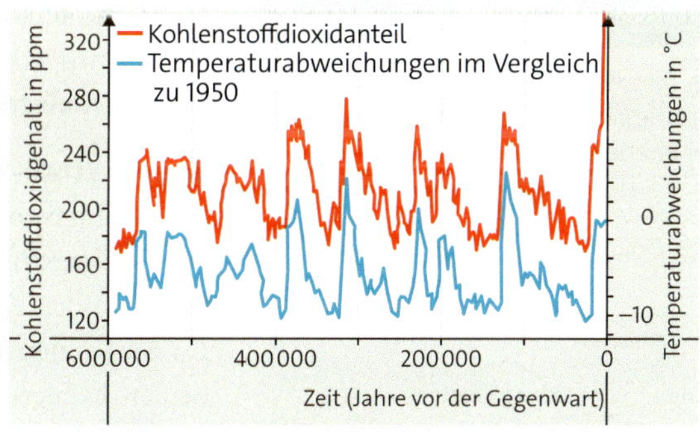

5 Temperaturabweichungen und Veränderung des Kohlenstoffdioxidgehalts in der Atmosphäre

Aufgaben

1 Erläutere, warum man beim Gewächshaus von einem Modell für den Treibhauseffekt sprechen kann. Fertige hierzu eine Tabelle an, in der die Bestandteile des Gewächshauses den Aspekten des natürlichen Treibhauseffekts zugeordnet werden.

2 Überlege, warum der Kohlenstoffdioxidanteil auf der Nordhalbkugel im Winter höher ist als im Sommer (▸ **4**).

3 Die Vernichtung tropischer Wälder durch Brandrodung verstärkt den Treibhauseffekt in doppelter Hinsicht.
Begründe diese Aussage.

4 Bewerte die Aussage, dass Treibhausgase schädlich seien.

Ethen und Ethin – ungesättigte Kohlenwasserstoffe

Ethen – ein Kohlenwasserstoff – wird in der Natur z. B. von reifendem Obst abgegeben und beschleunigt die weitere Fruchtreifung. In speziellen Lagerhallen werden deshalb unreife Früchte in einem Ethen-Luft-Gemisch vor dem Verkauf zur Reifung gebracht.

1 Grüne Bananen werden mit Ethen zur Reifung gebracht.

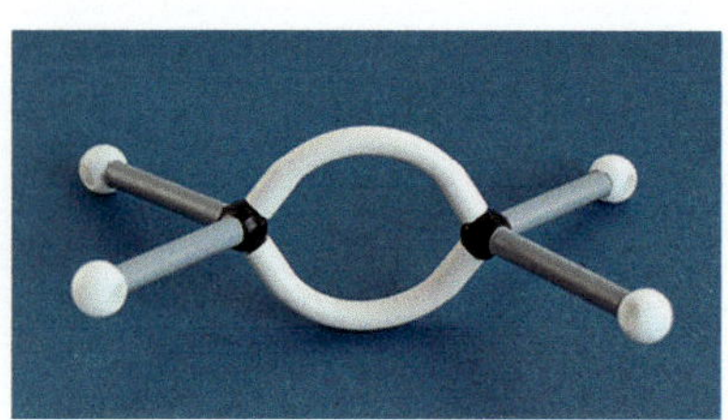

2 An diesem Steckmodell eines Ethen-Moleküls sieht man, dass alle Atome in einer Ebene liegen.

Eigenschaften und Verwendung von Ethen Ethen ist bei Raumtemperatur ein farbloses, leicht süßlich riechendes Gas. In Wasser ist es fast unlöslich. Schmelz- und Siedetemperatur von Ethen sind ähnlich denen von Ethan. Ethen brennt an der Luft mit leuchtender, schwach rußender Flamme. In reinem Sauerstoff verbrennt es vollständig. Ethen-Luft-Gemische sind explosiv.
Ethen wird vor allem zur Herstellung von Kunststoffen, Lösemitteln, Lacken, Klebstoffen, Farbstoffen und Medikamenten verwendet.

Bau des Ethen-Moleküls Ethen ist wie Ethan ein Kohlenwasserstoff mit zwei Kohlenstoff-Atomen im Molekül. Das Ethen-Molekül enthält aber zwei Wasserstoff-Atome weniger als das Ethan-Molekül. Es hat somit die Summenformel C_2H_4.
Da der Kohlenstoff vier Bindungen eingeht, wird der Zusammenhalt der beiden Kohlenstoff-Atome im Ethen durch zwei gemeinsame Elektronenpaare bewirkt. Im Ethen-Molekül liegt zwischen den beiden Kohlenstoff-Atomen eine **Doppelbindung** vor. Alle Atome des Ethen-Moleküls liegen in einer Ebene und alle Bindungswinkel betragen 120° (▸**2**, **3**).

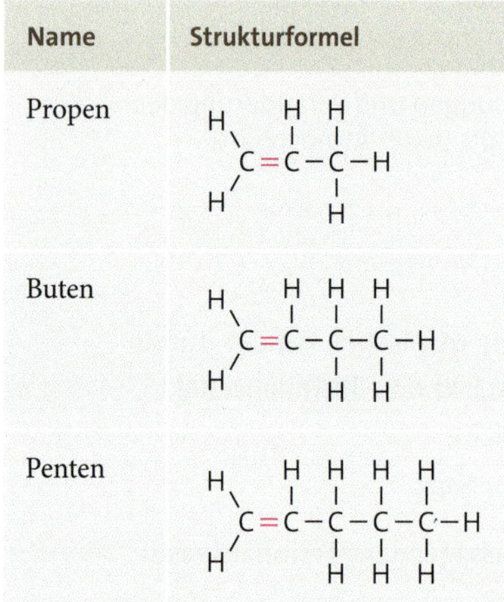

Name	Strukturformel
Propen	$H_2C=C(H)-C(H)(H)-H$
Buten	$H_2C=C(H)-C(H)(H)-C(H)(H)-H$
Penten	$H_2C=C(H)-C(H)(H)-C(H)(H)-C(H)(H)-H$

4 Homologe Reihe der Alkene (Ausschnitt)

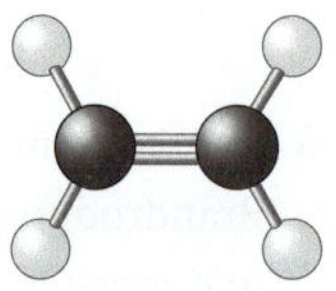

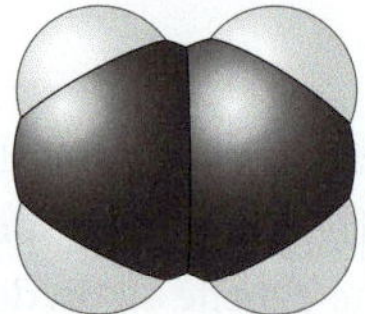

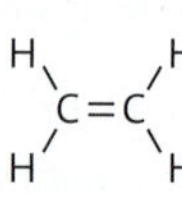

3 Modelle und Strukturformel des Ethen-Moleküls

Kettenförmige Kohlenwasserstoffe, deren Moleküle wie Ethen eine Doppelbindung zwischen zwei Kohlenstoff-Atomen aufweisen, gehören zur Stoffklasse der **Alkene**. Sie bilden wie die Alkane eine homologe Reihe (▸**4**). Ihre **allgemeine Summenformel** lautet C_nH_{2n}.

Eigenschaften und Verwendung von Ethin Ethin, das auch als Acetylen bezeichnet wird, ist ein farbloses, in reiner Form fast geruchloses Gas.
Technisch hergestelltes Ethin riecht dagegen durch Verunreinigungen unangenehm. Es brennt an der Luft mit stark rußender Flamme. Gemische von Ethin mit Luft oder Sauerstoff sind hochexplosiv. Zur Aufbewahrung wird das Gas in Stahlflaschen mit kastanienbraunem Anstrich in Aceton unter geringem Druck gelöst. Ethin wird in der Anlagentechnik als Brenngas zum Gasschweißen und Brennschneiden verwendet (▶ Video). Bei der Verbrennung einer Mischung von Ethin und Sauerstoff im Schweißbrenner werden Temperaturen von über 3000 °C erreicht.
Ethin ist Ausgangsstoff für die Herstellung von Kunststoffen, Synthesekautschuk, Kunstfasern und weiteren wichtigen Produkten.

Schon gewusst?
Beim Gasschweißen wird mit Sauerstoff und einem Überschuss an Acetylen gearbeitet.
Beim Brennschneiden wird zunächst das Eisen auf Weißglut erhitzt, dann das Brenngas abgestellt und das Eisen mit reinem Sauerstoff verbrannt.

ficamu

Bau des Ethin-Moleküls Im Ethin-Molekül ist nur ein Wasserstoff-Atom an jedes Kohlenstoff-Atom gebunden. Ethin hat die **Summenformel** C_2H_2. Der Zusammenhalt der beiden Kohlenstoff-Atome wird durch drei gemeinsame Elektronenpaare bewirkt (▶5). Im Ethin-Molekül liegt zwischen den beiden Kohlenstoff-Atomen eine **Dreifachbindung** vor. Die Doppelbindung und die Dreifachbindung werden auch als **Mehrfachbindung** bezeichnet. Das Ethin-Molekül ist linear gebaut (▶5).

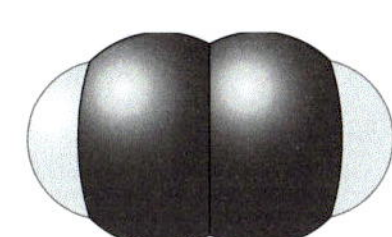

H−C≡C−H

5 Modelle und Strukturformel des Ethin-Moleküls

Ethin ist der einfachste Kohlenwasserstoff mit einer Dreifachbindung zwischen den Kohlenstoff-Atomen. Kettenförmige Kohlenwasserstoffe, deren Moleküle wie Ethin eine Dreifachbindung zwischen zwei Kohlenstoff-Atomen aufweisen, werden zu der Stoffklasse der **Alkine** zusammengefasst (▶6). Ihre **allgemeine Summenformel** lautet C_nH_{2n-2}.
Da die Ethen- und Ethin-Moleküle weniger Wasserstoff-Atome enthalten, als sie aufgrund der möglichen Atombindungen aufnehmen könnten, gehören Ethin und Ethen zu den **ungesättigten Kohlenwasserstoffen.**

Name	Strukturformel
Ethin	H−C≡C−H
Propin	H | H−C≡C−C−H | H
Butin	H H | | H−C≡C−C−C−H | | H H

6 Homologe Reihe der Alkine (Ausschnitt)

Ethen und Ethin sind ungesättigte Kohlenwasserstoffe mit einer Mehrfachbindung im Molekül.

Aufgaben

1 ▢ Erstelle einen Steckbrief von Ethen.

2 ◩ Nennne Unterschiede zwischen gesättigten und ungesättigten Kohlenwasserstoffen.

3 ◩ Vergleiche den Bau der Moleküle von Ethen und Ethin. Stelle dazu die Strukturformeln auf.

4 ▢ Erstelle einen Steckbrief von Ethin.

5 ■ Der Einsatz von Kohlenwasserstoffen als Brennstoffe hat Einfluss auf die globalen Klimaveränderungen. Setze dich mit dieser Aussage auseinander.

Volumen bei chemischen Reaktionen

1 Ethin wurde früher in Carbidlampen hergestellt und als Leuchtmittel genutzt.

2 Schweißen von Rohren und Pipelines mit Ethin

Wie bekannt, wird Ethin im Anlagenbau als Brenngas zum Gasschweißen und zum Brennschneiden verwendet (▸**2**). Werden nur geringe Mengen Ethin benötigt, stellt man es aus Calciumcarbid durch Reaktion mit Wasser her (▸**1**).

Molares Volumen Sind an chemischen Reaktionen Gase beteiligt, ist es günstiger, statt mit Massen mit den Volumen dieser Gase zu arbeiten. Entsteht z. B. bei Reaktionen von Calciumcarbid mit Wasser das doppelte oder vierfache Volumen an Ethin, so verdoppelt oder vervierfacht sich auch die Stoffmenge dieser Gasportion. Daraus lässt sich ableiten: Bei Gasen besteht bei konstantem Druck und konstanter Temperatur eine direkte Proportionalität zwischen dem Volumen der Stoffportion und ihrer Stoffmenge: $V \sim n$. Als Proportionalitätsfaktor ergibt sich hier der Quotient aus dem Volumen und der Stoffmenge dieser Stoffportion. Dieser Quotient wird als **molares Volumen V_m** bezeichnet.
Das molare Volumen aller Gase beträgt bei Normbedingungen (▸**3**) etwa **22,4 $\frac{\text{L}}{\text{mol}}$**. Jedes Mol eines Gases nimmt unter diesen Bedingungen ein Volumen von 22,4 Liter ein.

$p_n = 101{,}3\ \text{kPa}$
$T_n = 276\ \text{K}\ (0\,°\text{C})$

3 Normbedingungen für Gase

Berechnen des Volumens von Stoffportionen Das Volumen einer Stoffportion eines Gases lässt sich bei bekannter Stoffmenge mithilfe der Definitionsgleichung des molaren Volumens berechnen. Bei bekanntem Volumen lässt sich die Stoffmenge einer Stoffportion errechnen (▸**4**).

$$V_m = \frac{V(\text{Stoffportion})}{n(\text{Stoffportion})}$$

$$n(\text{Stoffportion}) = \frac{V(\text{Stoffportion})}{V_m}$$

$$V(\text{Stoffport.}) = n(\text{Stoffport.}) \cdot V_m$$

4 Das molaren Volumen von Gasen

Das molare Volumen V_m eines Gases ist der Quotient aus dem Volumen und der Stoffmenge einer Stoffportion.
Unter Normbedingungen beträgt das molare Volumen V_m für alle Gase etwa 22,4 Liter pro Mol.

$$V_m = \frac{V(\text{Stoffportion})}{n(\text{Stoffportion})}$$

Exp. 10

Volumenbestimmung von Ethin bei der Reaktion von Calciumcarbid mit Wasser

Materialien: Erlenmeyerkolben, Tropftrichter mit Druckausgleich und seitlichem Ansatz, Kolbenprober, Schlauchmaterial, Waage, Calciumcarbid (GHS 2|5|7), Wasser

Durchführung: *Vorsicht! Abzug!* Baue die Apparatur entsprechend der Abbildung zusammen. Wiege 0,1 g Calciumcarbid genau ab. Bringe es in den Erlenmeyerkolben des Gasentwicklers und tropfe bei luftdicht verschlossener Apparatur 10 mL Wasser zu.
Ermittle das entstandene Volumen an Ethin (GHS 2).
Wiederhole das Experiment mit 0,15 g, 0,2 g und 0,25 g Calciumcarbid.

Auswertung: Erfasse die erhaltenen Werte in einer Wertetabelle. Werte das Experiment grafisch aus, indem du in einem Koordinatensystem die Masse Calciumcarbid auf der x-Achse und das jeweils entstandene Volumen Ethin auf der y-Achse abträgst.

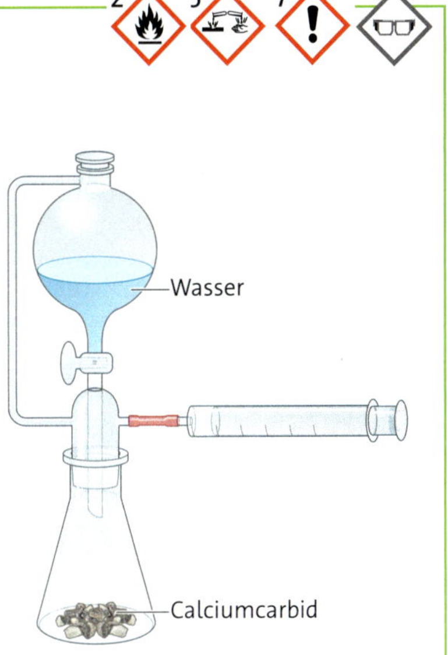

Experimentelle Volumenermittlung von Gasen bei chemischen Reaktionen Bei der Verbrennung von Methan mit Sauerstoff reagieren gasförmige Stoffe miteinander. Bei solchen Reaktionen mit Gasen lassen sich im Experiment die Volumen leichter als die Massen bestimmen. Sind dagegen feste und gasförmige Stoffe Reaktionspartner, ist es erforderlich, Massen und Volumen zu bestimmen.
Durch Reaktion von Calciumcarbid mit Wasser wird Ethin dargestellt (▸ Exp. 10). Die Reaktionsgleichung für die abgelaufene Reaktion lautet:

Calciumcarbid + Wasser ⟶ Ethin + Calciumhydroxid | exotherm

$CaC_2(s) + 2\,H_2O(l) \longrightarrow C_2H_2(g) + Ca(OH)_2(aq)$ | exotherm

Durch die Reaktionsgleichung ist bekannt, dass aus 1 mol Calciumcarbid die Stoffmenge 1 mol Ethin entsteht. Setzt man für 1 mol Calciumcarbid die Masse von 64 g und für 1 mol Ethin das Volumen von 22,4 L ein, wird deutlich, dass auch ein Zusammenhang zwischen der Masse Calciumcarbid und dem Volumen Ethin besteht.

Aus der molaren Masse bzw. dem molaren Volumen ergeben sich:
$m(CaC_2) = M(CaC_2) \cdot n(CaC_2)$ und $V(C_2H_2) = V_m \cdot n(C_2H_2)$

Betrachtet man die Masse Calciumcarbid im Verhältnis zum Volumen Ethin, ergibt sich:

$$\frac{m(CaC_2)}{V(C_2H_2)} = \frac{M(CaC_2) \cdot n(CaC_2)}{V_m \cdot n(C_2H_2)}$$

Durch Umstellen der Größengleichung lassen sich Massen bei gegebenen Volumen und Volumen bei gegebenen Massen berechnen (▸ 5).

Bei einer chemischen Reaktion besteht ein proportionaler Zusammenhang z. B. zwischen der Masse eines Ausgangsstoffs und dem Volumen eines gasförmigen Reaktionsprodukts.

$$\frac{V(A)}{m(B)} = \frac{V_m \cdot n(A)}{M(B) \cdot n(B)}$$

$$\frac{m(A)}{V(B)} = \frac{M(A) \cdot n(A)}{V_m \cdot n(B)}$$

$$\frac{V(A)}{V(B)} = \frac{n(A)}{n(B)}$$

A – Stoff der gesuchten Größe
B – Stoff der gegebenen Größe

5 Allgemeine Größengleichungen zu Volumenberechnungen bei chemischen Reaktionen

Aufgaben

1 Berechne die Masse und das Volumen von:
- **a** $n(CH_4) = 3$ mol
- **b** $n(C_2H_4) = 0{,}02$ mol
- **c** $n(C_2H_2) = 0{,}5$ mol

2 Berechne die Stoffmenge und die Masse von:
- **a** 100 L Butan
- **b** 112 mL Propan
- **c** 10 m^3 Ethen

1 Dreizehn Geburtstagskerzen von jeweils 5 g Octadecan [M(Octadecan) = 260 $\frac{g}{mol}$] verbrauchen rund 780 L Luft, um vollständig zu verbrennen.

Volumenberechnungen bei chemischen Reaktionen Wenn bei chemischen Reaktionen gasförmige Stoffe beteiligt sind, ist es erforderlich, deren benötigte oder deren entstehende Volumen zu kennen. Davon ist z. B. die Größe der erforderlichen Laborgeräte abhängig. Auch für eine Gefahrenabschätzung, ob die Räumlichkeiten oder die Geräte dem Druck standhalten können, sind Informationen über die Volumen der entstehenden Gase wichtig. Zur Berechnung wird der proportionale Zusammenhang zwischen der Masse eines Stoffes und dem Volumen eines anderen Stoffes genutzt, der bei einer chemischen Reaktion besteht.

Aufgabe: Eine Paraffinkerze besteht aus 50 g Heptadecan $C_{17}H_{36}$. Berechne das entstehende Volumen an Kohlenstoffdioxid, wenn die Kerze unter Normbedingungen vollständig verbrannt wird.

Gegeben: $m(C_{17}H_{36}) = 50\,g$ **Gesucht:** $V(CO_2)$

$M(C_{17}H_{36}) = 240\,\frac{g}{mol}$ (► PSE)

$V_m = 22{,}4\,\frac{L}{mol}$

Reaktionsgleichung: $C_{17}H_{36}\,(s) + 26\,O_2\,(g) \longrightarrow 17\,CO_2 + 18\,H_2O\,(l)$

Lösung:

$$\frac{V(CO_2)}{m(C_{17}H_{36})} = \frac{V_m \cdot n(CO_2)}{M(C_{17}H_{36}) \cdot n(C_{17}H_{36})}$$

$$V(CO_2) = \frac{V_m \cdot n(CO_2) \cdot m(C_{17}H_{36})}{M(C_{17}H_{36}) \cdot n(C_{17}H_{36})}$$

$$V(CO_2) = \frac{22{,}4\,\frac{L}{mol} \cdot 17\,mol \cdot 50\,g}{240\,\frac{g}{mol} \cdot 1\,mol} = 79{,}33\,L$$

Antwort: Bei der vollständigen Verbrennung von 50 g Heptadecan entstehen unter Normbedingungen 79,33 L Kohlenstoffdioxid.

Sind bei einer chemischen Reaktion nur gasförmige Stoffe beteiligt, wird zur Berechnung der bestehende proportionale Zusammenhang zwischen den Volumen der reagierenden Stoffe genutzt.

Aufgabe: Mit einem Propangasbrenner werden 40 L gasförmiges Propan verbrannt. Berechne, welches Volumen an Sauerstoff unter Normbedingungen für diese Verbrennung erforderlich ist.

Gegeben: $V(C_3H_8) = 40\,L$ **Gesucht:** $V(O_2)$

$V_m = 22{,}4\,\frac{L}{mol}$

Reaktionsgleichung: $C_3H_8\,(g) + 5\,O_2\,(g) \longrightarrow 3\,CO_2 + 4\,H_2O\,(l)$

Lösung:

$$\frac{V(O_2)}{V(C_3H_8)} = \frac{n(O_2)}{n(C_3H_8)}$$

$$V(O_2) = \frac{n(O_2) \cdot V(C_3H_8)}{n(C_3H_8)} = \frac{5\,mol \cdot 40\,L}{1\,mol} = 200\,L$$

Antwort: Für die vollständige Verbrennung von 40 L Propangas unter Normbedingungen ist ein Volumen von 200 L Sauerstoff erforderlich.

Aufgaben

1 ● In einem Chemiebetrieb werden stündlich 200 m³ Ethin zu Ethen umgewandelt.
$C_2H_2\,(g) + H_2\,(g) \longrightarrow C_2H_4\,(g)$
Berechne das dafür erforderliche Volumen an Wasserstoff.

2 Ein Heizkraftwerk verbrennt schwefelhaltiges Heizöl. Dabei entstehen täglich 212 kg Schwefeldioxid.

- **a** ● Berechne die Masse des mit dem Heizöl verbrannten Schwefels.
- **b** ● Berechne das für die Verbrennung erforderliche Volumen an Sauerstoff.

Berechnen von Volumen bei chemischen Reaktionen

Im Labor wird Wasserstoff häufig durch Reaktion von Zink mit Salzsäurelösung gewonnen. Dazu kann ein Kipp'scher Apparat (entwickelt von PETRUS JACOBUS KIPP, 1808–1864, holländischer Apotheker) verwendet werden.

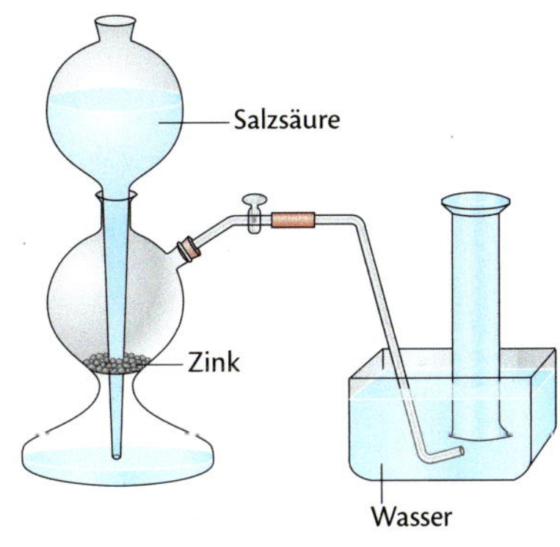

Berechne das Volumen an Wasserstoff, das beim Umsatz von 30 g Zink mit Salzsäurelösung bei Normbedingungen entsteht.

1 Analysiere die Aufgabenstellung.
Erfasse die gesuchten und gegebenen Größen. Ermittle die benötigten molaren Massen mithilfe eines Tafelwerks.

Gegeben: $m(\text{Zn}) = 30\,\text{g}$ Gesucht: $V(\text{H}_2)$
$M(\text{Zn}) = 65\,\frac{\text{g}}{\text{mol}}$
$V_\text{m} = 22{,}4\,\frac{\text{L}}{\text{mol}}$

2 Entwickle die Reaktionsgleichung.

$$\text{Zn(s)} + 2\,\text{HCl(aq)} \longrightarrow \text{ZnCl}_2\text{(aq)} + \text{H}_2\text{(g)}$$

3 Ermittle die Stoffmengen der Stoffe aus der Reaktionsgleichung.

$n(\text{Zn}) = 1\,\text{mol}$; $n(\text{H}_2) = 1\,\text{mol}$

4 Formuliere das Verhältnis zwischen Volumen der gesuchten Größe und Masse der gegebenen Größe.
Stelle die Gleichung unter Nutzung der allgemeinen Größengleichung auf.

$m = n \cdot M \qquad V = n \cdot V_\text{m}$

$$\frac{V(\text{A})}{m(\text{B})} = \frac{n(\text{A}) \cdot V_\text{m}}{n(\text{B}) \cdot M(\text{B})}$$

$$\frac{V(\text{H}_2)}{m(\text{Zn})} = \frac{n(\text{H}_2) \cdot V_\text{m}}{n(\text{Zn}) \cdot M(\text{Zn})}$$

5 Forme die Gleichung nach der gesuchten Größe um.

$$V(\text{A}) = \frac{n(\text{A}) \cdot V_\text{m}}{n(\text{B}) \cdot M(\text{B})} \cdot m(\text{B})$$

$$V(\text{H}_2) = \frac{n(\text{H}_2) \cdot V_\text{m}}{n(\text{Zn}) \cdot M(\text{Zn})} \cdot m(\text{Zn})$$

6 Setze die bekannten Größen in die Gleichung ein und berechne das Ergebnis.

$$V(\text{H}_2) = \frac{1\,\text{mol} \cdot 22{,}4\,\frac{\text{L}}{\text{mol}}}{1\,\text{mol} \cdot 65\,\frac{\text{g}}{\text{mol}}} \cdot 30\,\text{g}$$

$$V(\text{H}_2) = 10{,}34\,\text{L}$$

7 Formuliere einen Antwortsatz.

Bei der Reaktion von 30 g Zink mit Salzsäure entsteht unter Normbedingungen ein Volumen von 10,34 Liter Wasserstoff.

Kraftstoffe

1 Kerosin – Kraftstoff für Flugzeuge

Kraftstoffe für jeden Zweck An der Tankstelle findet man zwar kein Hightechfrachter-Kerosin, aber immerhin eine Reihe von anderen hochwertigen Kraft- oder Treibstoffen: Neben Super 95, Super E 10 und Super Plus gibt es auch Winter- und Sommerdiesel oder Kraftstoff für das Moped. In vielen Ländern spielen auch Erdgas, Ethanol, Biodiesel oder verschiedene Treibstoffgemische eine immer größere Rolle als Autokraftstoff. Und in der Zukunft tanken wir vielleicht Wasserstoff …

Herstellung von Benzin Wie bekannt, ist Rohöl noch kein Benzin. Es muss zuerst entwässert, entschwefelt und durch Destillation in die verschiedenen Erdölfraktionen getrennt werden (▸2).

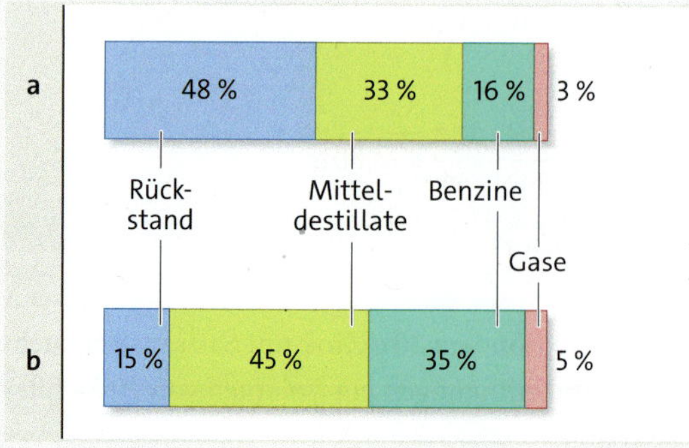

2 Erdölfraktionen: gemittelte tatsächliche Anteile (a), und Bedarf (b)

Der bei der Erdöldestillation anfallende Rückstand enthält vor allem langkettige Kohlenwasserstoffe, während die vielfach benötigte Benzinfraktion (Gemisch kurzkettiger Kohlenwasserstoffe) nicht ausreichend ist. Durch **Cracken** (engl. *to crack:* spalten, aufbrechen) kann man aber langkettige in kurzkettige Kohlenwasserstoffe umwandeln. Beim thermischen Cracken werden die hochsiedenden Fraktionen bei einem Druck von 7 MPa auf 900 °C erhitzt. Dadurch zerbrechen die langkettigen Moleküle in mehrere kleinere Moleküle. Beim energiesparenderen katalytischen Cracken wird bei geringerem Druck und nur 500 °C gearbeitet. Das Cracken läuft hier in einem Reaktor mit umherwirbelnden Katalysatorperlen ab.

Wer klopft denn da? In einem Ottomotor muss ein Kraftstoff-Luft-Gemisch zu einem ganz bestimmten Zeitpunkt nach der Zündung durch den Funken einer Zündkerze gleichmäßig verbrennen, indem sich die Flammfront von der Zündkerze durch das gesamte Gemisch ausbreitet (▸3).

Klopfende Motorgeräusche entstehen, wenn das Kraftstoff-Luft-Gemisch im Motorzylinder bereits während der Verdichtungsphase von selbst zündet, bevor der Zündfunke entsteht. Man hört dann ein klopfendes oder klingelndes Geräusch. Solche unkontrollierten Verbrennungen schaden dem Motor und mindern seine Leistung.

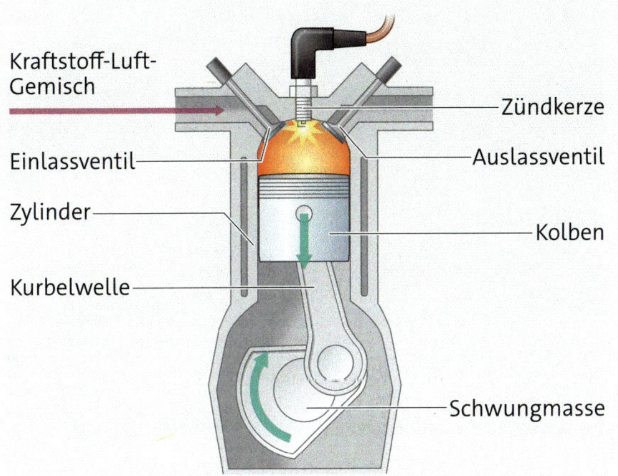

3 Schnitt durch einen Verbrennungsmotor

Erhöhung der Klopffestigkeit Untersuchungen haben gezeigt, dass die Klopffestigkeit höher ist, wenn der Kraftstoff viele verzweigte Kohlenwasserstoffmoleküle enthält. Durch das Verfahren des **Reformierens** (lat. *reformare:* umgestalten) können unverzweigte in verzweigte Moleküle umgewandelt werden. Dazu leitet man die Schwerbenzinfraktion der Erdöldestillation bei etwa 500 °C und unter Druck über Platinkatalysatoren.

Als Maß für die Klopffestigkeit eines Kraftstoffs dient die Octanzahl (OZ). Das Reformieren erhöht die Octanzahl des jeweiligen Kraftstoffs.

Info 1

Octanzahl (OZ)

Die Octanzahl einer Benzinsorte gibt über die Qualität des Kraftstoffs Auskunft. Der Begriff „Octanzahl" ist vom Kohlenwasserstoff 2,2,4-Trimethylpentan abgeleitet, der auch als Isooctan (i-Octan) bezeichnet wird. Zur Festlegung der Octanzahl dienen das zündfreudige, aber stark klopfende n-Heptan mit der Octanzahl 0 und das zündträge und klopffeste Isooctan mit der Octanzahl 100. Ein Kraftstoff, der sich in einem Prüfmotor z. B. wie ein Gemisch aus 95 % Isooctan und 5 % n-Heptan verhält, erhält die Octanzahl 95.

Rohbenzine der Erdöldestillation haben nur Octanzahlen zwischen 60 und 75.

Aufgaben

1 Das Cracken von Erdölfraktionen ist recht teuer, energieaufwendig und umweltbelastend. Stelle Fakten zusammen und begründe, warum das Cracken von Erdölfraktionen notwendig ist.

2 Informiere dich genauer über das thermische und katalytische Cracken. Nenne Vor- und Nachteile.

Exp. 1

Cracken von Paraffinöl

Materialien: schwer schmelzbares Reagenzglas, Reagenzgläser, U-Rohr, 3 durchbohrte Stopfen mit gewinkeltem Glasrohr, zweifach gebogenes Glasrohr, Schlauchstücke, 2 Glaswannen, Stahlwolle, 2 Brenner, Porzellanschalen, Holzspan, Paraffinöl (GHS 8), Wasser

Durchführung: *Vorsicht! Abzug!* Befülle ein schwer schmelzbares Reagenzglas mit 5 mL Paraffinöl und im oberen Bereich mit etwas Stahlwolle. Baue die Experimentieranordnung wie in der Abbildung auf. Erhitze zunächst die Stahlwolle stark mit dem Bunsenbrenner. Erwärme danach das Paraffinöl mit einem zweiten Brenner bis zum Sieden. Erhitze die Stahlwolle fortwährend, bis das Paraffinöl fast vollständig verdampft ist. Fange die gasförmigen Produkte in Reagenzgläsern pneumatisch auf. Prüfe die Gase (GHS 2|7) in den Reagenzgläsern und die in der Kühlfalle gesammelte Flüssigkeit (GHS 2|7|8|9) auf Brennbarkeit.

Auswertung: Deute die Beobachtungsergebnisse. Vergleiche das entstehende Destillat hinsichtlich des Geruchs mit dem Ausgangsstoff.

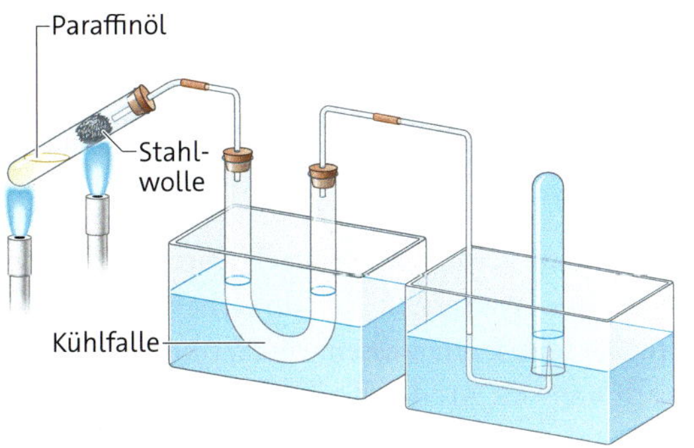

Zusatzstoffe in Kraftstoffen Heute können je nach Bedarf für jeden Motor und auch für jede Jahreszeit Kraftstoffe nach Maß hergestellt werden. So müssen im Winter Kraftstoffe leichter flüchtig sein als im Sommer. Außerdem werden den Kraftstoffen weitere Zusatzstoffe (Additive) zugesetzt, z. B. Antiklopfmittel und Stoffe zur Verhinderung von Korrosion an den Motorteilen. Außerdem wird der Winterdiesel durch Zusätze flüssig gehalten, damit er bei –20 °C noch zündet. Des Weiteren wird Dieselkraftstoffen eine Beimischung von Wasser und Emulgatoren zugegeben. Sie ermöglichen eine verbesserte Verteilung des Kraftstoffs im Brennraum und verringern somit die Rußbildung.

Problematik fossiler Kraftstoffe In Deutschland gelangen jährlich durch das Wirken des Menschen etwa 30 Mrd. Tonnen Kohlenstoffdioxid in die Atmosphäre. Sie stammen aus verschiedenen Quellen, knapp ein Viertel davon aus dem Verkehr (▸1). Aufgrund des drohenden Klimawandels gilt es, immer intensiver an der Entwicklung neuer oder alternativer Treibstoffe zu arbeiten.

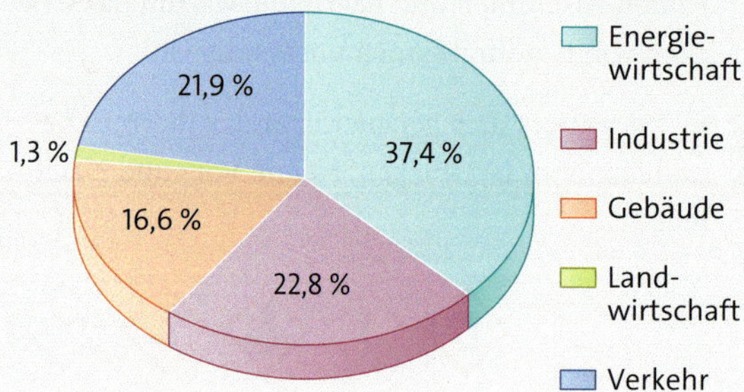

1 Quellen der Kohlenstoffdioxid-Emission in Deutschland im Jahr 2022 (Quelle: Umweltbundesamt)

Wasserstoff Langfristig gilt Wasserstoff als Treibstoff der Zukunft (▸3). Bei seinem Einsatz, z. B. in Brennstoffzellen, entsteht überhaupt kein Kohlenstoffdioxid, sondern nur Wasser als Reaktionsprodukt.
Der Transport und die Speicherung von hochexplosivem Wasserstoff erfordern technisch anspruchsvolle Lösungen, an denen heute weltweit geforscht wird.
Wasserstoff kann man durch Einsatz von elektrischem Strom gewinnen – einfach durch Zerlegung von Wasser. Wasserstoff könnte daher unbegrenzt verfügbar sein. Dazu müssen wir allerdings eine ökologisch sinnvolle Art der Stromerzeugung entwickeln – vielleicht durch Nutzung der Sonnenenergie.

2 Lkw mit Tanks für komprimiertes Erdgas (CNG)

Erdgas Zwar gehört auch Erdgas zu den fossilen Energieträgern und ist nicht unbegrenzt verfügbar. Es hat aber gegenüber Erdöl einige Vorteile.
Erdgas verbrennt schadstoffarm, rußfrei und vollständig. Aufgrund seiner Eigenschaften, wie Explosionsfreudigkeit mit Luft und hoher Klopffestigkeit (OZ: 125), kann es in umgerüsteten Ottomotoren zur Anwendung kommen. Um es als Treibstoff einzusetzen, muss es bei 20 MPa komprimiert (CNG = Compressed Natural Gas) oder bei –160 °C verflüssigt werden (LNG = Liquefied Natural Gas).
Nachteile von Erdgas sind die geringe Reichweite einer Tankfüllung und die geringe Anzahl von Pkw-Modellen, die mit Erdgas fahren können. Problematisch ist auch, dass das Tankstellennetz nicht flächendeckend ist. Zudem benötigen die Erdgastanks im Fahrzeug sehr viel Platz (▸2).

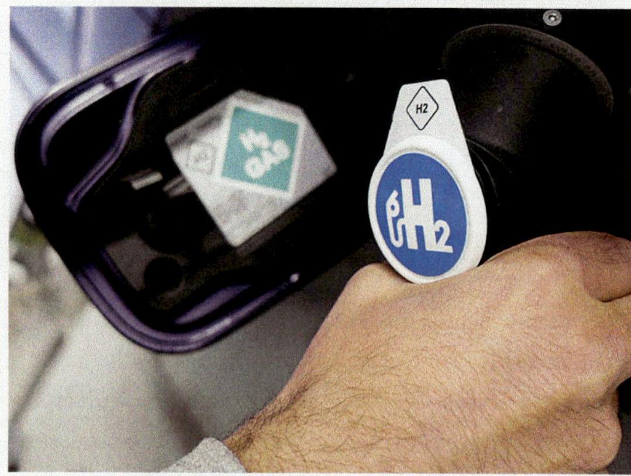

3 Pkw, der mit Wasserstoff betankt wird

4 Blühendes Rapsfeld – eine Alternative für fossile Kraftstoffe?

Info 2 **Treibstoffe mit Zukunft?**

Sowohl einige Alkohole als auch Wasserstoff eignen sich zum Antrieb von Ottomotoren. So enthält E10-Kraftstoff 10 % Ethanol. Zunehmend gewinnt der bivalente Antrieb an Bedeutung (lat. *bis:* doppelt, *valere:* wirksam). Hierbei werden zwei unterschiedliche Kraftstoffe in einem Fahrzeug verwendet, z. B. Erdgas, Biogas – und eventuell zukünftig Wasserstoff – und Benzin.

Biodiesel statt Normaldiesel Im Frühsommer fallen die wunderschönen gelben Rapsfelder sofort auf. Aus den Rapssamen gewinnt man durch Extraktion das Rapsöl, das auch als Speiseöl verwendet wird. Dennoch wird der größte Anteil des Rapsöls mithilfe eines Alkohols zu Biodiesel umgewandelt. Weil Biodiesel aus nachwachsenden Rohstoffen hergestellt wird, gehört er zu den erneuerbaren oder regenerativen Energieträgern. Obwohl bei der Verbrennung von Biodiesel das Treibhausgas Kohlenstoffdioxid entsteht, ist der Ausstoß an Kohlenstoffdioxid gegenüber dem von Dieselkraftstoff reduziert. Biodiesel zeichnet sich im Vergleich zu Dieselkraftstoff aus Erdöl z. B. auch dadurch aus, dass er frei von Schwefelverbindungen ist und sich biologisch leichter abbauen lässt.

Aufgaben

1 Erkundige dich, welche Brennstoffzellen für den Antrieb von Pkws genutzt werden können.

2 Recherchiere zu Vor- und Nachteilen von Diesel und Biodiesel. Setze dich dabei mit dem Problem der Nachhaltigkeit bei der Herstellung beider Dieselarten auseinander.

3 Erläutere die Herstellung von Biodiesel (▸ **5**).

4 Recherchiere über die Treibstoffe der Zukunft. Stelle Vor- und Nachteile in einer Tabelle zusammen.

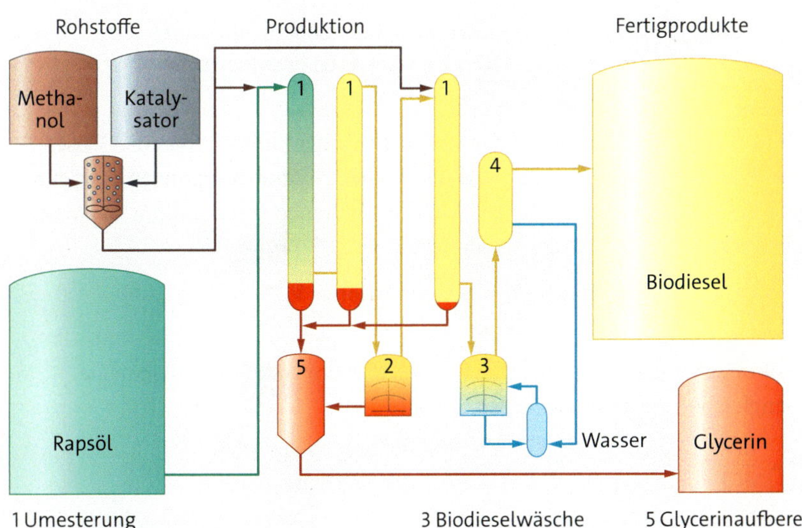

5 Herstellung von Biodiesel (▸ Video)

cukuse

Auf einen Blick

Kohlenwasserstoffe

Alkane	Kohlenwasserstoffe, deren Moleküle nur aus Kohlenstoff- und Wasserstoff-Atomen bestehen und deren Atome nur durch Atombindungen (Einfachbindungen) miteinander verbunden sind, z. B. Methan: CH_4 – Summenformel; Strukturformel: H–C–H mit je einem H oben und unten; Molekülmodell Summenformel · Strukturformel · Molekülmodell
Homologe Reihe	Reihe chemisch ähnlicher Verbindungen, bei der sich die Moleküle von zwei aufeinanderfolgenden Verbindungen jeweils durch eine CH_2-Gruppe unterscheiden
Eigenschaften der Alkane	Mit zunehmender Kettenlänge der Moleküle ändert sich der Aggregatzustand der Alkane von gasförmig über flüssig nach fest und die Siede- und Schmelztemperaturen nehmen zu. Ihr Verhalten ist gegenüber Wasser hydrophob und gegenüber Fetten lipophil. Alle Alkane sind brennbar.
Einteilung der Kohlenwasserstoffe	Die Einteilung der Kohlenwasserstoffe erfolgt nach der Struktur und den Bindungsverhältnissen ihrer Moleküle. **Kettenförmige Kohlenwasserstoffe** Gesättigte Kohlenwasserstoffe z. B. Ethan | Ungesättigte Kohlenwasserstoffe z. B. Ethen, Ethin
Chemische Reaktionen	Vollständige Verbrennung (bei ausreichender Sauerstoffzufuhr), z. B.: $CH_4(g) + 2\,O_2(g) \longrightarrow CO_2(g) + 2\,H_2O(l)$ | exotherm Unvollständige Verbrennung (bei unzureichender Sauerstoffzufuhr), z. B.: $2\,C_6H_{14}(l) + 13\,O_2(g) \longrightarrow 12\,CO(g) + 14\,H_2O(l)$ | exotherm
Molares Volumen V_m eines Gases	Quotient aus dem Volumen und der Stoffmenge einer Stoffportion eines Gases. Das molare Volumen ist für alle Gase gleich. Unter Normbedingungen beträgt das molare Volumen $V_m = 22{,}4$ Liter pro Mol. Das Volumen jeder Stoffportion lässt sich bei bekannter Stoffmenge daraus berechnen. $V(\text{Stoffportion}) = n(\text{Stoffportion}) \cdot V_m$
Größengleichungen für Volumenberechnungen	Für Volumenberechnungen bei chemischen Reaktionen können allgemeine Größengleichungen genutzt werden. $\frac{V(A)}{V(B)} = \frac{n(A)}{n(B)}$ A – Stoff der gesuchten Größe; B – Stoff der gegebenen Größe $\frac{V(A)}{m(B)} = \frac{n(A) \cdot V_m}{n(B) \cdot M(B)}$

Teste dich

Aufgaben

1 Methan ist der einfachste Kohlenwasserstoff.
- **a** Nenne mindestens drei Vorkommen und die Bedeutung von Methan.
- **b** Beschreibe den Bau des Methan-Moleküls anhand der Strukturformel.

2 Vorsicht: Flüssiggase! Diese Aufschrift steht an Transportfahrzeugen.
- **a** Gib an, was unter Flüssiggasen zu verstehen ist.
- **b** Nenne zwei Beispiele und stelle dafür die Summen- und Strukturformeln auf.
- **c** Erläutere die Bedeutung von Flüssiggasen.
- **d** Formuliere Sicherheitsmaßnahmen, die beim Umgang mit Flüssiggasen zu beachten sind.

3 Die Alkane sind eine Stoffgruppe organischer Verbindungen.
- **a** Erläutere den Begriff „Alkane“.
- **b** Propan ist ein Beispiel für Alkane. Begründe diese Zuordnung.
- **c** Stelle die Strukturformeln folgender Alkane auf und benenne sie: C_4H_{10}, C_9H_{20}, C_5H_{12}.
- **d** Notiere die Summenformeln von Alkanen mit 8, 20 und 17 Kohlenstoff-Atomen.

4 Alkane bilden eine homologe Reihe.
- **a** Nenne gemeinsame Eigenschaften der Alkane.
- **b** Nenne Eigenschaften, die sich innerhalb der homologen Reihe regelmäßig ändern.
- **c** Erläutere diese Änderung an einem selbstgewählten Beispiel.

5 Von einer Fahrradkette verschmutzte Hände lassen sich besser reinigen, wenn sie zuerst mit Salatöl eingerieben und erst danach mit Wasser und Seife gewaschen werden. Erläutere dies.

6 Überlege, welche Beobachtungen zu erwarten sind bei Zugabe von:
- **a** Kochsalz zu Wasser
- **b** Kochsalz zu Pentan
- **c** Nonan zu Hexan

Begründe.

7 Alkane sind brennbar.
- **a** Nenne die Reaktionsprodukte, die bei einer vollständigen Verbrennung entstehen.
- **b** Nenne Stoffe, die bei der unvollständigen Verbrennung von Alkanen entstehen.
- **c** Erläutere, welche Umweltbelastungen dabei auftreten können.

8 Ethen und Ethin sind ungesättigte Kohlenwasserstoffe.
- **a** Stelle typische Eigenschaften und Verwendungen von Ethen und Ethin in einer Tabelle zusammen.
- **b** Beschreibe den Bau des Ethen- und Ethin-Moleküls.
- **c** Erläutere den Begriff „ungesättigte Kohlenwasserstoffe“.
- **d** Begründe die Zuordnung von Ethen und Ethin zu den ungesättigten Kohlenwasserstoffen.

9 Ethin findet als Brenngas Verwendung.

$$2\,C_2H_2\,(g) + 5\,O_2\,(g) \longrightarrow 4\,CO_2\,(g) + 2\,H_2O\,(l)$$

- **a** Berechne das entstehende Volumen an Kohlenstoffdioxid, wenn im Schweißbrenner 20 L Ethin unter Normbedingungen vollständig verbrannt werden.
- **b** Ermittle das Volumen an Sauerstoff, das unter Normbedingungen für diese Reaktion erforderlich ist.

Hilfe zu den Aufgaben findest du auf den Seiten …

1	86 f.	6	90f.
2	88	7	93
3	88	8	96f.
4	90 f.	9	98 ff.
5	90 f.		

▶ Die Lösungen findest du im Anhang.

Teilchen in Stoffen nachweisen

1 Genaues Beobachten – wichtig bei allen analytischen Arbeiten

Chemische Reaktionen ermöglichen es, die Zusammensetzung z. B. von Düngemitteln festzustellen, die Böden und Pflanzen mit Nährstoffen versorgen. Durch die gute Löslichkeit der Düngesalze können diese über das Oberflächenwasser ins Grundwasser gelangen. Unser Trinkwasser enthielte dann möglicherweise Ionen der gelösten Salze in einem gesundheitsschädlichen Maß. Deshalb sind **Analysen** zur Überwachung der Trinkwasserqualität erforderlich.

Info 1

Analyse von Stoffproben

- Beim Analysieren unbekannter Stoffproben sehr sauber und sorgfältig arbeiten.
- Zu untersuchende Stoffproben und Nachweismittel kennzeichnen, um Verwechslungen zu vermeiden.
- Feste Stoffe lösen, um sie auf das Vorhandensein von Ionen zu prüfen.
- Oft ist es erforderlich, Lösungen mehrfach zu teilen, um verschiedene Nachweise durchzuführen.
- Nie mehrere Nachweismittel in ein und dieselbe Stoffprobe geben.

Exp. 1

3  5  7  9  

Nachweis von Chlorid-Ionen

Materialien: Reagenzgläser, Tropfpipette, verd. Kochsalzlösung, Silbernitratlösung (1 %ig, GHS 5|9), Salzsäurelösung (5 %ig, GHS 5), verd. Kaliumchloridlösung (5 %ig), Natriumnitratlösung (5 %ig, GHS 3|7), dest. Wasser
Durchführung: Versetze 2 mL Kochsalzlösung mit 3 Tropfen Silbernitratlösung.
Wiederhole das Experiment mit jeweils 2 mL der Salzsäurelösung, der Kaliumchloridlösung und der Natriumnitratlösung.
Auswertung: Notiere deine Beobachtungen. Erkläre, woran du das Vorhandensein von Chlorid-Ionen erkannt hast.

Exp. 2

5  7  

Nachweis von Sulfat-Ionen

Materialien: Reagenzgläser, Tropfpipette, Natriumsulfatlösung (5 %ig), Schwefelsäurelösung (5 %ig, GHS 5), Natriumcarbonatlösung (5 %ig, GHS 7), Salzsäurelösung (5 %ig, GHS 5), Bariumchloridlösung (5 %ig, GHS 7), dest. Wasser
Durchführung: Gib zu Natriumsulfatlösung einige Tropfen Salzsäure. Versetze danach die Lösung mit einigen Tropfen Bariumchloridlösung. Wiederhole das Experiment mit Schwefelsäure, Natriumcarbonatlösung und destiliertem Wasser.
Auswertung: Notiere deine Beobachtungen. Erkläre, woran du das Vorhandensein von Sulfat-Ionen erkannt hast.

Ihr habt herausgefunden, wie Chlorid-Ionen und Sulfat-Ionen in Lösungen nachweisbar sind. Nach Zugabe des entsprechenden Nachweismittels bildet sich in der Lösung jeweils ein schwer lösliches Salz. Ein Niederschlag fällt aus (▸ **2**).

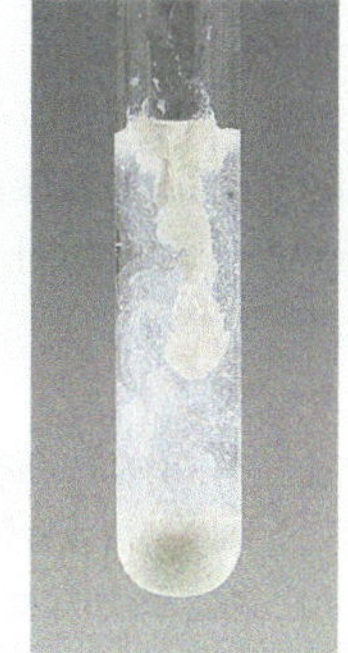

2 Niederschlag von schwerlöslichem Silberchlorid

Exp. 3

2  5  7  9 

Untersuchen von zwei Abwasserproben

Materialien: Reagenzgläser, Tropfpipette, Abwasserproben A und B, Universalindikatorlösung (GHS 2), Bariumchloridlösung (5 %ig, GHS 7), Silbernitratlösung (1 %ig, GHS 5|9)
Durchführung: Bestimme zunächst den pH-Wert der Abwasserproben mit Universalindikatorlösung. Prüfe danach jede Abwasserprobe mit Bariumchloridlösung und Silbernitratlösung.
Auswertung: Notiere deine Beobachtungen. Entscheide, ob die jeweilige Abwasserprobe zu den sauren oder basischen Lösungen gehört.
Gib an, welche Teilchen in den Abwasserproben nachgewiesen werden konnten.

Exp. 4

2  5  7  9  

Untersuchen von unbekannten Lösungen

Materialien: Reagenzgläser, Tropfpipette, sechs unbekannte Lösungen, Universalindikatorlösung (GHS 2), Bariumchloridlösung (5 %ig, GHS 7), Silbernitratlösung (1 %ig, GHS 5|9)
Hinweis: Die sechs unbekannten Lösungen sind: 5 %ige Salzsäurelösung (GHS 5), Natriumchloridlösung, 5 %ige Schwefelsäurelösung (GHS 5), Natriumsulfatlösung, 1 %ige Natriumhydroxidlösung (GHS 5) und dest. Wasser.
Durchführung: Arbeitet in Gruppen. Jede Arbeitsgruppe erhält drei von den sechs Lösungen zur Untersuchung.
Vorsicht! Schutzbrille! Teile die erste Lösung in drei Teile. Versetze die Teile dieser Lösung jeweils mit wenigen Tropfen eines Nachweismittels in der Reihenfolge: Universalindikatorlösung, Silbernitratlösung und Bariumchloridlösung.
Verfahre mit den beiden anderen Lösungen ebenso.
Auswertung: Lege eine Tabelle zur Auswertung des Experiments an: Kennzeichnung des Reagenzglases, Zusatz des Nachweismittels, Beobachtung, nachgewiesenes Ion, Name des gelösten Stoffs.
Gib an, welche Lösung die Reagenzgläser enthielten. Begründe deine Entscheidung.

Aufgaben

1 ▢ Lege ein Verzeichnis zu den Stoffen und Teilchen an, die du bereits nachweisen und aus unbekannten Stoffproben herausfinden kannst. Denke auch an gasförmige Stoffe.

2 ◪ Erläutere das experimentelle Vorgehen beim Unterscheiden der Lösungen folgender Stoffe:
a Natriumchlorid und Natriumsulfat
b Kaliumchlorid und Kaliumhydroxid
c Silbernitrat und Natriumnitrat

3 ◪ Die Nachweismittel Bariumchloridlösung und Silbernitratlösung wurden versehentlich in Gefäße ohne Etikett abgefüllt. Nun ist unklar, welche Lösung in welchem Gefäß ist. Löse das Problem.

4 ■ Zur Einhaltung von Grenzwerten für Schadstoffe ist die Massenermittlung eines nachgewiesenen Stoffes in einer Abwasserprobe wichtig. Berechne die Masse an Chlorid-Ionen in 200 mL einer Abwasserprobe. Diese wurde mit Silbernitratlösung geprüft. Der gebildete, abgetrennte und getrocknete Niederschlag von Silberchlorid hat eine Masse von 1,72 g.
Nutze folgende Lösungshinweise:

Gesucht: $m(\mathrm{Cl^-})$

Gegeben: $m(\mathrm{AgCl}) = \dots \mathrm{g}$

Lösung: $\mathrm{Ag^+ + Cl^- \longrightarrow AgCl}$

$$\frac{m(\mathrm{Cl^-})}{m(\mathrm{AgCl})} = \dots$$

Nachweis von Ionen

Eine wässrige Lösung, z. B. ein Mineralwasser, kann unterschiedliche Ionen enthalten. Die Ionen lassen sich durch folgerichtiges experimentelles Vorgehen nachweisen, wie das nachstehende Beispiel zeigt.

1 Lege fest, auf welche Ionen das Mineralwasser untersucht werden soll.
Das Mineralwasser soll auf Chlorid-Ionen, Wasserstoff-Ionen, Hydroxid-Ionen, Sulfat-Ionen und Carbonat-Ionen untersucht werden.

2 Stelle die notwendigen Chemikalien und Geräte bereit.
Chemikalien: Mineralwasser, verdünnte Silbernitratlösung, verdünnte Bariumchloridlösung; Universalindikatorlösung, verdünnte Salzsäure
Geräte: Becherglas, Reagenzglasständer, Reagenzgläser, Pipetten

3 Führe die Nachweise durch, beobachte und notiere die Ergebnisse.
Beschrifte die Reagenzgläser mit einem Folienstift. Fülle jeweils in ein Reagenzglas 2 mL des Mineralwassers. Gib in jeweils ein Reagenzglas einige Tropfen des Nachweisreagenz'. Notiere deine Beobachtungen.

4 Werte die Beobachtungsergebnisse aus.
Im untersuchten Mineralwasser sind die jeweiligen Ionen enthalten, wenn der Nachweis positiv ausfällt. Nutze die folgende Tabelle:

Experimentelle Arbeitsschritte	Mögliche Ionen im Mineralwasser	Nachgewiesenes Ion
Prüfen mit 1. Universalindikatorlösung	Cl^- H^+ OH^- SO_4^{2-} CO_3^{2-}	
Farbänderung:	H^+ OH^-	
Blaufärbung:		OH^-
Rotfärbung:		H^+
keine Farbänderung:	Cl^- SO_4^{2-} CO_3^{2-}	
2. Bariumchloridlösung		
weißer Niederschlag:	$BaSO_4$ $BaCO_3$	
3. verdünnter Salzsäure		
Niederschlag löst sich auf:		CO_3^{2-}
Niederschlag löst sich nicht auf:		SO_4^{2-}
kein weißer Niederschlag:	Cl^-	
4. Silbernitratlösung		
weißer Niederschlag:	$AgCl$	Cl^-

Über eine Frage debattieren

1 Schülerinnen und Schüler beim Debattieren

Was ist eine Debatte? Eine Debatte ist eine besondere Form der Diskussion nach strikten Regeln. Ausgangspunkt ist immer eine Entscheidungsfrage, deren Antwort viele Menschen betrifft. Entscheidungsfragen sind Fragen, die man nur mit „Ja" oder „Nein" beantworten kann.

Beispiel: Sollen Landwirte in Deutschland verpflichtet werden, 50 % ihrer Anbauflächen für nichtfossile Energieträger zu nutzen?

Eine Debatte vorbereiten Für jede Debatte ist eine gute Sachkenntnis eine wichtige Voraussetzung. Nur so könnt ihr später überzeugend argumentieren. Zunächst müsst ihr daher Hintergrundinformationen und Argumente für beide Seiten sammeln und notieren.

Eine Debatte durchführen Führt die Debatte jeweils zu viert durch, wobei zwei die Pro- und zwei weitere die Kontra-Position übernehmen.

Die Position, die du in der Debatte vertrittst, muss nicht deiner persönlichen Meinung entsprechen. Dies kann auch das Los entscheiden.
In Anlehnung an den Bundeswettbewerb „Jugend debattiert" bietet es sich an, die Debatte in drei Phasen zu gliedern (▸ 2). Jeweils eine Moderatorin oder ein Moderator achtet auf die Einhaltung der Gesprächsregeln und Zeiten. Ihr solltet auch während der Phasen Notizen anfertigen.

1 Eröffnungsrunde

Im ersten Teil der Debatte erläutert und begründet ihr eure jeweilige Position. Tragt die Argumente abwechselnd vor. Startet immer mit der Pro-Seite. Jeder Redner erhält zwei Minuten Zeit.

2 Freie Aussprache

In dieser Phase könnt ihr Argumente aus der ersten Phase nochmals erörtern oder auch neue Argumente vorbringen. Dafür habt ihr insgesamt zwölf Minuten.

3 Schlussrunde

In der dritten Phase steht es euch frei, eure Position gegenüber der Eröffnungsrunde zu verändern. Dabei solltet ihr aber nur auf Argumente zurückgreifen, die in den ersten beiden Phasen genannt wurden. Je eine Minute steht hierfür zur Verfügung.

Eine Debatte beenden Stimmt abschließend gemeinsam über die Entscheidungsfrage ab und beurteilt den Ablauf der Debatte.

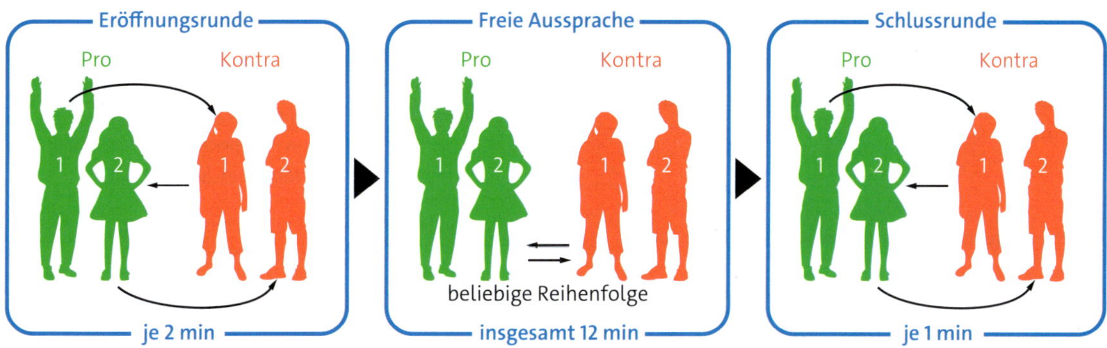

2 Möglicher Ablauf einer Debatte

Wässrige Lösungen untersuchen

1 Die Farbe von Hortensienblüten kann je nach Beschaffenheit des Bodens und daraus folgend des Zellsafts in den Pflanzen von Tiefblau bis Rosa variieren.

Tagtäglich benutzen wir eine Vielzahl wässriger Lösungen. Die zu untersuchenden Stoffe aus der Natur, aus Lebensmitteln und Reinigungsmitteln enthalten saure, basische oder neutrale Lösungen.

Wir erinnern: Saurer Regen, verursacht durch Luftverschmutzung, lässt Wälder sterben. Wie lässt sich sein Entstehen und seine Wirkung vermindern?

In unserem Organismus kann es beim Abbau der Nahrung zu einer „Übersäuerung" kommen; Fettsäuren, Aminosäuren und Harnsäure bilden sich als ganz normale Stoffwechselprodukte. Mit Nahrungsmitteln, die basische Lösungen bilden, kann sich in unserem Körper ein gesundheitsförderliches Gleichgewicht einstellen.

In Abwasseraufbereitungsanlagen werden dem Abwasser Neutralisationsmittel zugesetzt, bevor es in das Oberflächenwasser zurückgeführt werden kann. Der pH-Wert muss stimmen. Wir wollen wässrige Lösungen an ihrem Verhalten gegenüber Indikatoren erkennen.

Nachzuweisendes Ion	Nachweismittel, Erscheinung
Wasserstoff-Ion H^+	Universalindikator, Rotfärbung
Hydroxid-Ion OH^-	Universalindikator, Blaufärbung

2 Nachweise durch Farbänderung von Indikatoren

Exp. 1 2

Verhalten von Lebensmitteln gegenüber Universalindikator

Materialien: Reagenzgläser, Tropfpipette, Tee, Zitronensaft, Apfelsaft, Milch, Essig, Lösungen von Honig, Joghurt, Salz und Zucker, Universalindikatorlösung (GHS 2)

Durchführung: Gib in ein Reagenzglas 1–2 mL Tee. Versetze die Probe mit einigen Tropfen Universalindikatorlösung. Wiederhole den Versuch mit den anderen Lebensmittelproben.

Auswertung: Notiere deine Beobachtungen. Erkläre die Farbänderungen des Universalindikators bei den einzelnen Stoffproben. Schätze den pH-Wert der untersuchten Stoffe mithilfe der Vergleichsskala ab.

Exp. 2 2 5 7

Prüfen von Haushaltschemikalien mit Universalindikator

Materialien: Reagenzgläser, Tropfpipette, Lösungen von Haushaltschemikalien wie Waschmittel, Zahncreme, Allzweckreiniger (GHS 7), Kalkentferner (GHS 5|7), Universalindikatorlösung (GHS 2)

Durchführung: Gib von jeder zu prüfenden Stoffprobe etwas in ein Reagenzglas. Versetze die Proben jeweils mit wenigen Tropfen Universalindikator.

Auswertung: Notiere deine Beobachtungen. Schätze den pH-Wert der untersuchten Haushaltschemikalien mithilfe der Vergleichsskala ab.

Nachzuweisendes Ion	Nachweismittel, Erscheinung
Chlorid-Ion Cl^-	Silbernitratlösung $AgNO_3$, weißer, flockiger Niederschlag von Silberchlorid AgCl
Sulfat-Ion SO_4^{2-}	Bariumchloridlösung, weißer Niederschlag von Bariumsulfat $BaSO_4$ (Niederschlag löst sich bei Zugabe von Salzsäure nicht)

3 Nachweise durch Bildung von Niederschlägen

Exp. 3

Neutralisation von Salzsäure mit Natronlauge

Materialien: Erlenmeyerkolben, Tropfpipette, Porzellanschale, Brenner, Tiegelzange, Salzsäurelösung (1 %ig, GHS 5), Natronlauge (1 %ig, GHS 5), Universalindikatorlösung (GHS 2)

Durchführung: A: Gib zu 5 mL Salzsäurelösung in einem kleinen Erlenmeyerkolben etwa 3 Tropfen Universalindikatorlösung. Tropfe mit einer Tropfpipette Natronlauge zu. Mische die Lösung nach jedem Tropfen durch vorsichtiges Umschwenken des Erlenmeyerkolbens. Tropfe so lange Natronlauge zu, bis die Lösung neutralisiert ist.

B: Untersuche die Lösung nach der Neutralisation weiter, indem du einige wenige Lösungstropfen vorsichtig in einem Porzellanschälchen über der Brennerflamme eindampfst.

Auswertung: Notiere deine Beobachtungen und entwickle jeweils Reaktionsgleichungen. Überlege, welche Teilchen in der einzudampfenden Lösung vorliegen.

Exp. 4

Neutralisation einer Abwasserprobe

Materialien: Erlenmeyerkolben, Tropfpipette, Abwasserprobe, Universalindikatorlösung (GHS 2), zur Neutralisation geeignete Chemikalie (GHS 5)

Durchführung: Versetze die Abwasserprobe mit Universalindikatorlösung. Bestimme den pH-Wert. Fordere die geeignete Chemikalie zur Neutralisation an. Tropfe danach diese Lösung vorsichtig zur Abwasserprobe, bis diese neutralisiert ist.

Auswertung: Fertige ein Protokoll an.

Exp. 5 | **F**

Neutralisation von Calciumhydroxidlösung mit Schwefelsäurelösung

Materialien: Erlenmeyerkolben, Tropfpipette, Porzellanschale, Brenner, Tiegelzange, Schwefelsäurelösung (1 %ig, GHS 5), Calciumhydroxidlösung (1 %ig, GHS 5), Universalindikatorlösung (GHS 2)

Forschungsaufgabe: Plane das experimentelle Vorgehen. Orientiere dich am Experiment 3. Notiere deine Beobachtungen und fertige ein Protokoll an. Entwickle eine Reaktionsgleichung, in der du nur die an der Neutralisation beteiligten Teilchen angibst. Notiere den Namen und die Formel des Salzes, das aus der neutralisierten Lösung zu erhalten wäre.

Exp. 6

Energetische Erscheinungen bei der Neutralisation

Materialien: Thermometer, Becherglas, Tropfpipette, Salzsäurelösung (10 %ig, GHS 5), Natronlauge (10 %ig, GHS 5), Universalindikatorlösung (GHS 2)

Durchführung: Gib in 5 mL Wasser 5 Tropfen Salzsäurelösung und 4 Tropfen Universalindikatorlösung. Tropfe anschließend so lange Natronlauge dazu, bis die Lösung neutralisiert ist. Miss die Temperatur zu Beginn und nach Ende der Reaktion.

Auswertung: Notiere die gemessenen Temperaturen. Entscheide, ob die Neutralisation einer basischen Lösung mit einer sauren Lösung exotherm oder endotherm verläuft. Entwickle die Reaktionsgleichung in Ionenschreibweise. Kennzeichne an der Reaktionsgleichung den energetischen Verlauf dieser Reaktion.

Aufgaben

1 ▢ Stelle aus den Experimenten mindestens sechs verschiedene wässrige Lösungen tabellarisch zusammen. Notiere ihre Wirkung auf Universalindikator sowie ihren pH-Wert.

2 ◪ Informiere dich über die Funktion der chemischen Reinigungsstufe in Kläranlagen. Begründe die Anordnung der mechanischen und der biologischen Reinigungsstufe im Verhältnis zur chemischen. Fertige ein Ablaufschema einer modernen dreistufigen Anlage an.

3 ◪ In Sachsen wird Rotkraut gegessen, in Süddeutschland bezeichnet man dagegen das gleiche Gemüse als Blaukraut. Erläutere die unterschiedlichen Bezeichnungen.

Baustoffe

Kalkstein wird meist über Tage in Steinbrüchen abgebaut. Er wird als Naturstein z. B. für Bodenbeläge, als Straßenschotter und als Zuschlagstoff bei der Eisen- und Stahlherstellung verwendet. Chemisch ist Kalkstein eine Form von Calciumcarbonat.
Kalkstein ist außerdem ein wichtiger Rohstoff für die Baustoffindustrie zur Herstellung von Putz, Mörtel, Zement oder Beton. Kalk, Zement und Beton sind traditionelle Baustoffe. Moderne Bauwerke nutzen vor allem Beton, Stahl, Glas und Aluminium.

Kalk – ein bedeutender Baustoff

Mit knapp 9 000 Kilometern Länge ist die Chinesische Mauer das größte Bauwerk, das jemals von Menschenhand errichtet wurde. Als Baustoffe wurden unter anderem Lehm, Mörtel und Kalk verwendet.

1 Chinesische Mauer

Schon gewusst?

Lehm erlebt aufgrund seiner Eigenschaften zurzeit einen erneuten Aufschwung als Baumaterial:
- Lehm kommt häufig in der Nähe der Baustelle vor.
- Zur Aufbereitung und Verarbeitung wird nur wenig Primärenergie benötigt.
- Lehm speichert die Wärme gut.
- Lehm ist schadstofffrei und hautfreundlich.
- Lehm bindet Schadstoffe.
- Trockener Lehm wirkt antibakteriell und abweisend gegen Schädlinge.
- Lehm reguliert die Luftfeuchtigkeit.
- Lehm konserviert Holz.
- Lehm ist vollständig recycelbar.

Baustoffe in Geschichte und Gegenwart Baustoffe werden meist nicht in der Form genutzt, wie sie in der Natur vorkommen, sondern vom Menschen verändert. So werden z. B. Baumstämme gekürzt oder zu Brettern verarbeitet. Aus Lehm werden Ziegel geformt, die einfach zu verarbeiten sind.

Kalk und Zement werden schon seit über 2 000 Jahren aus Kalkstein hergestellt. Zement erfand man in der römischen Antike. Mit Zement verbanden die Römer Bruchsteine. Durch das Mischen von Kalk, Bruchsteinen und einer Vulkanerde erhielten die Römer Beton. Einer der ältesten Betonbauten der Welt ist das 128 n. Chr. fertiggestellte Pantheon in Rom. Beim Bau der Großen Chinesischen Mauer wurden zu verschiedenen Zeiten sehr unterschiedliche Baumaterialien verwendet: Begann man im 5. Jh. v. Chr. mit festgeklopftem Lehm, der mit Reisig- und Strohschichten vermischt war, schichtete man ab 214 v. Chr. Natursteinplatten aufeinander und setzte beim letzten Ausbau um 1493 Mörtel aus gebranntem Kalk als Bindemittel für die Steine ein (▸**1**).

Kalk als natürlicher Baustoff Als Kalk wird oft die chemische Verbindung **Calciumcarbonat $CaCO_3$** bezeichnet. Wirbellose Tiere nutzen Kalk in der Natur seit Millionen von Jahren, um z. B. als Weichtier ein **Kalkgehäuse** aufzubauen (Schnecken, Muscheln). Begeistert stehen wir heute in Museen vor den fossilen Gehäusen der Ammoniten, die einen Durchmesser von 2 Metern erreichen können. Zu den kleineren, noch lebenden Vertretern der Tintenfische gehört der Nautilus (▸**2**). Schnecken und Muscheln konzentrieren die im Blut enthaltenen Calciumverbindungen im Mantelsaum, wo sich Kristalle bilden und die Schale wachsen kann. Unterschiedliche Färbungen der Kalkschale rühren von organischen Pigmenten her, die die Tiere mit der Nahrung aufnehmen.

2 Nautilus

3 Korallenriff

4 Die Dolomiten – ein Kalksteingebirge

Korallen schufen riesige „Bauten“ wie das Große Barriere-Riff vor der Küste Australiens, das als Wunder der Natur gilt. Weltweit werden jährlich im Durchschnitt 640 Millionen Tonnen Kalk von den Korallen abgelagert (▸ **3**).

Kalkstein Einige Gebirge bestehen aus **Kalkstein**, der sich aus Ablagerungen von Lebewesen gebildet hat (▸ **4**). Er wird im Steinbruch abgebaut und z. B. für die Zementherstellung verwendet. Kalksandstein wird zur Fassadengestaltung (▸ **5**) oder zur Herstellung von Skulpturen genutzt.
Unter hohem Druck und hoher Temperatur entstand in der erdgeschichtlichen Entwicklung aus Calciumcarbonat **Marmor**, ein ebenfalls begehrter Baustoff. Er wird beispielsweise für Boden- und Treppenbeläge oder Fliesen verwendet. Besonders seltener weißer Marmor wird im italienischen Carrara in Steinbrüchen abgebaut (▸ **6**). Auch im sächsischen Maxen wurde zur Zeit August des Starken das wertvolle Gestein gebrochen, das in allen Regenbogenfarben leuchtete. Es ziert noch heute Häuser und Schlösser, die in dieser Zeit gebaut wurden.

5 Kalksandstein als Baustoff an der Dresdener Frauenkirche

Kalk (Calciumcarbonat) kommt in verschiedenen Formen in der Natur vor. Gebirgszüge, Korallenriffe und Tropfsteinhöhlen bestehen hauptsächlich aus Kalkstein, der durch eine Folge chemischer Reaktionen und erdgeschichtlicher Prozesse entstanden ist

6 Carrara – ein Steinbruch in Italien

Aufgaben

1 ▢ Beim Hausbau wird auch Gips als Baustoff eingesetzt.
Sammle Informationen über Herstellung, Eigenschaften und Einsatzmöglichkeiten von Gips.

2 Holzhäuser sind in Europa besonders in Skandinavien anzutreffen.
Erörtere den Bau solcher Häuser in Deutschland unter verschiedenen Gesichtspunkten.

3 Wähle ein Gebäude aus deinem Heimatort. Stelle in einer Tabelle die beim Bau verwendeten Baustoffe und die daraus bestehenden Gebäudeteile zusammen.

4 Fertige kleine Steckbriefe für tierische „Baumeister“ an. Die Steckbriefe sollen besonders auf die verwendeten Baumaterialien für Nester, Höhlen o. Ä. und die Eigenschaften der Bauten eingehen.

Technischer Kalkkreislauf

In Kalkschachtöfen wird bei hohen Temperaturen Kalkstein zersetzt. Dabei bildet sich Branntkalk.

1 Kalkschachtofen

Brennen von Kalk Kalkstein ist der Rohstoff für die technische Herstellung von Baustoffen wie Kalk- und Zementmörtel. Chemisch ist Kalkstein eine Form von Calciumcarbonat.

Kalkstein kann in **Kalkschachtöfen** (▸1) gebrannt werden. Bei einer Temperatur um etwa 1 000 °C zersetzt sich dabei das Calciumcarbonat. Die für diese chemische Reaktion benötigte thermische Energie wird durch die Verbrennung von Koks erzeugt, der ebenfalls dem Ofen zugeführt wird. Aus 100 Kilogramm Calciumcarbonat bilden sich nur etwa 56 Kilogramm gebrannter Kalk (**Branntkalk**). Ursache dafür ist das Austreten von Kohlenstoffdioxid, das als gasförmiges Nebenprodukt die Anlage verlässt (▸2). Für die thermische Zersetzung des Kalksteins (**Kalkbrennen**) können die folgenden Gleichungen formuliert werden:

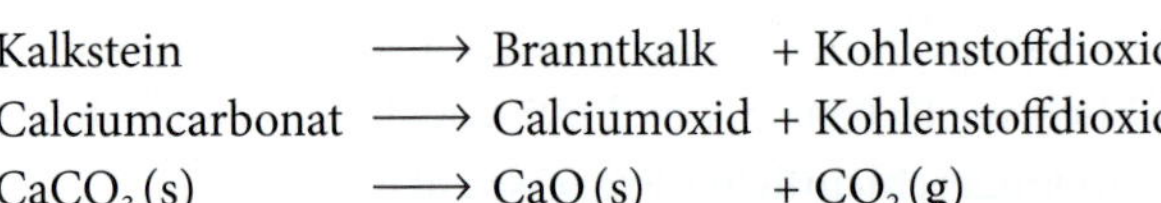

Kalkstein ⟶ Branntkalk + Kohlenstoffdioxid
Calciumcarbonat ⟶ Calciumoxid + Kohlenstoffdioxid
$CaCO_3(s) \longrightarrow CaO(s) + CO_2(g)$

Branntkalk ist ein weißer, pulverförmiger Stoff. Weichbrannt entsteht bei Temperaturen von 900 bis 1 000 °C, Hartbrannt bei bis zu 1 400 °C. Letzterer enthält weniger Poren und reagiert langsamer mit Wasser.

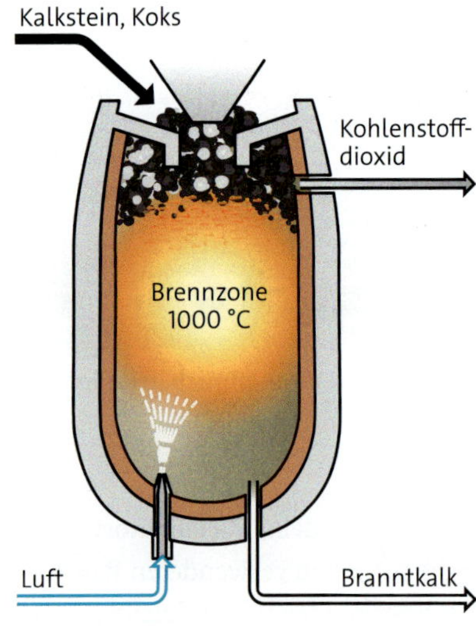

2 Schematische Darstellung eines Kalkschachtofens
Der Schachtofen arbeitet kontinuierlich, d. h., oben werden laufend Kalkstein und Koks nachgefüllt, während unten Branntkalk entnommen werden kann.

Löschen von Kalk Früher wurde der gebrannte Kalk in Löschgruben direkt auf der Baustelle mit Wasser zur Reaktion gebracht (**Kalklöschen**). Die Wärmeentwicklung bei der chemischen Reaktion ist so stark, dass Teile des Wassers verdampfen (▸ Exp. 1). Als Reaktionsprodukt entsteht stark ätzender **Löschkalk**. Deshalb gelten strenge Vorschriften für den Arbeitsschutz. Hände und Augen müssen beim Umgang mit dem entstehenden Calciumhydroxid besonders geschützt werden.

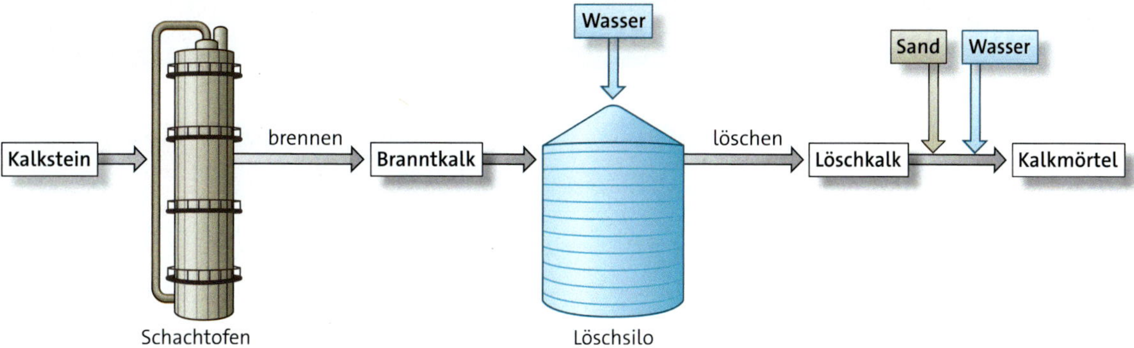

3 Schematische Darstellung der Arbeitsschritte zur Herstellung des Baustoffs Kalkmörtel

Löschkalk ist ebenfalls ein weißes Pulver. Er ist auch unter dem Namen Kalkhydrat bekannt.

Branntkalk + Wasser ⟶ Löschkalk
Calciumoxid + Wasser ⟶ Calciumhydroxid
$CaO(s) + H_2O(l) \longrightarrow Ca(OH)_2(aq)$

Abbinden von Mörtel Löschkalk kann durch Zugabe von Sand und Wasser zu **Kalkmörtel** verarbeitet werden (▸ **3**). Dieser dient z. B. als Bindemittel zwischen Mauersteinen. Kalkmörtel bindet langsam an der Luft ab, d. h., er erhärtet, wobei wieder Calciumcarbonat entsteht, das sich relativ fest mit den Sandkörnern verbindet (**Abbinden**). Bei dieser chemischen Reaktion wird Kohlenstoffdioxid langsam aus der Luft aufgenommen und Wasser abgegeben. Dabei wird Wärme frei.

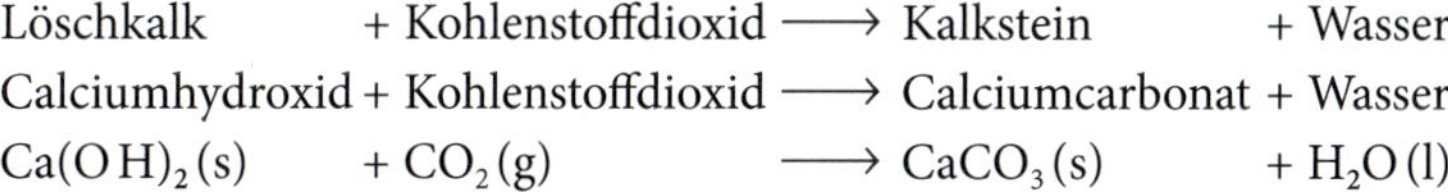

Löschkalk + Kohlenstoffdioxid ⟶ Kalkstein + Wasser
Calciumhydroxid + Kohlenstoffdioxid ⟶ Calciumcarbonat + Wasser
$Ca(OH)_2(s) + CO_2(g) \longrightarrow CaCO_3(s) + H_2O(l)$

Kalkkreislauf in der Technik Calciumcarbonat ist der Ausgangsstoff für die Herstellung von Branntkalk. Calciumcarbonat ist auch das Reaktionsprodukt nach dem Erhärten des Kalkmörtels. Auch wenn niemand auf die Idee kommt, ausgehärteten Mörtel erneut zu brennen, kann man von einem Kreislauf des Kalks sprechen (▸ **4**).

Das Brennen und Löschen von Kalk sind chemische Reaktionen, die in der Technik zur Herstellung von Baustoffen genutzt werden.

Exp. 1 | L

Energetische Erscheinungen beim Kalklöschen

In einem Becherglas befinden sich etwa 20 mL Wasser. Die Temperatur vor und nach der Zugabe von etwa 7 g Branntkalk (GHS 5|7) wird ermittelt.

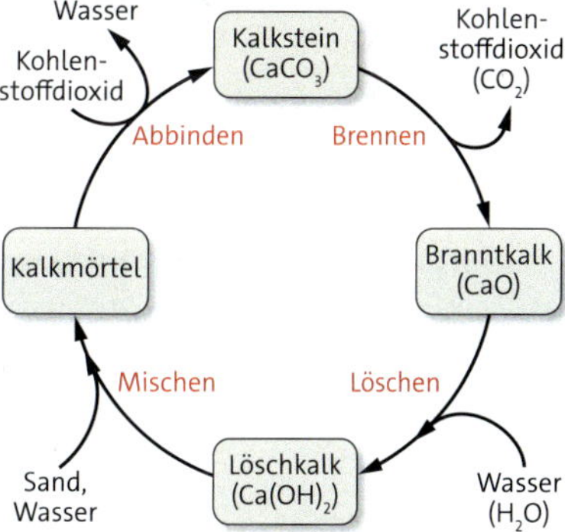

4 Technischer Kalkkreislauf

Aufgaben

1 ▢ Ordne die chemischen Reaktionen beim Brennen und Löschen von Kalk und beim Abbinden von Kalkmörtel den exothermen oder endothermen Reaktionen zu.

2 ◪ Erläutere die Notwendigkeit, in den Kalkschachtofen Luft einzublasen.

3 ◪ Beschreibe die chemischen Reaktionen und die Arbeitsschritte bei der Herstellung von Kalkmörtel (▸ **3**).

4 ◪ Erläutere Vorteile des Dauerbetriebs von Kalkschachtöfen.

Zement, Beton und Mörtel

Zur Herstellung besonders tragfester Bauteile wird Beton über Stahlstäbe oder ein Geflecht aus Stahlmatten gegeben. Es entsteht Stahlbeton.

1 Stahlbeton

2 Drehrohrofen

3 Betonmischanlage

Zementherstellung Erfolgt das Kalkbrennen bei Temperaturen von 1 400 bis 1 500 °C und werden dem Kalkstein zusätzlich 25 % Ton zugemischt, entsteht im **Drehrohrofen** (▸**2**) eines Zementwerks **Zement**. Der Zement verlässt den Drehrohrofen in Form von **Zementklinker**. In modernen Zementwerken können heute 3 000 bis 10 000 Tonnen Zementklinker pro Tag produziert werden. Zunächst müssen die Ausgangsstoffe Kalkstein und Ton in einer Rohmühle zusammen vermahlen und gleichzeitig getrocknet werden. Das Rohmehl wird in Drehrohröfen gebrannt. Nach dem Abkühlen werden die Zementklinker gemahlen und z. B. mit Gips und Anhydrit gemischt. Die so erhaltene Zementsorte heißt **Portlandzement**. Durch andere Zusätze (z. B. Eisenoxid, Hochofenschlacke) können weitere Zementsorten produziert werden, die verschiedene Eigenschaften aufweisen. Zement, der in Salzwasser verwendet werden soll, kann bis zu 5 % Eisenoxid enthalten. Werden sehr eisenarme Rohstoffe eingesetzt, entstehen **Weißzemente**, die sich besonders gut für Sichtbeton und Putz eignen.

Betonherstellung Zement wird zur Herstellung von Beton benötigt, aus dem heute die Fundamente aller modernen Bauten bestehen. **Beton** ist ein Gemisch aus Zement, Sand, Kies und Wasser. Der Zement dient als Bindemittel, das die anderen Bestandteile zusammenhält. Das Aushärten des Betons dauert bei normalen Temperatur- und Feuchtigkeitsbedingungen etwa 28 Tage. Bei dieser chemischen Reaktion wird Wasser aufgenommen und sehr viel Wärme frei.

In Mischwerken (▸**3**) werden etwa 80 bis 90 Kubikmeter Beton in der Stunde produziert. Computergesteuert erfolgt das genaue Mischen der Ausgangsstoffe. Der Fertigbeton wird in Fahrmischern zur Baustelle transportiert.

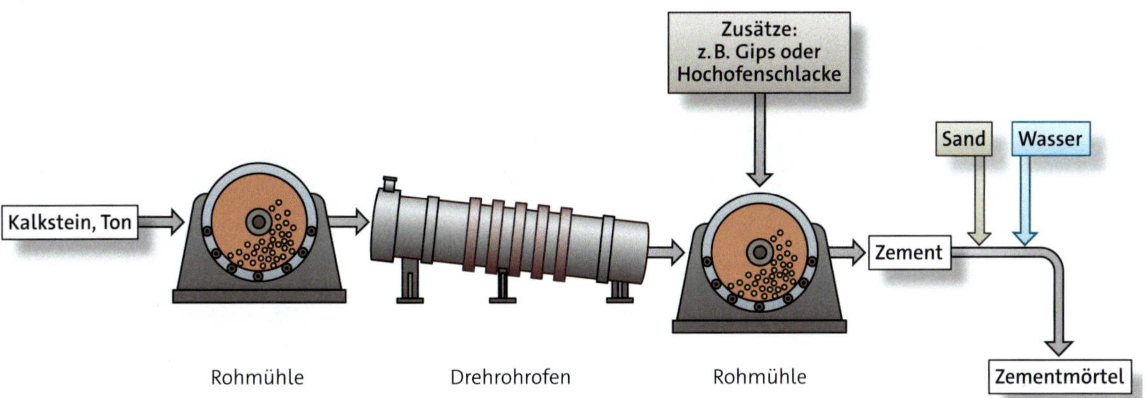

4 Schematische Darstellung zur Herstellung von Zementmörtel

Bestimmte Stoffe, sogenannte Verzögerer, verhindern, dass der Beton bereits im Fahrzeug abbindet. Beton kann sehr hohen Drücken standhalten, hat aber nur eine geringe Zugfestigkeit. Um diese zu erhöhen, wird in Betonteile ein Stahlgeflecht eingelagert. So entstehen **Stahlbeton** oder **Spannbeton** (▸**1**). Da Beton eine gewisse Wasserdurchlässigkeit hat, muss die Dicke der Betonschicht über der Stahlbewehrung der Verwendung entsprechen, um Korrosion zu verhindern.

Kalkmörtel Werden Löschkalk, Sand und Wasser zu einer verstreichbaren Masse verarbeitet, entsteht **Kalkmörtel** (▸Exp. 2). Dieser wurde als Bindemittel zwischen Mauersteinen verwendet. Da das Abbinden bei dicken Mauern sehr lange dauert und damit in alten Burgen teilweise heute noch nicht abgeschlossen ist, wird reiner Kalkmörtel nur selten verwendet. Als Alternative steht **Mischmörtel (Baumörtel)** zur Verfügung, dem Anteile an Zement zugesetzt wurden.

Zementmörtel Für stark belastete Teile von Bauwerken wird **Zementmörtel** benötigt. Er besteht aus Zement, Sand und Wasser (▸**4**). Durch bestimmte Zusätze kann die Geschwindigkeit des Abbindens beeinflusst werden. So können Schnellzemente an einem Tag so hart werden wie andere erst nach einem Monat. Da beim Abbinden solcher Mörtel sehr viel Wärme frei wird, was zu Rissen im Mörtel führen kann, sind sie besonders für große Bauwerke nicht geeignet und werden nur sehr selten eingesetzt.
Heute gibt es nur noch einen geringen Bedarf an Mörtel. Das liegt daran, dass nur noch wenige Mauern im Ziegelverband entstehen und die sehr glatten Ziegel heute auch verklebt werden können. Einige spezialisierte Mörtelhersteller beliefern Baustellen mit der gewünschten Zementmischung und mischen diese vor Ort mit Wasser. Der entstehende Mörtel wird für eine Vielzahl von Putzen verwendet. Zementmörtel benötigen zum Abbinden Wasser, d. h., sie binden auch unter Wasser ab.

Zement wird durch Brennen aus Kalkstein und Ton hergestellt. Beton wird aus einem Gemisch von Zement, Sand, Kies und Wasser produziert.

Exp. 2 5 7

Herstellen von Kalkmörtel

Materialien: Becherglas, Spatel, Waage, 2 leere Zündholzschachteln, Löschkalk $Ca(OH)_2$ (GHS 5|7), Sand, Wasser

Durchführung: Mische ungefähr 5 g Löschkalk mit 10 g Sand. Gib so lange Wasser dazu, bis eine verstreichbare Masse entsteht. Fülle die Zündholzschachteln mit diesem Mörtel. Gib einen Behälter in ein Glas mit Wasser. Bewahre den anderen an der Luft auf. Prüfe nach 2 bis 3 Tagen die Festigkeit des Mörtels.

Auswertung: Deute das Ergebnis. Leite Schlussfolgerungen für den Einsatz von Kalkmörtel ab.

Aufgaben

1 Kalkmörtel wird auch als Luftmörtel bezeichnet. Begründe.

2 Begründe, warum es in frisch verputzten Räumen sehr feucht ist.

Glas und keramische Werkstoffe

1 Die Glashalle der Leipziger Messe wird von einer Bogenkonstruktion aus Stahl und Glas überspannt.

Exp. 1 **Herstellung von Glas**

Materialien: Spatel, Porzellanschale, Magnesiastäbchen, Gasbrenner, Sand und Soda (wasserfrei), Eisen(II)-oxid, Kupfer(I)-oxid (GHS 5|7|9)
Durchführung: Mische je eine Spatelspitze feinen Sand und Soda (wasserfrei) in einer Porzellanschale. Tauche ein glühendes Magnesiastäbchen in das Gemisch und halte es anschließend wieder in die Brennerflamme. Wiederhole diesen Vorgang solange, bis sich ein Glastropfen gebildet hat. Gib zu einem Teil der Ausgangsstoffe Eisen(II)-oxid, zu dem anderen Teil Kupfer(I)-oxid. Wiederhole die Arbeitsschritte und beobachte die Färbung des Glases.
Auswertung: Vergleiche die Beobachtungsergebnisse mit den Angaben in der Tabelle (▸**3**).

Glas und Keramik – vielseitige Werkstoffe Gegenstände aus Glas und Keramik begegnen uns täglich in Form von Gebrauchsgegenständen (Geschirr, Vasen), aber auch in der Kunst und im Kunsthandwerk (Schmuck, Nippes) finden wir sie. Sie sind Baumaterial (Fensterglas, Ziegelsteine), Isolierstoff zur Wärmedämmung (Glaswolle, Keramikschutzschild eines Spaceshuttles). Laborgeräte (Reagenzgläser, Mörser) sind aus Glas oder Keramik. In vielen Bereichen von Wissenschaft und Technik haben diese Werkstoffe ihren festen Platz gefunden.

Optische Erzeugnisse (Mikroskope, Ferngläser, Brillen) enthalten geschliffene Glaslinsen, Biokeramik wird zur Herstellung von künstlichen Zähnen oder Gelenken eingesetzt. Haarfein ausgezogene Glasfasern, in denen Licht geleitet wird, ermöglichen die digitale Informationsübermittlung zwischen Telefonen

5000 v. Chr.: Aus Obsidian werden Werkzeuge hergestellt.

seit 2000 v. Chr.: Glasherstellung in Mesopotamien nachweisbar

Glasrezept von 650 v. Chr.
- 60 Teile Sand
- 1500 °C
- 180 Teile Asche
- 5 Teile Kreide

650 v. Chr.: Rezept zur Glasherstellung wird aufgeschrieben.

10. Jh.: Glasherstellung in Böhmen und Bayern

1100: Erste verglaste Fenster aus Butzenscheiben

2 Zeitstrahl zur Geschichte der Glasherstellung

Metalloxid	Glasfarbe
Cobalt(II)-oxid	blau
Eisen(II)-oxid	grün
Eisen(III)-oxid	braun
Kupfer(I)-oxid	rot
Kupfer(II)-oxid	blaugrün
Chrom(III)-oxid	grüngelb

3 Der Zusatz von Metalloxiden bestimmt die Glasfarbe.

und Computern. Nur 0,25 Millimeter dünnes und flexibles Glas wird für Displays eingesetzt. Neuere Keramiken sind supraleitend. Diese wenigen Beispiele zeigen, dass die Einsatzmöglichkeiten der Werkstoffe Glas und Keramik ständig erweitert werden.

Wie Glas entsteht In der Natur bildet sich Glas, wenn Gesteine geschmolzen werden und wieder erstarren. So entsteht bei vulkanischen Ausbrüchen das meist dunkelgrün bis schwarz gefärbte Obsidian, Meteoriteneinschläge führen zur Bildung von Tektiten und Blitzeinschläge in Sand lassen röhrenförmige Fulgurite entstehen. Der Mensch nutzte diese Formen von Glas schon vor Jahrtausenden für Gebrauchsgegenstände, als Schmuck und für kultische Zwecke (▸2).
Seit Jahrhunderten wird Glas nach fast gleichem Rezept hergestellt. Für farbloses Glas wird ein Gemenge aus Sand, Soda und Kalk in Schmelzwannen auf 1300 bis 1 600 °C erhitzt und der flüssige Glasstrom über eine Schwelle in eine Arbeitswanne gegeben. Dann kann z. B. ein Speiser automatisch immer gleiche Glasmengen an Blasmaschinen oder Glaspfeifen liefern.

Info 1

Zusätze bei der Glasherstellung

Wirkung einiger Zusätze:
- Natriumcarbonat (Soda), Kaliumcarbonat (Pottasche) und Zinkoxid sind Flussmittel; sie erniedrigen die Schmelztemperatur.
- Manganoxid kann unerwünschte Farben entfernen.
- Einige Metalloxide lassen das Glas farbig erscheinen.
- Aluminiumoxid gibt dem Glas eine enorme Bruchfestigkeit.
- Kalkzugaben sichern die mechanische und chemische Haltbarkeit des Glases.
- Zinndioxid und Calciumphosphat trüben das Glas.

Bei der Herstellung von Gebrauchsglas beträgt der Anteil an Sand etwa 65 bis 75 %. Der Rest sind Zusätze, die die Eigenschaften des Glases verändern. Um eine homogene Schmelze zu erhalten und Rohstoffe sowie Energie zu sparen, werden Glasscherben mit eingeschmolzen.
An diesem Recyclingverfahren beteiligt sich jeder, der Glasabfälle sortiert in die Sammelbehälter gibt.

Aufgaben

1 ▢ Stelle in einer Tabelle den Einsatz von Glas zusammen. Gehe dabei auf Beispiele aus deinem Haushalt ein und ergänze Verwendungen in weiteren Bereichen.

2 ▢ Recherchiere zur Geschichte der Glasherstellung und zur Verwendung von Glas. Nutze dabei die Angaben auf dem Zeitstrahl.

13. Jh.: Berühmte Glasfenster bekannter Kirchen entstehen.

15. Jh.: Murano-Werkstätten in Venedig stellen farbloses Glas her.

19. Jh.: Die Herstellung von Ballons mit 80-Liter-Volumen gelingt.

20. Jh.: Industrielle Glasproduktion führt dazu, dass Glas alltäglicher Gebrauchsgegenstand wird.

Exp. 2 **Glasrohre verformen**

Materialien: Gasbrenner, Glasrohr

Durchführung: Fasse ein Glasrohr mit beiden Händen an den Enden und halte die Mitte des Rohrs in eine Brennerflamme. Drehe das Glasrohr in der Brennerflamme und erhitze es bis zum Erweichen. Ziehe das Rohr langsam auseinander. Wiederhole das Experiment und biege das Glasrohr vorsichtig auf einen Winkel von etwa 90°.

Auswertung: Formuliere Aussagen zum Umgang mit Glas.

Eigenschaften von Glas Glas ist ein fester, lichtdurchlässiger, durchsichtiger, nicht kristalliner Stoff ohne bestimmte Schmelztemperatur. Es wird beim Erhitzen weich und zähflüssig und ist somit leicht zu verarbeiten. Das Material Glas hat eine glatte, porenfreie Oberfläche, sodass es gut zu reinigen ist. Es ist gasundurchlässig und damit aromafest. Glas ist beständig gegen Witterung und viele chemische Einflüsse wie Säuren und Lösemittel. Es ist sehr spröde und bricht bei mechanischer Belastung. Dieser Werkstoff weist keine elektrische Leitfähigkeit auf und ist damit ein elektrischer Isolator.

Verschiedene Gläser Durch Variation der Ausgangsstoffe oder Weiterverarbeitung entstehen unterschiedliche Glassorten. Nach dem Schmelzen von Quarzsand entsteht nach dem Abkühlen das hochwertige Quarzglas, das eine sehr geringe Wärmeausdehnung besitzt. Es kann rot glühend in kaltes Wasser getaucht werden, ohne zu zerspringen.

2 Zerborstene Frontscheibe eines Pkw aus Verbundsicherheitsglas

1 Bleiglas enthält bis zu 25 % Bleioxid. Es wird auch zu Linsen und Prismen verarbeitet.

Wird dem Quarzsand Bor zugesetzt, entsteht Borosilikatglas (**Jenaer Glas**), das als feuerfestes Haushaltsgeschirr bekannt ist. Beim **Normalglas** werden Natrium- und Calciumcarbonat zur Glasschmelze gegeben. Das entstehende Kalknatronglas erweicht bei etwa 700 °C. Es zerbricht bei schnellem Temperaturwechsel und ist gegenüber basischen Lösungen nicht beständig. Eine stärkere Lichtbrechung und verbesserte Bearbeitung durch Schleifen ist beim **Bleiglas** (▸**1**) durch Zugabe von Bleioxid erreicht worden.
Durch spezielle Weiterverarbeitung entsteht **Sicherheitsglas**, dessen Bruchempfindlichkeit herabgesetzt wurde. Dazu zählen Verbundgläser. Bei ihnen sind zwei Sicherheitsgläser mit einer Kunststofffolie verklebt. Bei Bruch bleiben die Stücke an der Folie haften (▸**2**). Das Durchschlagen der Scheiben ist erschwert.

Herstellung von Keramik Die Produktion von Keramik ist eine der ältesten Kulturtechniken der Menschheit. Das Wort Keramik bedeutet im Griechischen „Töpferkunst". Anorganische, feinkörnige Rohstoffe werden unter Zugabe von Wasser geformt, dann die Gegenstände an der Luft getrocknet und anschließend bei einer Temperatur oberhalb von 900 °C gehärtet.

Eigenschaften und Verwendung von Keramik Poröse Keramik aus nur schwach gebranntem Ton ist wasserdurchlässig. Diese Keramiken werden häufig mit Glasuren versehen und noch einmal gebrannt. Die dabei

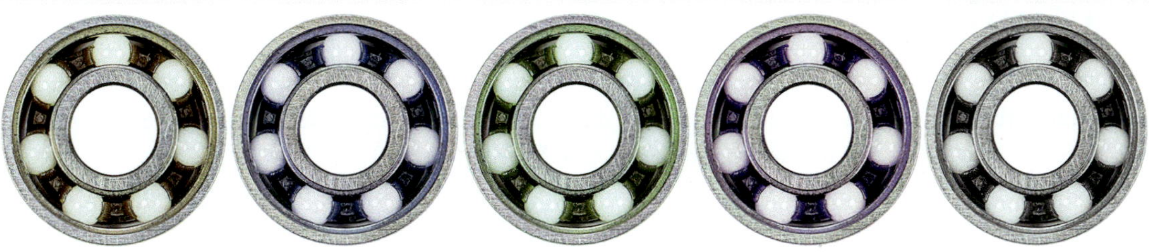

3 Keramik-Kugellager

entstehenden glasartigen Überzüge dienen auch der Verschönerung der Oberflächen. Vor dem zweiten Brennen können Muster aufgemalt oder Dekorfolien aufgeklebt werden.
Berühmt für kunstvolle Verzierungen ist Europas ältester Porzellanproduzent, die Staatliche Porzellan-Manufaktur in Meißen. Das „Meißner Porzellan" genießt noch heute Anerkennung in der ganzen Welt.

Bedeutung keramischer Werkstoffe Die Forschung ermöglichte in den letzten Jahren eine Ausweitung des Einsatzes von keramischen Werkstoffen. Sie verdrängen immer häufiger andere Materialien, weil sie fast so leicht wie Kunststoffe und widerstandsfähiger als Stahl sind.
Keramische Werkstoffe werden für Kugellager (▸**3**) und Bremsen genutzt, die man nicht mehr schmieren muss. Auch im Haushalt finden sich zahlreiche Anwendungen: Dichtungen moderner Mischbatterien bestehen aus Keramik. Hochwertige Gewürzmühlen haben Keramikmahlwerke (▸**4**). Messer und Scheren aus diesem Werkstoff bleiben immer scharf.
Spezialkeramiken werden in der Medizin als Material für Gelenkprothesen eingesetzt. Kabel mit supraleitender Keramik können fünfmal mehr Strom leiten als normale Erdkabel. Aufgrund ihrer Temperaturstabilität eignen sich keramische Werkstoffe auch für Anwendungen im Motorbau, z. B. als Bestandteile von Ventilen oder Kraftstoffpumpen.

4 Pfeffermühle mit Keramikmahlwerk

Aufgaben

1 ▢ MK Kläre durch Internetrecherche oder mit Fachbüchern folgende Begriffe: Autoglas, Flachglas, Drahtglas, Strukturglas.

2 ◪ Sammelt Bild- und Textmaterial zur Nutzung von Keramiken von der Vergangenheit bis heute. Diskutiert eure Ergebnisse.

3 ▢ MK Sammle Scherben verschiedener Keramikartikel. Betrachte die Bruchkanten der Scherben und recherchiere im Internet. Ordne die Scherben den Keramikarten zu (▸**5**).

Art der Keramik	Der gebrannte Scherben ist	Brenntemperatur	Verwendung
Töpferware (Tongut)	porös, farbig (meist rot)	800–1 000 °C	Geschirr, Kunstgegenstände, Blumentöpfe
Steingut	porös, gelblich weiß	1 000–1 100 °C	Geschirr, Waschbecken, Wand- und Bodenfliesen
Steinzeug	dicht, von Weiß über Rot bis Schwarz	1 180–1 300 °C	Geschirr, Klinker, Elektrosteinzeug, Abflussrohre
Porzellan	dicht, weiß	1 300–1 480 °C	Geschirr, Kunst- und Zierkeramik, Laborporzellan

5 Überblick über wichtige Keramikarten

Baustoffe

Calciumcarbonat	Chemische Verbindung, die in der Natur in unterschiedlichen Erscheinungsformen vorkommt (Kalkstein, Marmor, Kreide) **Kalkstein** Rohstoff für die Bauindustrie **Marmor** natürlicher Baustoff **Kreide** natürlicher Baustoff
Kalk	„Übliche" Bezeichnung für Calciumcarbonat (Kalkstein), Branntkalk (Calciumoxid) und Löschkalk (Calciumhydroxid)
Kalkbrennen	Technischer Prozess zur Herstellung von Branntkalk aus Kalkstein: Calciumcarbonat wird zu Calciumoxid gebrannt. $CaCO_3\ (s) \longrightarrow CaO\ (s) + CO_2\ (g)$ | endotherm
Kalklöschen	Technischer Prozess zur Herstellung von Löschkalk aus Branntkalk und Wasser $CaO(s) + H_2O\ (l) \longrightarrow Ca(OH)_2\ (aq)$ | exotherm
Abbinden	Chemische Reaktion, in deren Verlauf Kalk- oder Zementmörtel bzw. Beton erhärten
Technischer Kalkkreislauf	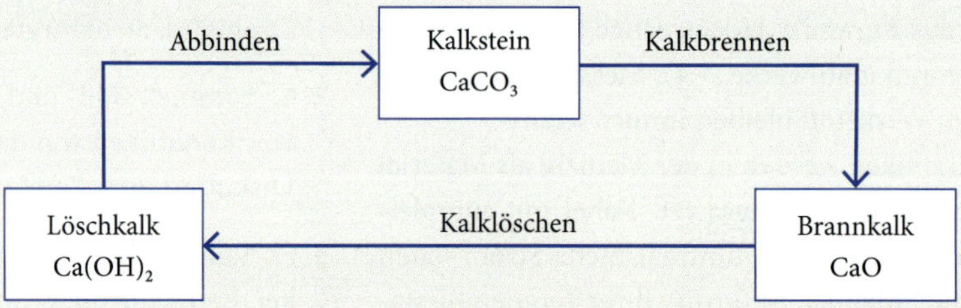 Kalkstein $CaCO_3$ —Kalkbrennen→ Brannkalk CaO —Kalklöschen→ Löschkalk $Ca(OH)_2$ —Abbinden→ Kalkstein $CaCO_3$
Zement	Zement wird hergestellt durch Brennen eines Gemischs aus Kalkstein und Ton. Er wird als Bindemittel in Beton und Zementmörtel verwendet.
Mörtel und Beton	**Kalkmörtel** – Gemisch aus Löschkalk, Sand und Wasser – nimmt beim Abbinden Kohlenstoffdioxid aus der Luft auf – zum Verbinden von Mauersteinen, zum Verputzen von Wänden **Zementmörtel** – Gemisch aus Löschkalk, Zement, Sand und Wasser – nimmt beim Abbinden Wasser auf – Einsatz bei Stützpfeiler, gewölbten Decken **Beton** – Gemisch aus Zement, Sand, Kies und Wasser – nimmt beim Abbinden Wasser auf – für Fundamente, Hochhäuser, Brückenpfeiler, Staudämme

Aufgaben

1 ▢ Als Kalk wird oft die chemische Verbindung Calciumcarbonat $CaCO_3$ verwendet. Nenne drei natürliche Vorkommen von Calciumcarbonat.

2 ◪ Beschreibe, wie bereits 128 n. Chr. die Römer Beton herstellten.

3 ◪ Kalkstein ist Rohstoff für die Herstellung von Kalkmörtel. Dazu wird Kalkstein zunächst thermisch in Branntkalk umgewandelt. Stelle für diese Reaktion die Wortgleichung auf.

4 Großtechnisch wird Branntkalk im Kalkschachtofen hergestellt.
- **a** ◪ Zeichne und beschrifte den Aufbau eines Kalkschachtofens.
- **b** ◪ Erläutere die Funktionsweise des Kalkschachtofens.
- **c** ◪ Begründe, warum Koks zugeführt wird.

5 Beim Kalklöschen reagiert Branntkalk mit Wasser.
- **a** ■ Entwickle die Reaktionsgleichung.
- **b** ◪ Begründe die Notwendigkeit, beim Umgang mit Löschkalk Augen und Haut zu schützen.

6 Das Abbinden von Mörtel ist eine chemische Reaktion.
- **a** ◪ Erläutere, was man unter Abbinden von Mörtel versteht.
- **b** ■ Entwickle die Reaktionsgleichung.

7 ■ Berechne die Masse an Löschkalk, die man aus 1 Tonne Branntkalk herstellen kann.

8 ◪ Beschreibe den Kalkkreislauf in der Technik.

9 ◪ Vergleiche das Brennen von Kalk mit dem Verbrennen von Koks.

10 ◪ Erläutere, warum der Name „Kalklöschen" berechtigt ist.

11 In Zementwerken werden täglich mehrere Tausend Tonnen Zementklinker produziert.
- **a** ▢ Nenne die Rohstoffe, aus denen Zement hergestellt wird.
- **b** ◪ Beschreibe die großtechnische Herstellung von Zementklinker.

12 ◪ Vergleiche Kalkmörtel, Zementmörtel, Beton und Stahlbeton.

13 ▢ Das Angebot an Mörtel- und Betonsorten ist vielfältig. Stelle in einer Tabelle einige dieser Baustoffe zusammen und gib ihre Verwendung an.

14 Bei der thermischen Zersetzung von Kalkstein entstehen Branntkalk und Kohlenstoffdioxid. Die CO_2-Emission wird durch das Umweltbundesamt überwacht.
- **a** ■ Berechne das Volumen von Kohlenstoffdioxid, das bei der thermischen Zersetzung von 1 Tonne Kalkstein anfällt.
- **b** ■ Ermittle die Masse an Branntkalk, die aus 1 Tonne Kalkstein produziert wird.

Hilfe zu den Aufgaben findest du auf den Seiten ...

1	116 f.	8	118 f.
2	117	9	118 f.
3	118 f.	10	118 f.
4	118 f.	11	120 f.
5	118 f.	12	120 f.
6	118 f.	13	120 f.
7	118 f.	14	98 ff., 118 f.

▶ Die Lösungen findest du im Anhang.

Moderne Werkstoffe – Kunststoffe

Ob beim Segeln, Radfahren oder im Fitnessstudio – sowohl die Ausrüstung als auch die Bekleidung werden aus den unterschiedlichsten Kunststoffen hergestellt. Viele Massenprodukte wie Zahnbürsten entstehen aus farbigem Kunststoffgranulat. Aber auch bei Hightechprodukten wie Smartphones sind Kunststoffe unentbehrlich.
Kein Wunder also, wenn wir davon sprechen, im „Zeitalter der Kunststoffe“ zu leben.

Von Kunststoffen umgeben

1 Kunststoffverpackungen für Lebensmittel

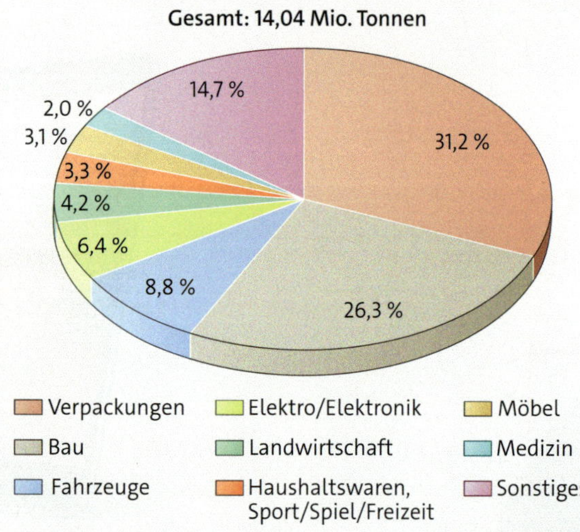

2 Einsatz von Kunststoffen in Deutschland (2021, Quelle: Bundesumweltamt),

Kunststoffe für Folien und Verpackungen Optimale Funktionalität bei einem möglichst geringen Materialverbrauch stellt hohe Anforderungen an Verpackungsmaterialien. Kunststoffe erfüllen diese häufig. Größter Einsatzbereich für Kunststoffe in Deutschland sind darum Verpackungen (▸**1**, **2**).

Joghurt kommt in etwa 5 g schweren Bechern aus **Polystyren** (Polystyrol, PS) zum Verbraucher. Die Schokolade ist in einer 1,5 g schweren **Polypropen**-Folie (PP) verpackt. Und der Frischhaltebeutel aus **Polyethen** (PE) wiegt ganze 1,2 g. Wurst, Fleisch und Gemüse werden häufig in Folien aus einem zweilagigen Kunststoff verpackt. Die erste Schutzschicht aus Polyethen hält die Feuchtigkeit zurück. Die zweite Sperrschicht, häufig aus **Polyamid** (PA), ist für den Luftsauerstoff undurchlässig .

Kunstfasern Auf dem Textilmarkt findet sich eine Vielzahl verschiedener synthetischer Fasern. **Polyester** ist eine reißfeste, leichte Textilfaser, die kaum Wasser aufnimmt und pflegeleicht ist. **Polyamid** (Nylon, Perlon) ist eine reiß- und scheuerfeste Faser. Sie wird nicht nur für Kleidung, sondern auch für Seile, Netze oder in Autoreifen eingesetzt. Werden Polyester- und Polyamidfasern fein miteinander verwoben, erhält man **Mikrofasern**. Bekleidung aus Mikrofasern ist weich, wasserabweisend und winddicht.

Exp. 1 **Untersuchen von Siliconkautschuk**

Materialien: Stück Pappe, Silicon (Kartusche aus dem Baumarkt), 2 verschiedene Stücke Kunststoff, Wasser

Durchführung: Presse aus der Kartusche eine etwa 5 cm lange Siliconkautschukprobe auf die Pappe. Benetze im Anschluss zwei Kunststoffproben mit Wasser und verbinde sie mit dem Kautschuk. Notiere deine Beobachtungen.

Auswertung: Stelle Einsatzmöglichkeiten des Kunststoffs zusammen.

Exp. 2 **Untersuchen von Polyurethan-Bauschaum**

2 7 8

Materialien: großes Stück Pappe, Bauschaum (Kartusche aus dem Baumarkt, GHS 2|7|8), Wasser

Durchführung: *Vorsicht! Schutzhandschuhe!* Achte darauf, dass du nicht mit dem Bauschaum in Berührung kommst. Lies die Informationen auf der Dose sorgfältig durch. Benetze die Pappe mit Wasser und sprühe darauf eine erbsengroße Menge Bauschaum. Notiere deine Beobachtungen.

Auswertung: Nenne Einsatzmöglichkeiten von Polyurethan-Bauschaum.

3 Synthetischer Klebstoff

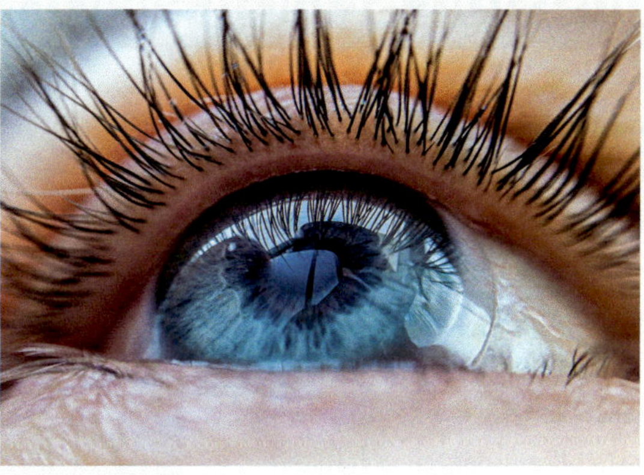

4 Kontaktlinsen aus weichem Kunststoff

Synthetische Klebstoffe Natürliche Klebstoffe wie Stärkekleister oder Kautschuk werden oft durch leistungsfähige Kunststoffe und synthetische Harze wie Epoxydharze (EP), Polyesterharze (UP) oder Silicone (SI) ersetzt. Bei Ein- oder Mehrkomponentenklebern wird das hochmolekulare Bindemittel aus kleinen reaktionsfreudigen Molekülen, den Monomeren, aufgebaut und räumlich vernetzt.

Spezialkunststoffe Mechanisch sehr belastbare **Verbundstoffe** bieten optimale Voraussetzungen für den Einsatz im Sport. Moderne Fußbälle werden aus mehreren Kunststoff- und Gewebelagen gefertigt. Die Außenhaut ist aus einer **Polyurethan**-Paste geschäumt, die Millionen von mikroskopisch kleinen gasgefüllten Kugeln enthält. Nach einem Schuss nimmt der Ball sofort wieder seine ursprüngliche Form an. **Glasfaserverstärkte Kunststoffe** (GfK) haben ein geringes Gewicht und sind äußerst stabil.

Exp. 3 **Kunststoff aus Milch**

Materialien: 2 Bechergläser, feines Sieb, Gasbrenner, Dreifuß mit Gitter, Glasstab, Thermometer, 250 mL frische Vollmilch, Essig
Durchführung: Gib die Milch in ein Becherglas und versetze sie mit verdünntem Essig. Erwärme das Gemisch unter Rühren auf ca. 50 °C – es darf nicht anfangen zu kochen. Gieße das Gemisch danach durch ein feines Sieb und trockne die Masse. Notiere deine Beobachtungen.
Auswertung: Nenne Eigenschaften des Reaktionsprodukts.

Info 1 **Biokunststoffe**

Biokunststoffe werden aus nachwachsenden Rohstoffen erzeugt. Beispielsweise sind Milchkunststoffe seit dem 16. Jahrhundert bekannt. Industriell hergestellt wurden sie erstmals Ende des 19. Jahrhunderts als Galalith, in den 1950er Jahren jedoch von Kunststoffen auf Erdölbasis abgelöst. Polymilchsäure (PLA) als bekanntester Vertreter ist kompostierbar. Sie ist klar und farblos, besitzt eine mittlere Sprödigkeit, gute mechanische Eigenschaften, hohe Kapillarwirkung und geringe Flammbarkeit. PLA ist jedoch hygroskopisch, weshalb sie vor der Verarbeitung getrocknet werden muss.

Aufgaben

1 Stelle Vor- und Nachteile ausgewählter Verpackungsmaterialien einander gegenüber. Nenne Möglichkeiten, wie sich Verpackungen einsparen lassen.

2 Untersuche eine Sportart in Bezug auf die Entwicklung der verwendeten Ausrüstung. Gib an, welche Sportarten ohne Kunststoffe kaum denkbar sind. Fasse deine Ergebnisse tabellarisch zusammen.

3 Begründe mithilfe der Eigenschaften von Polymilchsäure, warum sich dieser Kunststoff zur Verarbeitung von Hygieneprodukten wie Windeln, in der Bekleidungsindustrie als Garn oder in der Biomedizin als Implantat eignet.

Kunststoff ist nicht gleich Kunststoff

Rund 200 Kilogramm Kunststoffe stecken in einem Mittelklassewagen. Sie polstern das Armaturenbrett und das Lenkrad aus. Der Airbag aus Kunststofffasern befindet sich in einem Kunststoffgehäuse und die Lenksäule ist von Kunststoff ummantelt. Kraftstofftanks, Stoßdämpfer, Karosserieteile und vieles mehr bestehen aus unterschiedlichen Kunststoffen.

1 Kunststoffe machen das Autofahren angenehmer und sicherer.

Exp. 1 | L Brennbarkeit von Kunststoffproben

Vorsicht! Abzug! Einige Kunststoffproben werden mit der Tiegelzange vorsichtig auf einer feuerfesten Unterlage in der Sparflamme des Brenners erhitzt. Beginnen die Proben zu brennen, werden sie zügig aus der Flamme genommen.

Eigenschaften der Kunststoffe Kunststoffe können, je nach Anwendungsbereich, verformbar, elastisch oder steif, kratzfest oder weich, säure- oder laugenbeständig, isolierend oder leitend, transparent oder intransparent sein. Alle Kunststoffe besitzen eine geringe Dichte und sind gegenüber vielen Lösemitteln sehr widerstandsfähig. Beim Erhitzen erweichen einige Kunststoffe und erstarren nach dem Abkühlen, andere werden in starker Hitze zersetzt. Bei der Brennbarkeit kann unterschieden werden zwischen leicht entzündlichen Kunststoffen, die mit gelber Flamme verbrennen, z. B. Sektkorken aus Polyethen, oder solchen, die rußend verbrennen, z. B. Legosteine aus Polystyren, sowie zwischen schwer entflammbaren Kunststoffen, z. B. Isolierkabel aus PVC (▸ Exp. 1).

Einteilung der Kunststoffe Kunststoffe, die beim Erhitzen erweichen und nach dem Abkühlen erstarren, werden als **Thermoplaste** bezeichnet. Sind Kunststoffe dagegen bleibend hart und unschmelzbar, bezeichnet man sie als **Duroplaste**. Sie sind thermisch nicht verformbar.
Kunststoffe, die nach dem Einwirken einer äußeren Kraft wieder ihre ursprüngliche Form annehmen, heißen **Elaste** (Elastomere), z. B. Gummi.

Bau der Kunststoffe Kunststoffe bestehen aus Makromolekülen. Sie werden in vielen Reaktionsschritten aus Tausenden gleichartiger, kleiner Moleküle, den **Monomeren** (griech. *monos:* einer; *meros:* Teil), gebildet. Deshalb werden Kunststoffe auch als **Polymere** (griech. *poly:* viel) bezeichnet.

Kunststoffe werden nach ihren Eigenschaften in Thermoplaste, Duroplaste und Elaste eingeteilt. Sie sind aus synthetischen Makromolekülen aufgebaut.

Aufgaben

1 ▢ Stelle die Kunststoffarten in einer Tabelle zusammen. Nenne charakteristische Eigenschaften und gib Beispiele an.

2 ◪ Begründe, warum der Anteil an Kunststoffen im Auto stetig steigt.

Polymerisation

1 Granulat aus Thermoplast zur Herstellung farbiger Kunststoffgegenstände

Kunststoffe sind in der Regel farblos. Durch das Mischen mit Farbstoffen können Kunststoffgegenstände in allen Farben produziert werden. Um aus dem farbigen Granulat das fertige Produkt herzustellen, wird es geschmolzen und in seine endgültige Form gebracht.

Herstellung von Makromolekülen durch Polymerisation Unter dem Einfluss von Licht, Wärme oder von Hilfsstoffen zum Starten der Reaktion können Ethen-Moleküle untereinander reagieren. Dabei brechen die Doppelbindungen der Ethen-Moleküle auf und es entstehen lineare Makromoleküle aus bis zu 100 000 Ethen-Molekülen. In diesen Molekülen sind die Kohlenstoff-Atome durch Einfachbindung miteinander verbunden. Die fortlaufende Reaktion von vielen Einzelmolekülen mit Doppelbindung wird als **Polymerisation** bezeichnet. Da die Makromoleküle aus vielen Ethen-Molekülen entstanden sind, wird der neue Stoff **Polyethen** (kurz: PE) genannt.

$$\cdots + H_2C{=}CH_2 + H_2C{=}CH_2 + H_2C{=}CH_2 + \cdots \longrightarrow \cdots{-}CH_2{-}CH_2{-}CH_2{-}CH_2{-}CH_2{-}CH_2{-}\cdots$$

Ethen-Moleküle (Monomere) → Polyethen-Molekül (Polymer)

Auch andere Monomere mit einer Doppelbindung zwischen zwei Kohlenstoff-Atomen im Molekül können Polymere bilden. Zum Beispiel polymerisiert das Alken Propen zu Polypropen (PP) oder Chlorethen zu Polyvinylchlorid (PVC). Vergleicht man die Monomere, erkennt man, dass sie in ihrer Struktur dem Ethen-Molekül sehr ähnlich sind. Im Unterschied zum Ethen-Molekül ist eines der Wasserstoff-Atome aber gegen ein anderes Atom oder eine Atomgruppe ausgetauscht, z. B. beim Chlorethen gegen ein Chlor-Atom (▸ 2).

Bei der Polymerisation reagieren Monomere mit einer Doppelbindung im Molekül zu langkettigen Makromolekülen, den Polymeren.

Monomer	Polymer
Ethen $H_2C{=}CH_2$	Polyethen (PE) $[-CH_2-CH_2-]_n$
Propen $H_2C{=}CH(CH_3)$	Polypropen (PP) $[-CH_2-CH(CH_3)-]_n$
Monochlorethen $H_2C{=}CHCl$	Polyvinylchlorid (PVC) $[-CH_2-CHCl-]_n$

2 Beispiele für Monomere und Polymere

Aufgaben

1 Erläutere die Zugehörigkeit von Polyethen und Polypropen zu den Polymeren.

2 Erstelle für ein Polymer deiner Wahl einen Steckbrief. Recherchiere weitere Informationen.

3 Entwickle die Reaktionsgleichung für die Bildung von Polyvinylchlorid (PVC).

Struktur und Eigenschaften von Kunststoffen

Mithilfe eines 3 D-Druckers können Gegenstände oder Ersatzteile aus Kunststoff selbst „gedruckt" werden. Möglich wird das durch bestimmte Eigenschaften der Kunststoffe.

1 3 D-Drucker im Einsatz

2 Verformung eines Thermoplasts

Thermoplaste Erhitzt man einen Joghurtbecher vorsichtig, wird er weich und verändert seine Form (▸ **2**). Der Becher besteht aus Polypropen, ein Kunststoff, der zu den **Thermoplasten** gehört. Um das Verhalten beim Erhitzen zu erklären, muss man sich die Struktur der Makromoleküle auf der Teilchenebene anschauen.
Thermoplaste bestehen aus langkettigen oder wenig verzweigten Makromolekülen (▸ **3a**). Der Zusammenhalt der Makromoleküle erfolgt über zwischenmolekulare Wechselwirkungen, z. B. Van-der-Waals-Wechselwirkungen. Wird der Kunststoff erwärmt, werden durch die zunehmende Bewegung der Makromoleküle die Anziehungskräfte überwunden. Der Kunststoff erweicht und kann verformt werden. Nach dem Abkühlen bleibt die neue Form erhalten. Auf diesem Prinzip beruht der 3 D-Drucker: Im Druckkopf wird ein thermoplastischer Kunststoff verflüssigt und die gewünschte Form Schicht für Schicht aufgetragen (▸ **1**).

Grundsätzlich können die einzelnen Makromoleküle bei einem Thermoplast unterschiedlich angeordnet sein. Liegen sie parallel vor, sind die Anziehungskräfte zwischen den Makromolekülen stärker. Diese Bereiche werden auch als kristallin bezeichnet. Bilden die Makromoleküle hingegen Knäuel, sind die Anziehungskräfte schwächer, da die Moleküle nicht so dicht aneinander liegen. Diese Bereiche werden amorph genannt. Thermoplaste mit einer amorphen Anordnung sind daher weicher und biegsamer. Sie schmelzen bei geringen Temperaturen.
Thermoplaste mit großen kristallinen Bereichen sind eher hart und spröde. Sie erweichen erst bei hohen Temperaturen.

Thermoplaste sind aus unverzweigten oder leicht verzweigten langkettigen Makromolekülen aufgebaut. Beim Erwärmen erweichen Thermoplaste und lassen sich dauerhaft verformen.

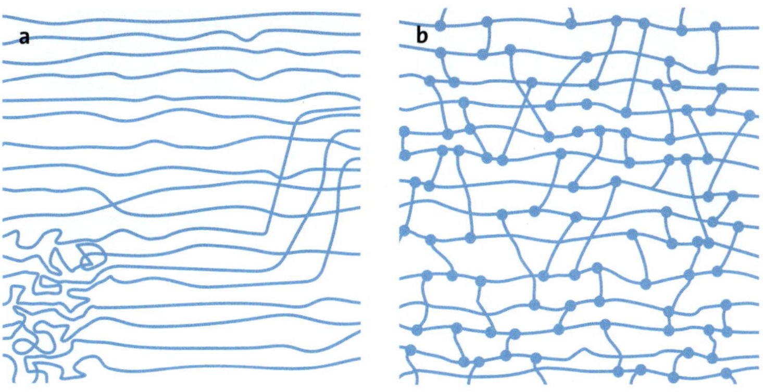

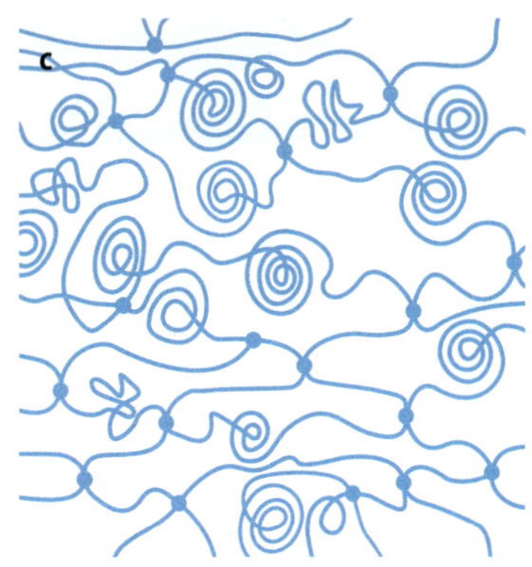

3 Struktur der Makromoleküle: **a** Thermoplast; **b** Duroplast; **c** Elast

Duroplaste Steckdosen sind aus einem Kunststoff gefertigt, der beim Erhitzen nicht erweicht und schwer entflammbar ist (▸ **4**). Die Makromoleküle dieser als **Duroplaste** bezeichneten Polymere bilden durch Verzweigungen und Seitenketten eine enge räumliche Vernetzung (▸ **3b**). Aufgrund dieser starren Netzstruktur sind Duroplaste sehr harte, wenig biegsame, spröde Kunststoffe. Bei Bruch bilden sich oft scharfe, harte Kanten. Duroplaste können mit Werkzeugen bearbeitet und in Form gebracht werden, z. B. durch Sägen, Bohren und Schleifen.
Auch beim Erhitzen kann sich die Netzstruktur aufgrund der starken Elektronenpaarbindungen nicht verändern. Bei hohen Temperaturen kommt es zur Spaltung der Bindungen. Der Kunststoff zersetzt sich.

4 Duroplast beim Erhitzen

Elaste Schlauch und Mantel eines Fahrradreifens sind aus Gummi hergestellt. Durch seine elastischen Eigenschaften werden Bodenunebenheiten ausgeglichen. Sie sorgen für mehr Fahrkomfort und verhindern Beschädigungen am Rad. Gummi ist ein Elast, das nach Einwirken einer verformenden Kraft wieder seine ursprüngliche Form annimmt (▸ **5**). Die Makromoleküle der Elaste sind weitmaschig vernetzt angeordnet und bilden Knäuel (▸ **3c**). Beim Dehnen der Elaste werden diese Knäuel auseinandergezogen. Wirkt die verformende Kraft nicht mehr, nehmen die Makromoleküle wieder ihre geknäuelte Struktur an. An den Vernetzungspunkten sind die Makromoleküle durch Elektronenpaarbindung miteinander verbunden. Deshalb zersetzen sich Elaste bei starkem Erhitzen ähnlich wie Duroplaste.

5 Verhalten eines Elasts bei Krafteinwirkung

Duroplaste sind aus engmaschig vernetzten Makromolekülen aufgebaut. Sie zersetzen sich in der Hitze, ohne zu erweichen.
Elaste sind elastisch verformbar. Ihre Makromoleküle sind weitmaschig vernetzt.

Aufgaben

1 ▢ Ordne die Gegenstände einer Kunststoffart zu und begründe deine Entscheidung.
- **a** Kunststoffbecher, auf dem steht: „Keine heißen Getränke einfüllen."
- **b** Flummi, der vom Boden hochspringt.
- **c** Kunststoffteller, der beim Aufprall auf einen harten Boden zerbricht.

Kunststoffrecycling

Kunststoffmüll in den Ozeanen gefährdet das Leben der Tiere. Sie verenden qualvoll, wenn sie die Kunststoffteile als Nahrungsquelle ansehen oder sich im Müll verfangen. Die Menge an Kunststoffen, die auf der Erde seit ihrer Erfindung produziert wurde, würde ausreichen, unseren gesamten Erdball sechsmal mit Folie einzupacken.

miqubi

1 Eine Lederschildkröte verwechselt im Wasser treibende Kunststofftüten mit Quallen, ihrer Lieblingsmahlzeit (▸ Video: Plastikmüll im Meer).

2 Komposter aus wiederverwertetem Kunststoff

Kennzeichnung ♲01	Polymer
1	Polyethylenterephthalat (PET)
2	Polyethen (HDPE; engl. high density polyethene)
3	Polyvinylchlorid (PVC)
4	Polyethen (LDPE; engl. low density polyethene)
5	Polypropen (PP)
6	Polystyren (PS)
7	andere

3 Kennzeichnung häufig verwendeter Polymere

Kunststoffabfälle belasten die Umwelt Kunststoffabfälle, die nicht wiederverwertet werden, gefährden unsere Umwelt in besonderem Maße. Kunststoffe bauen sich in der Regel nicht biologisch ab, sondern zerfallen lediglich in kleine Teilchen. Dieser Prozess dauert bis zu 500 Jahre. In jeder Minute gelangen laut Schätzung der UNO 125 000 Tonnen Kunststoffe über die Flüsse in die Ozeane. Bis 2025 könnte sich die Gesamtmenge an Kunststoffmüll, die auf unterschiedlichen Wegen in die Ozeane gelangt, auf 155 Millionen Tonnen addieren.

Kunststoffmüll birgt Probleme für das globale Ökosystem und unsere Gesundheit. Kunststoffpartikel geben Schadstoffe in die Umwelt ab oder nehmen durch ihre hydrophoben Eigenschaften teilweise Schadstoffe aus dem Meer auf und transportieren sie an zuvor nicht belastete Orte.

Wiederverwertung von Kunststoffverpackungen Im Jahr 2019 wurden in Deutschland 18 Millionen Tonnen Kunststoff erzeugt, die anfallende Kunststoffabfallmenge betrug 6,3 Millionen Tonnen. Statistisch verursacht jeder allein 38 kg Kunststoffabfälle pro Jahr nur durch Kunststoffverpackungen – insgesamt sind es 76 kg.

Die zu Abfall gewordenen Kunststoffe werden zu 99 % wiederverwertet, nur 1 % gelangen auf Deponien. Damit stellen die Abfälle eine wichtige Ressource und einen entscheidenden Wirtschaftsfaktor dar. Kunststoffverpackungen mit dem „Grünen Punkt" werden in Deutschland wieder eingesammelt und energetisch, rohstofflich oder werkstofflich verwertet (▸ **4**). Beispielhaft für einen geschlossenen Wiederverwertungskreislauf ist die Recyclingtechnologie für PET (Polyethylenterephthalat), wobei jährlich weltweit ca. 900 000 Tonnen PET-Abfälle zu neuen PET-Flaschen oder PET-Fasern recycelt werden.

Ziel der Forschung ist, biologisch abbaubare Kunststoffe zu entwickeln.

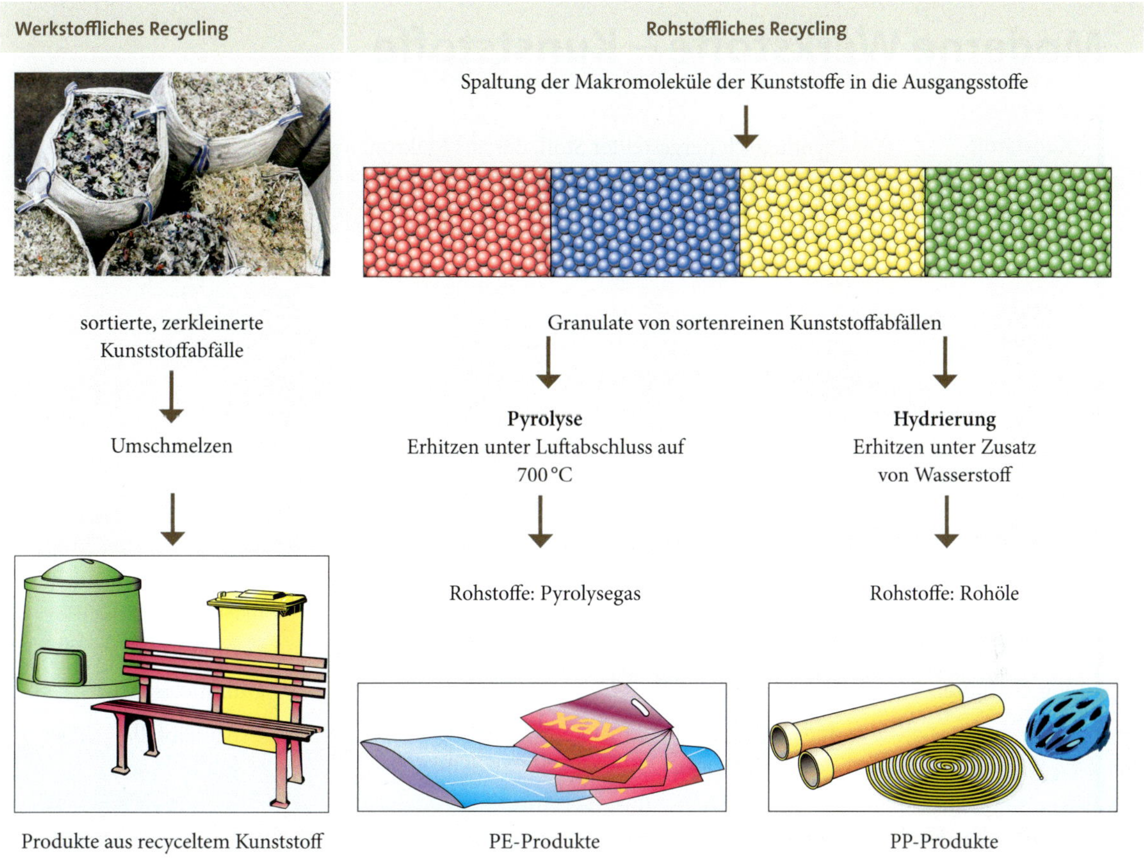

Werkstoffliches Recycling	Rohstoffliches Recycling	
	Spaltung der Makromoleküle der Kunststoffe in die Ausgangsstoffe ↓	
sortierte, zerkleinerte Kunststoffabfälle ↓	Granulate von sortenreinen Kunststoffabfällen ↓	↓
Umschmelzen ↓	**Pyrolyse** Erhitzen unter Luftabschluss auf 700 °C ↓	**Hydrierung** Erhitzen unter Zusatz von Wasserstoff ↓
	Rohstoffe: Pyrolysegas	Rohstoffe: Rohöle
Produkte aus recyceltem Kunststoff	PE-Produkte	PP-Produkte

4 Werkstoffliches und rohstoffliches Recycling

Energetische Verwertung Nur 1 % der Kunststoffabfälle in Deutschland können rohstofflich recycelt werden. Das liegt daran, dass die Kunststoffe häufig nicht sortenrein sind und die Trennung zu aufwendig ist. Immerhin 42 % werden werkstofflich recycelt. Die Abfälle werden nach dem Sortieren zur Herstellung von Kunststoffprodukten mit geringerer Qualität verwendet. Mit 57 % wird der restliche Anteil der Kunststoffabfälle energetisch verwertet, d. h., sie werden z. B. in Müllverbrennungsanlagen verbrannt. Bei der Verbrennung wird in exothermen Reaktionen Energie freigesetzt, die dann als Heizwärme genutzt werden kann. Filteranlagen müssen die Verbrennungsgase reinigen und giftige Stoffe entfernen.

5 Verpackungsmüll

Aufgaben

1 ▢ Die Sortierung verschiedener Kunststoffe erfolgt meist nach dem Schwimm-Sink-Verfahren. Gib an, auf welcher Stoffeigenschaft das Trennverfahren beruht.

2 ▢ Informiere dich über die Wiederverwertung von Kunststoffabfällen in deinem Heimatort.

3 ◩ Bereitet eine Debatte (► S. 111) zur Notwendigkeit des Recyclings von Kunststoffabfällen vor. Nutzt auch digitale Medien.

4 ◩ Erläutere, was unter der energetischen Verwertung von Kunststoffabfällen verstanden wird.

Moderne Werkstoffe – Kunststoffe

Kunststoff	Synthetisch hergestellter Stoff, der aus Makromolekülen aufgebaut ist
Makromolekül	Molekül, das viele gleiche oder unterschiedliche Grundbausteine enthält. In Makromolekülen sind etwa 2 000 bis 20 000 Grundbausteine gebunden.
Monomere	Viele gleichartige kleine Moleküle, die durch chemische Reaktion zu Makromolekülen verbunden werden
Polymere	Makromoleküle, aus denen die Kunststoffe aufgebaut sind

Einteilung der Kunststoffe

Kunststoff	Thermoplaste	Duroplaste	Elaste
Eigenschaften	erweichen und schmelzen beim Erhitzen	zersetzen sich in der Hitze, ohne zu erweichen	gummielastisch
Molekülstruktur	aufgebaut aus unverzweigten oder leicht verzweigten kettenförmigen Makromolekülen	aufgebaut aus engmaschig vernetzten Makromolekülen	aufgebaut aus kettenförmigen Makromolekülen, die untereinander weitmaschig vernetzt sind
Beispiel	Polyethen	Phenoplaste	Gummi
Verwendung	Spielzeug, Schallplatten, Rohrleitungen, künstliche Arterien, Mülltonnen	Reifen, Luftmatratzen, Wärmedämmmaterial, Förderbänder, Spielzeug	elektrisches Isoliermaterial, Autokarosserieteile und Verkleidungen, Gehäuseteile

Polymerisation	Chemische Reaktion, bei der Monomere mit mindestens einer Doppelbindung im Molekül zu Makromolekülen (Polymeren) reagieren
Kunststoffrecycling	Wiederverwendung von Kunststoffen durch erneutes Einschmelzen von Thermoplasten (werkstoffliches Recycling) oder durch thermische Zersetzung in petrochemische Stoffe (rohstoffliches Recycling)

Aufgaben

1 ▢ Erläutere den Begriff „Kunststoffe". Nenne mindestens drei Beispiele für Kunststoffe.

2 PE und PVC sind vielfach verwendete Kunststoffe.
- **a** ▢ Deute die Bezeichnungen „PE" und „PVC".
- **b** ◪ Nenne charakteristische Eigenschaften dieser Kunststoffe und leite daraus Beispiele für deren Verwendung ab.
- **c** ◪ Die Verwendung von Kunststoffen wird nicht nur positiv gesehen. Nenne Argumente, die gegen ihren Einsatz sprechen.

3 Kunststoffe lassen sich aufgrund ihrer charakteristischen Eigenschaften einteilen.
- **a** ▢ Nenne Eigenschaften, mit deren Hilfe sich die Kunststoffe unterscheiden lassen.
- **b** ◪ Stelle die Kunststoffarten in einer Übersicht dar.
- **c** ▢ Gib Beispiele für die Kunststoffarten an.
- **d** ◪ Ein Kunststoffgefäß wird versehentlich auf eine heiße Herdplatte gestellt. Es verliert seine Form. Benenne die Kunststoffart, aus der das Gefäß besteht.

4 ◪ Thermoplaste sind plastisch verformbar. Begründe diese Aussage.

5 Der Kunststoff Polyethen entsteht durch Polymerisation.
- **a** ◪ Beschreibe die Entstehung von Polyethen aus Ethen.
- **b** ■ Formuliere die Reaktionsgleichung.

6 Duroplaste unterscheiden sich deutlich von Thermoplasten.
- **a** ▢ Nenne drei typische Eigenschaften von Duroplasten und daraus folgende Verwendungen.
- **b** ▢ Beschreibe die Molekülstruktur von Duroplasten.
- **c** ◪ Begründe, warum Phenoplaste (Duroplaste) für Bremsbeläge gut geeignet sind.

7 Rohkautschuk ist ein natürlich vorkommender Rohstoff für Elaste.
- **a** ▢ Nenne typische Eigenschaften von Elasten.
- **b** ◪ Beschreibe das Verhalten eines Elasts, wenn eine Krafteinwirkung stattfindet.

8 ◪ Zeige an drei Beispielen, dass Kunststoffe die Umwelt belasten können.

9 Kunststoffe können recycelt werden.
- **a** ▢ Gib an, was unter dem Begriff „Kunststoffrecycling" verstanden wird.
- **b** ◪ Nenne und erläutere Verfahren, die für die Wiederverwertung von Kunststoffabfällen genutzt werden.

10 ◪ Richtig oder falsch? Begründe deine Entscheidung jeweils.
- **a** Duroplaste bestehen aus weitmaschig vernetzten Makromolekülen. Beim Erhitzen lassen sich Duroplaste verformen.
- **b** Gummi ist ein thermoplastischer Kunststoff.
- **c** Therabänder werden aufgrund ihrer Elastizität in der Gymnastik verwendet.

Hilfe zu den Aufgaben findest du auf den Seiten ...

1	132	6	134 f.
2	133, 134 f.	7	134 f.
3	134 f.	8	136 f.
4	134 f.	9	136 f.
5	133	10	134 f.

▶ Die Lösungen findest du im Anhang.

Aufgabe 1

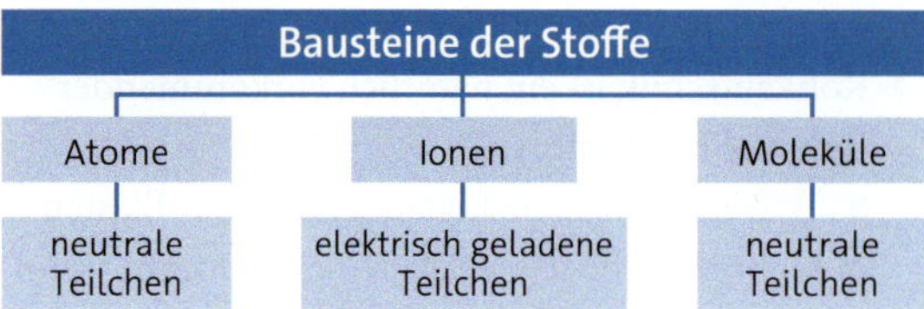

1 Übersicht über den Bau der Stoffe

Atome, Ionen und Moleküle sind Teilchen, die für den Bau bestimmter Stoffklassen charakteristisch sind.

a Charakterisiere die Art der genannten Teilchen.

b Nenne typische Stoffklassen und gib dafür die Art der Teilchen an.

c Beschreibe den Bau dieser Stoffe und kennzeichne die Art der chemischen Bindung.

Aufgabe 2

2 Citronensäure, Calciumhydroxid und Magnesiumchlorid

Citronensäure, Calciumhydroxid und Magnesiumchlorid sind chemische Verbindungen, die zu unterschiedlichen Klassen chemischer Stoffe gehören, obwohl sowohl die festen Stoffe als auch die Lösungen sehr ähnlich aussehen.

a Kennzeichne die Stoffklassen, zu denen die genannten Stoffe gehören.

b Überlege, wie sich diese Stoffe voneinander unterscheiden lassen. Formuliere entsprechende Vermutungen.

c Ordne die durch folgende Formeln gekennzeichneten Verbindungen den entsprechenden Stoffklassen zu und benenne die Verbindungen: $FeCl_3$, H_2SO_3, Na_2CO_3, $Mg(OH)_2$, H_3PO_4, $Ba(OH)_2$, KBr, HCl.

Aufgabe 3

3 „Hautneutrale" Duschbäder

Die gesunde Haut des Menschen besitzt einen Säureschutzmantel u. a. gegen bakterielle Einflüsse.

a Informiere dich, was man unter einem „Säureschutzmantel" der Haut versteht.

b Erläutere in diesem Zusammenhang die Aufschriften „hautfreundlicher pH" oder „hautneutral pH 5,5" auf vielen Hautpflege- und Hautreinigungsmitteln (▸**3**).

c Auch die Vorgänge des menschlichen Stoffwechsels sind von pH-Werten in den Zellen und Organgen abhängig. Erstelle eine Übersicht über die pH-Werte im menschlichen Körper. Nutze dafür digitale Medien.

Aufgabe 4

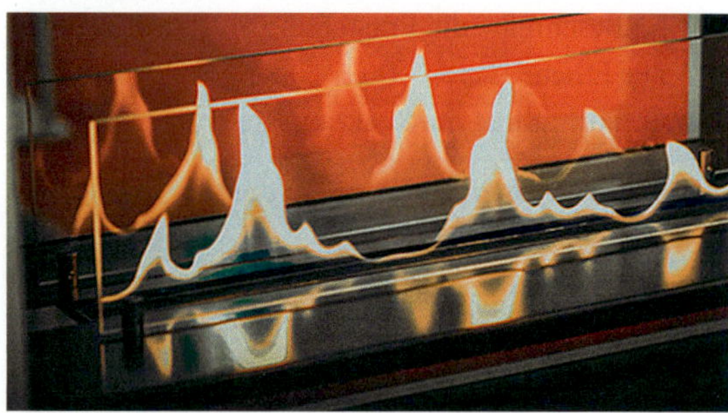

4 Kaminfeuer

In Wohnungen werden als modernes Gestaltungselement Kamine verwendet, die mit Bioethanol betrieben werden.

a Informiere dich im Internet über die Funktionsweise von solchen Bioethanolkaminen.

b Ermittle, was unter Bioethanol verstanden wird. Gib die Strukturformel für Bioethanol an.

Aufgabe 5

5 Schmierölzugabe für den Motor

Jeder Motor braucht Schmieröle. Sie haben die Aufgabe, die Gleitfähigkeit der aneinanderreibenden Metallteile zu erhöhen. Schmieröle bestehen aus Gemischen verschiedener Kohlenwasserstoffe. Sie sind zähflüssig wie Sirup.

a Nenne drei Beispiele für Kohlenwasserstoffe, die Bestandteile in Schmierölen sein können. Gib die Summenformeln für diese Kohlenwasserstoffe an.

b Erkläre, warum diese Gemische zähflüssig sind.

Aufgabe 6

Propan und Butan lassen sich leicht verflüssigen und werden deshalb auch als Flüssiggase bezeichnet. Sie werden im Haushalt und auch beim Camping als Brennstoff verwendet.

a Nenne und begründe Sicherheitsmaßnahmen, die beim Umgang mit diesen Gasen beachtet werden müssen.

6 Campingkocher

b Erkunde, welche Handwerksbetriebe in deiner Umgebung Flüssiggas für welche Tätigkeit verwenden.

c Kennzeichne die chemische Reaktion, die beim Einsatz von Flüssiggasen in Campingkochern stattfindet. Benenne mögliche Reaktionsprodukte. Begründe deine Aussage.

Aufgabe 7

7 Estrich – Grundlage für Fußböden

Es gibt viele verschiedene Estricharten, die je nach ihren Bindemitteln unterschieden werden.

a Erstelle eine Tabelle (Estrichbezeichnung/Bindemittel/Eigenschaften) zu Estricharten, die im Baugewerbe Anwendung finden. Nutze das Internet.

b Estrichgips wird von Handwerkern auch als „totgebrannter Gips“ bezeichnet. Gib an, worauf diese Bezeichnung zurückzuführen ist.

Aufgabe 8

8 Gartenmöbel aus dem Kunststoff PVC

Der Kunststoff PVC wird häufig genutzt, zum Beispiel für Gartenmöbel. Seit einiger Zeit ist Polyvinylchlorid PVC allerdings auch in der Umweltdiskussion.

a Informiere dich z. B. im Internet über den Kunststoff PVC.

b Ordne PVC aufgrund seiner Eigenschaften einer Kunststoffart zu.

c Stelle Argumente pro und kontra PVC zusammen.

Anhang

Lösungen der Teste-dich-Aufgaben

Salze (Seite 19)

1 a) In Ländern mit hoher Sonneneinstrahlung, z.B. in Frankreich, Spanien, Portugal, Italien und Afrika
b) In flach angelegten Meeresbecken verdunstet das Meerwasser durch die Sonneneinstrahlung. Das feste Salz bleibt zurück und wird dann in den Salzgärten geerntet.
c) Das Meersalz wird durch Verdunsten aus der Salzlösung gewonnen.

2 a) Eigenschaften von Natriumchlorid: harte, spröde, farblose Kristalle, gut wasserlöslich, leitet als Feststoff nicht den elektrischen Strom, Schmelztemperatur: 801 °C, Siedetemperatur: 1 465 °C, Dichte: $2{,}16\,g/cm^3$
b) Das feste Natriumchlorid ist aus unvorstellbar vielen Natrium- und Chlorid-Ionen aufgebaut, die im Ionengitter regelmäßig geordnet sind. Jedes Natrium-Ion ist im Kristall von 6 Chlorid-Ionen und jedes Chlorid-Ion von 6 Natrium-Ionen umgeben, die mit starken Anziehungskräften im Kristall in einer regelmäßigen Anordnung zusammengehalten werden. Da die Anzahl der Natrium-Ionen und Chlorid-Ionen im Ionenverband gleich ist, sind die elektrischen Ladungen ausgeglichen. Im Natriumchlorid sind Natrium- und Chlorid-Ionen durch Ionenbindung chemisch gebunden.
c) Festes Natriumchlorid leitet den elektrischen Strom nicht, da im Kristall die Ionen im Ionengitter einen festen Platz einnehmen. Es gibt keine frei beweglichen Ladungsträger.

3 Zinkchlorid ist ein fester Stoff, der aus zweifach positiv geladenen Zink-Ionen und einfach positiv geladenen Chlorid-Ionen aufgebaut ist. In der Lösung und in der Schmelze liegen diese Ionen als frei bewegliche Ladungsträger vor, die die elektrische Leitfähigkeit bewirken. Im festen Zinkchlorid bilden die Ionen ein Ionengitter, in dem die Ionen durch starke elektrostatische Kräfte zusammengehalten werden. Sie sind nicht frei beweglich und deshalb besitzt der Feststoff keine elektrische Leitfähigkeit.

4 Beim Lösevorgang lagern sich Wasser-Moleküle an der Oberfläche der Magnesiumchloridkristalle an und überwinden die Kräfte, die die Ionen zusammenhalten. Dabei ordnen sich die Wasser-Moleküle mit dem Sauerstoff-Atom zu den Magnesium-Ionen Mg^{2+}. Zu den Chlorid-Ionen Cl^- zeigen die Wasserstoff-Atome der Wasser-Moleküle. In der Magnesiumchloridlösung sind alle Ionen von Wasser-Molekülen umgeben (hydratisiert) und frei beweglich.

5 Natriumchlorid ist eine Ionensubstanz. Im Ionengitter des Natriumchlorids wechseln sich positiv geladene Natrium-Ionen und negativ geladene Chlorid-Ionen regelmäßig ab. Beim Einwirken einer Kraft verschieben sich Ionenschichten entlang des gesamten Ionenkristalls. Gleichartig geladene Ionen stehen sich gegenüber und bewirken eine elektrostatische Abstoßung. Der Ionenkristall zerspringt entlang dieser Schicht in Bruchstücke mit glatten Flächen.

6 a) Die Flüssigkeit verdunstet und es bleibt ein weißer Feststoff zurück.
b)

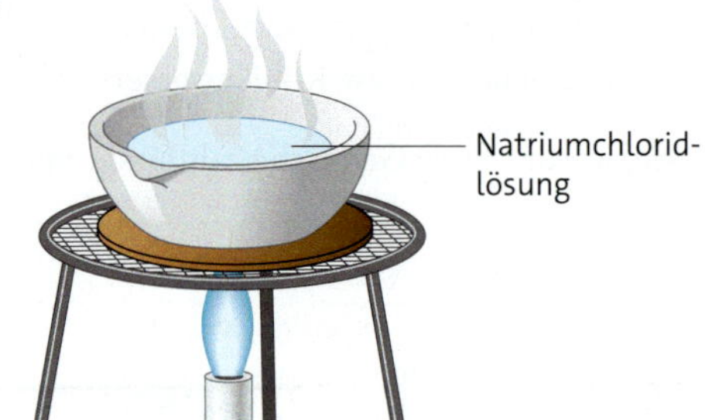

7 Fisch und Fleisch, aber auch Oliven oder Gurken werden durch Einlegen in Salzlösung (Salzlake) oder durch Einreiben mit Kochsalz konserviert.

8 Zu viel Kochsalz ist ungesund, eine zu hohe Salzkonzentration im Körper bewirkt nämlich Wasserentzug aus den Zellen. Die Folgen können ein Anstieg der Blutmenge, Gefäßerweiterung und Bluthochdruck sein.

9

Salz	Name der Ionen	Chemisches Zeichen	Formel des Salzes
Lithium-chlorid	Lithium-Ion Chlorid-Ion	Li^+ Cl^-	LiCl
Magnesium-iodid	Magnesium-Ion Iodid-Ion	Mg^{2+} I^-	MgI_2
Aluminium-bromid	Aluminium-Ion Bromid-Ion	Al^{3+} Br^-	$AlBr_3$

10 a) Salze sind feste kristalline Stoffe, die aus regelmäßig angeordneten positiv und negativ elektrisch geladenen Ionen aufgebaut sind.
b) Natriumsulfat, Kaliumnitrat, Calciumcarbonat
c) Na_2SO_4: wichtig für die Herstellung von Glas, Farbstoffen, Waschmitteln und Papier
KNO_3: Düngemittel, Bestandteil von Feuerwerkskörpern, Keramik- und Glasproduktion
$CaCO_3$: Baustoff, Rohstoff für die Glas- und Zementherstellung

11 Die hohen Schmelztemperaturen für Salze sind auf die sich stark anziehenden Ionen im Salzkristall zurückzuführen. Beim Schmelzen der Salze muss die Ionenbindung überwunden werden.

12

Formel	Aussagen
$BaCl_2$	Stoff Bariumchlorid, eine Baueinheit Bariumchlorid; Barium- und Chlorid-Ionen liegen im Zahlenverhältnis 1 : 2 vor.
AgCl	Stoff Silberchlorid, eine Baueinheit Silberchlorid; Silber- und Chlorid-Ionen liegen im Zahlenverhältnis 1 : 1 vor.
$CuCl_2$	Stoff Kupferchlorid, eine Baueinheit Kupferchlorid; Kupfer- und Chlorid-Ionen liegen im Zahlenverhältnis 1 : 2 vor.

13 *Steckbrief Kaliumchlorid:*
harte, spröde, farblose Kristalle, gut wasserlöslich, leitet als Feststoff nicht den elektrischen Strom, Schmelztemperatur: 770 °C, Siedetemperatur: 1 405 °C, Dichte: 1,98 g/cm³

14 a) Drei Beispiele für Sulfate sind Gips, Kaliumsulfat und Aluminiumsulfat.
b) Die Formeln und Verwendungsmöglichkeiten der genannten Sulfate sind:
- Gips (Calciumsulfat, $CaSO_4$): Wird in Bau- und Reparaturarbeiten verwendet. Nach dem Anrühren einer Suspension mit Wasser härtet dieser durch Verdunsten von Wasser wieder aus.
- Kaliumsulfat (K_2SO_4): Wird im Löschpulver von Feuerlöschern gefunden.
- Aluminiumsulfat ($Al_2(SO_4)_3$): Ist als Lebensmittelzusatzstoff E 520 als Festigungsmittel zugelassen.

Periodensystem der Elemente (Seite 27)

1 Chemische Elemente bestehen aus Atomen, die aus Elementarteilchen zusammengesetzt sind. Diese Elementarteilchen bilden einen winzigen positiv geladenen Atomkern, der von einer vergleichsweise riesigen negativ geladenen Atomhülle umgeben ist. Dies wird als Kern-Hülle-Modell bezeichnet.
Beispiel Wasserstoff-Atom: Der Atomkern des Wasserstoffs besteht aus einem einzigen Proton, das positiv geladen ist. Die Atomhülle besteht aus einem einzigen Elektron, das negativ geladen ist und sich um den Kern bewegt. Da die Anzahl der Protonen und Elektronen gleich ist, ist das Wasserstoff-Atom als Ganzes elektrisch neutral.

2

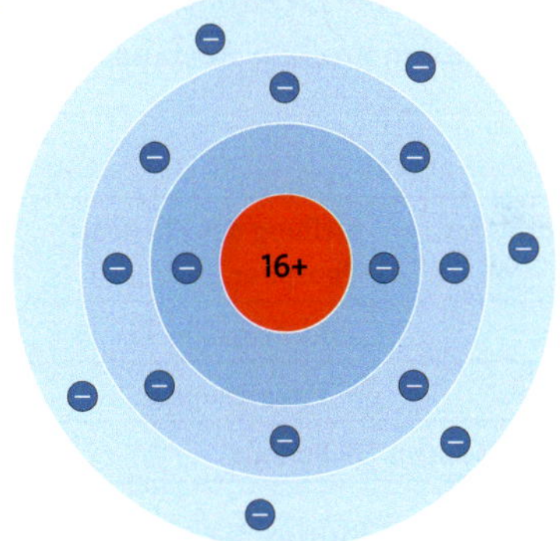

3 Das Schalenmodell der Atomhülle besagt, dass die Atomhülle in Elektronenschalen gegliedert ist. In einer Elektronenschale halten sich Elektronen mit etwa gleicher Energie in gleichem Abstand zum Atomkern auf. In einem Aluminium-Atom befinden sich nach dem Schalenmodell der Atomhülle zwei Elektronen auf der 1. Schale (der innersten), acht Elektronen auf der 2. Schale und drei Elektronen auf der 3. Schale (der äußeren).

4 a) Das Element hat 82 Elektronen.
b) Das Element ist Blei (Pb).
c) In einem neutralen Atom ist die Anzahl der Protonen gleich der Anzahl der Elektronen. Die Ordnungszahl, die die Anzahl der Protonen in einem Atom eines Elements angibt, ist für Blei 82. Daher hat ein Blei-Atom 82 Protonen und 82 Elektronen.

5 Li· |F| Na· ·Si· |Ar|

6 Li· |Kr| ·Ca· |Br| |N·

7 a) Die maximale Anzahl der Elektronen in der 1. Elektronenschale beträgt 2, in der 2. Elektronenschale 8 und in der 3. Elektronenschale 18.

		Stickstoff-Atom	Kalium-Atom
b)	Anzahl der Elektronenschalen	2	4
c)	Besetzung der Elektronenschalen 1. 2. 3. 4.	2 5	2 8 8 1
d)	Anzahl der Außenelektronen	5	1

e) Außenelektronen sind die Elektronen in der Elektronenschale, die den größten Abstand vom Kern hat.

8

Bau des Phosphoratoms	Stellung des Elements Phosphor im PSE
15 Protonen	Ordnungszahl 15
5 Außenelektronen	V. Hauptgruppe
3 besetzte Elektronenschalen	3. Periode

9 Elemente der 2. Periode: Lithium, Beryllium, Bor, Kohlenstoff, Stickstoff, Sauerstoff, Fluor, Neon
Gemeinsamkeit der Atome dieser Elemente: 2 besetzte Elektronenschalen

10 Elemente, deren Atome 2 Außenelektronen besitzen: Beryllium, Magnesium, Calcium, Strontium, Barium, Radium
Stoffgruppe: Metalle / Erdalkalimetalle

11 a)

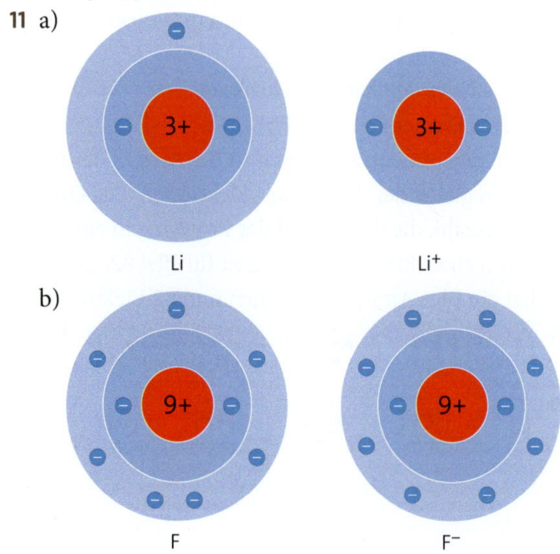

c) Sowohl Atome als auch Ionen bestehen aus Protonen, Neutronen und Elektronen. Sie unterscheiden sich jedoch in der Anzahl ihrer Elektronen. Ein Lithium-Atom hat 3 Protonen und 3 Elektronen. Wenn es ein Elektron abgibt, um ein stabiles Elektronenoktett zu erreichen, wird es zu einem Lithium-Ion mit einer positiven Ladung.
Das Lithium-Ion hat also immer noch 3 Protonen, aber nur noch 2 Elektronen. Daher sind Atome elektrisch neutral, während Ionen eine elektrische Ladung haben.

12 a) Im Bariumchlorid sind Barium-Ionen und Chlorid-Ionen gebunden. Chemische Zeichen: Barium-Ion Ba^{2+}, Chlorid-Ion Cl^-
b) Das Bariumatom hat 2 Außenelektronen, diese werden abgegeben, sodass das Ion zweifach positiv elektrisch geladen ist: $Ba \longrightarrow Ba^{2+} + 2\,e^-$
Das Chloratom hat 7 Außenelektronen und nimmt ein Elektron auf. Damit ist das Ion einfach negativ elektrisch geladen: $Cl + e^- \longrightarrow Cl^-$

13 a) Das Element mit der Ordnungszahl 13 ist das Element Aluminium. Aluminium-Atome haben 13 Protonen im Atomkern und 13 Elektronen in der Atomhülle. Die Elektronen verteilen sich auf drei Elektronenschalen (3. Periode). Drei der Elektronen sind Außenelektronen (III. Hauptgruppe).
b) Als Element der III. Hauptgruppe steht Aluminium links im PSE und ist demnach ein Metall mit charakteristischen Eigenschaften wie der hohen elektrischen Leitfähigkeit.

Basische Lösungen – Metallhydroxide (Seite 37)

1 a) Basische Lösungen: Natronlauge, Kalilauge, Calciumhydroxidlösung
b) Charakteristische Eigenschaften basischer Lösungen: Sie fühlen sich seifig an, färben Unitest blau und Phenolphthaleinlösung rotviolett.
c) Typische Teilchen einer basischen Lösung sind Hydroxid-Ionen.

2 a) Basische Lösungen sind ungefährlich, wenn der Massenanteil an gelöstem Stoff gering ist. Das ist bei manchen Haushaltschemikalien der Fall, trotzdem ist Vorsicht geboten.
b) Ein Stoff wird als „ätzend" oder „gesundheitsschädlich" eingestuft, wenn er bei direktem Kontakt mit Haut, Augen oder Atemwegen Verätzungen verursacht oder bei längerer Exposition gesundheitliche Schäden verursachen kann. Die Einstufung hängt von der Konzentration des Stoffes in der Lösung und der Art der Exposition ab.

3 *Zum Beispiel:*
Man könnte einen Leitfähigkeitstest durchführen. Kaliumhydroxid ist ein Elektrolyt und leitet den elektrischen Strom, während Zuckerlösung keinen Strom leitet. Daher würde das Reagenzglas, das die Kaliumhydroxidlösung enthält, den Strom leiten, während das andere Reagenzglas, das die Zuckerlösung enthält, dies nicht tut.
oder:
Man könnte die Flüssigkeiten mit dem Indikator Lackmus überprüfen. Kaliumhydroxidlösung würde die Lackmuslösung blau färben, bei Zuckerlösung bleibt die Lackmuslösung farblos.

4 a) *Gegeben:* $w(\text{Natronlauge}) = 1\,\% = 0{,}01$
$m(\text{Natronlauge}) = 200\text{ g}$
Gesucht: $m(\text{Natriumhydroxid})$
Lösung: $w(\text{Natronlauge}) = \frac{m(\text{Natriumhydroxid})}{m(\text{Natronlauge})}$
$m(\text{Natriumhydroxid}) = m(\text{Natronlauge}) \cdot w(\text{Natronlauge})$
$m(\text{Natriumhydroxid}) = 200\,\text{g} \cdot 0{,}01 = 2\,\text{g}$
Antwort: Um 200 g einer 1 %igen Natronlauge herzustellen, müssen 2 g Natriumhydroxid in Wasser gelöst werden.
b) Eine 1 %ige Natronlauge ist ein Gefahrstoff, weil sie ätzend ist . Sie trägt das Gefahrenpiktogramm mit dem Code GHS05 – ätzend.

5 Die Kaliumhydroxidlösung leitet den elektrischen Strom, weil sie frei bewegliche Ionen enthält. In diesem Fall sind das Kalium-Ionen (K^+) und Hydroxid-Ionen (OH^-). Diese Ionen können sich frei bewegen und somit den elektrischen Strom leiten.

6 Viele Reinigungsmittel sind basische Lösungen bzw. bilden mit Wasser basische Lösungen. Ein Kontakt dieser Reinigungsmittel mit den Augen kann deshalb zu Verätzungen der Augen führen.

7 Beim Lösen von Natriumhydroxid in Wasser findet eine chemische Reaktion statt, da Wärme abgegeben wird. Dies ist ein Zeichen dafür, dass eine chemische Veränderung stattfindet. Zudem entstehen neue Stoffe: Natrium-Ionen und Hydroxid-Ionen.

8 $LiOH\,(s) + H_2O\,(l) \longrightarrow Li^+\,(aq) + OH^-\,(aq)$ | exotherm

9 Calciumhydroxid wird in fester Form zur Herstellung von Kalkmörtel verwendet. Als Lösung wird es als Bestandteil von Düngemitteln und als Hilfsmittel bei der Zuckerherstellung eingesetzt.

10 Das Salz Calciumhydroxid wird als Löschkalk bezeichnet. Die Suspension des schwer löslichen Stoffes Calciumhydroxid wird unfiltriert als Kalkmilch bezeichnet, nach dem Filtrieren als Kalkwasser.

11 Verwendung von Natronlauge: als Industriereinigungsmittel für Flaschen, zum Entfetten von Metalloberflächen, für Laugengebäck
Verwendung von Natriumhydroxid: in Abbeizern, im Rohrreiniger

12 a) Bei Zugabe einer basischen Lösung wechselt die Farbe von Lackmus von rot zu blau.
b) Ein Indikator ist ein Farbstoff, der in basischen Lösungen eine typische Farbänderung anzeigt. Er wird zum Nachweis basischer Lösungen verwendet.
c) Weitere Beispiele für Indikatoren sind Phenolphthalein und Universalindikator.

Säuren und saure Lösungen (Seite 55)

1 a) Eine saure Lösung wirkt ätzend, färbt Indikatoren charakteristisch, leitet den elektrischen Strom und reagiert mit Kalkstein sowie unedlen Metallen.
b) Typische Teilchen sind die Wasserstoff-Ionen (H^+). Wasserstoff-Ionen bilden sich beim Zerfall der Säuremoleküle in wässriger Lösung.
c) Säuren sind z. B. Chlorwasserstoff oder Schwefelsäure, saure Lösungen sind Salzsäurelösung oder Essigsäurelösung.

2 a) Säuren können als „ätzend" oder „gesundheitsschädlich" eingestuft werden. Die Einstufung richtet sich nach dem Massenanteil des gelösten Stoffs.
b) 5 %ige Salzsäurewird als „ätzend" eingestuft. Die Flasche muss das Piktogramm mit dem Code GHS05 tragen.

3 Schwefelsäure hat große Bedeutung für die chemische Industrie, weil sie eine wichtige Grundchemikalie ist. Schwefelsäure ist zum Beispiel Ausgangsstoff für Dünger, Batteriesäure, Waschmittel, Sprengstoffe oder in der Erzverarbeitung.

4 a) Wasserstoff-Ionen H^+, Chlorid-Ionen Cl^-, Wasser-Moleküle H_2O
b) Die Lösung leitet den elektrischen Strom, weil sie Ionen und damit frei bewegliche elektrisch geladene Teilchen enthält.

5 a) Saure Lösungen kann man nicht in Behältern aus unedlen Metallen aufbewahren, denn dann findet eine chemische Reaktion statt. Das Metall wird dabei zerstört.
b) Mit sauren Lösungen reagieren z. B. Magnesium, Zink oder Kalkstein.

6

		Natronlauge	Salzsäure
a)	**Teilchenart**		
	Gemeinsamkeit	Ionen	Ionen
	Unterschiede	Na^+, OH^-	H^+, Cl^-
b)	**Eigenschaften**		
	Gemeinsamkeit	ätzend, leitet den elektrischen Strom	ätzend, leitet den elektrischen Strom
	Unterschiede	färbt Unitest blau	färbt Unitest rot, reagiert mit unedlen Metallen und Kalkstein

c) Natronlauge: Die Blaufärbung wird durch die Hydroxid-Ionen bewirkt. Salzsäure: Die Rotfärbung wird durch die Wasserstoff-Ionen bewirkt.

7

pH-Wert 2	stark sauer
pH-Wert 8	schwach basisch
pH-Wert 7	neutral
pH-Wert 5	schwach sauer
pH-Wert 14	stark basisch

8 a) pH = 5,0 bedeutet, dass die Urinprobe eine saure Lösung ist.
b) Der pH-Wert ist eine Zahlenangabe. Er ist ein Maß dafür, wie sauer oder basisch eine Lösung ist bzw. zeigt an, ob die Lösung neutral ist.

9 a) In einer basischen Lösung hat Universalindikator eine blaue Farbe. Beim Zusatz einer sauren Lösung ändert sich diese über Blaugrün, Grün bis Gelbgrün.
b) Der pH-Wert wird kleiner. Er ändert sich möglicherweise von 14 über 7 bis 0.
c) Diese Reaktionen finden z. B. Anwendung in Kläranlagen, beim Düngen und bei der Rauchgasentschwefelung.

10 a) Die Reste der Säurelösung dürfen nicht in den Ausguss gekippt werden, sie werden in einem Behälter gesammelt und mit einer basischen Lösung neutralisiert.
b) Beispiel:
$$HCl\,(aq) + NaOH\,(aq) \longrightarrow NaCl\,(aq) + H_2O\,(l)$$

11 a) Bei einer Neutralisation reagiert eine saure Lösung (Schwefelsäurelösung) mit einer basischen Lösung (Kalilauge). Dabei entstehen aus den Wasserstoff-Ionen der Säure und den Hydroxid-Ionen der Base Wasser-Moleküle.
b)

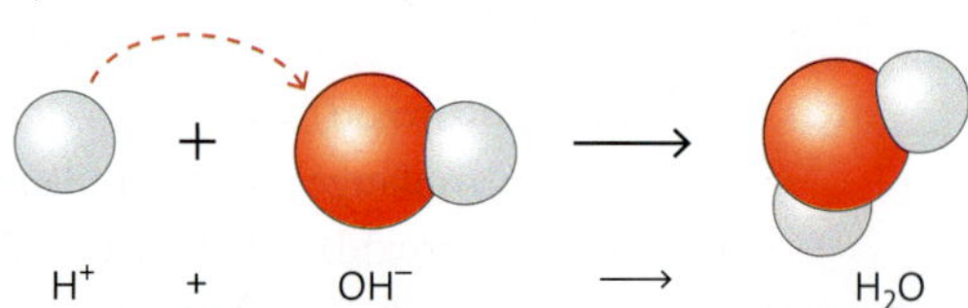

c) Die Reaktionsprodukte heißen Kaliumsulfat und Wasser.

Ethanol (Seite 67)

1 a) Ethanol ist Lösemittel im Labor, in der Kosmetik, in der Industrie, in der Arzneimittelherstellung und im Haushalt. Es ist Genussmittel in alkoholischen Getränken, es dient als Kraftstoff oder Kraftstoffzusatz.

b) Verwendung von Ethanol
in *Pharmazeutika*: Hustensaft, Pflegesalben;
in *Haushaltsprodukten*: Brennspiritus, Möbelpolitur;
als *Genussmittel*: Bier, Wein, Pralinen;
in der *Industrie*: Lösemittel, Kraftstoff;
in *Kosmetikprodukten*: Parfüm, Erfrischungstücher

2 Genutzte Eigenschaften: Mischbarkeit mit Wasser, Lösemittel für Inhaltsstoffe, besonders ätherische Öle

3

Verwendung	charakteristische Eigenschaft
Kraftstoff	Brennbarkeit
Trinkalkohol	Geschmacksträger für bestimmte Inhaltsstoffe
in Arzneimitteln, Kosmetika	gute Löslichkeit von Fetten und Aromastoffen

4 a) Zuckerhaltige Lösungen (z. B. Fruchtsäfte) werden in Gärgefäße gegeben und unter Luftabschluss vergoren. Zur Verhinderung des Lufteintritts wird auf dem Gärballon ein mit Wasser gefülltes Gärröhrchen aufgesetzt. Enzyme wirken bei der Vergärung als Biokatalysatoren.

b) Traubenzucker $\xrightarrow{\text{Enzyme}}$ Ethanol + Kohlenstoffdioxid

c) Durch Gärung hergestellter Wein kann maximal 14 % Ethanol enthalten, da bei höheren Volumenanteilen die Hefebakterien absterben.

5 a) Kohlenstoffdioxid

b)

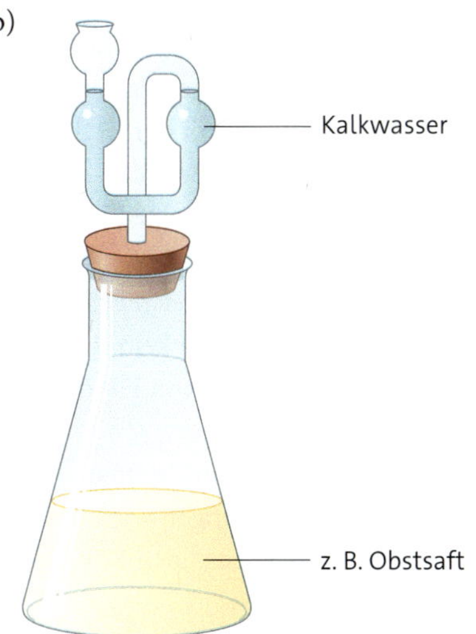

c) Gärungen können verhindert werden, indem die für die Gärung notwendigen Bedingungen verändert werden, z. B. wenn die für die Vermehrung der Hefepilze erforderliche Temperatur unterschritten wird oder nicht unter Sauerstoffabschluss gearbeitet wird.

6 *Steckbrief Ethanol:*
flüssig bei 20 °C, leicht flüchtig, mit Wasser mischbar, löst Fette und Aromastoffe, leitet den elektrischen Strom nicht, brennbar mit blassblauer Flamme, Siedetemperatur: 78,3 °C, Dichte: 0,79 g/cm^3

7 Bei der Destillation werden Stoffe aufgrund unterschiedlicher Siedetemperaturen getrennt. Ethanol kann durch dieses Verfahren von Wasser getrennt werden, weil sich die Siedetemperaturen beider Stoffe deutlich unterscheiden (Ethanol: 78 °C, Wasser: 100 °C).

8 a) Ethanol ist ein leichtflüchtiger Alkohol, der mit Luft explosive Gasgemische bildet. Daher eignet sich Ethanol zur Verbrennung in Ottomotoren. Wie herkömmliches Benzin verbrennt es vollständig zu Wasser und Kohlenstoffdioxid.

b) Die Verwendung von Bioethanol als Treibstoff hat sowohl Vor- als auch Nachteile.
Vorteile: Gegenüber ethanolfreien Treibstoffen sind in den Abgasen von Bioethanol geringere Mengen an umweltschädlichen Stoffen enthalten. Zur Herstellung von Ethanol muss man nicht auf fossile Brennstoffe zurückgreifen. Aus stärkehaltigen Pflanzen wie Getreide, Kartoffeln und Mais sowie aus zuckerhaltigen Pflanzen wie Zuckerrübe oder Zuckerrohr kann Bioethanol gewonnen werden.
Nachteile: Ein Liter Ethanol hat einen um etwa 35 % geringeren Gehalt an chemischer Energie als ein Liter gewöhnliches Benzin. Daher müsste man bei gleicher Fahrleistung eine entsprechend größere Menge tanken. Die Verwendung von Bioethanol als Treibstoff erfordert korrosionsbeständige Ventile aus besonders gehärtetem und temperaturbeständigem Material. Ethanol reagiert mit Gummi und Kunststoffen und darf daher nur in speziell ausgerüsteten Fahrzeugen verwendet werden.

9 a) In einem Ethanol-Molekül werden zwei Kohlenstoff-Atome, sechs Wasserstoff-Atome und ein Sauerstoff-Atom durch starke Kräfte zusammengehalten. Das Ethanol-Molekül enthält als charakteristische Atomgruppe die Hydroxylgruppe, die aus einem Wasserstoff-Atom und dem Sauerstoff-Atom besteht.
b)
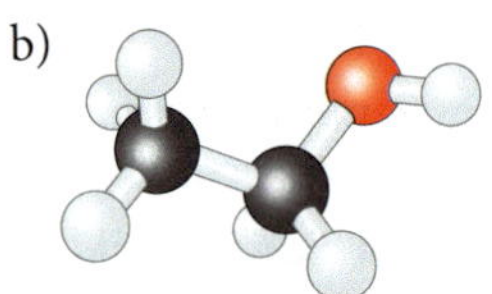
c) C_2H_5OH

10 a) Regelmäßiger Alkoholkonsum kann zur Alkoholabhängigkeit führen. Die Nervenzellen reagieren bei regelmäßiger Alkoholaufnahme mit der Bildung zusätzlicher Rezeptoren. Außerdem erhöht sich die Geschwindigkeit des Alkoholabbaus in der Leber. Der Körper benötigt bald mehr Alkohol als früher, um die gleiche Wirkung zu erreichen. Das kann unbewusst zu einer psychischen Abhängigkeit führen, die in eine physische Abhängigkeit übergeht. Dann ist der Mensch süchtig nach Alkohol, er ist alkoholkrank.
b) *Kurzfristig*: angenehmes Gefühl, Erregtheit mit aufsteigender Hitze, Gesichtsrötung, Verminderung der Selbsteinschätzung und Gefahr der Selbstüberschätzung, Störung der Motorik.
Langfristig: Störung des Gleichgewichtssinns, Verminderung der Konzentrations- und Merkfähigkeit, Zerstörung von Gehirnzellen, Schädigung von Nervenbahnen, Erhöhung der Hauttemperatur und damit die Möglichkeit der Auskühlung, Gefäßerweiterungen, Herzprobleme und erhöhter Blutdruck, Fettleber und Leberzirrhose, Magenschleimhautschädigungen, Magengeschwüre, Nierenschädigung. Besonders gefährlich für die Entwicklung der Embryonen im Mutterleib sowie für Kinder und Jugendliche, deren körperliche und geistige Entwicklung stark beeinträchtigt werden kann.

11 a) Prüfung mit Universalindikatorlösung: Bei Zugabe von Universalindikatorlösung zu einer wässrigen Ethanollösung wird im Gegensatz zur Prüfung von Natronlauge keine Farbänderung des Indikators sichtbar. Das zeigt, dass die Hydroxylgruppe (Atomgruppe) im Ethanol-Molekül andere Eigenschaften hat als die Hydroxid-Ionen in der Natronlauge.
b) Kaliumhydroxid KOH; Calciumhydroxid $Ca(OH)_2$; Bariumhydroxid $Ba(OH)_2$

Erdöl und Erdgas (Seite 83)

1 a) Die Entstehung von Erdöllagerstätten beginnt mit Kleinstlebewesen, vor allem Algen im Plankton des Meerwassers. Nach ihrem Tod sinken sie auf den Meeresgrund, wo sie aufgrund des fehlenden Sauerstoffs nicht zersetzt werden und Faulschlamm bilden. Unter der Last von darüber abgelagertem Material, vor allem Sand und Ton, wandelt sich der Faulschlamm in Tonschiefer um, das sogenannte Erdölmuttergestein. Im Laufe von Jahrmillionen wandeln Bakterien, die ohne Sauerstoff leben können, bei hohem Druck und hohen Temperaturen das Material langsam in einfache Kohlenwasserstoffe um. Das gebildete Erdöl steigt aufgrund seiner geringen Dichte nach oben. Trifft es auf eine undurchlässige Gesteinsschicht, entsteht eine Lagerstätte.
b) Erdöl ist ein Gemisch aus vielen Stoffen, die sich in ihren Siedetemperaturen unterscheiden. Es enthält eine Vielzahl von organischen Verbindungen, an deren Aufbau nur die Elemente Kohlenstoff und Wasserstoff beteiligt sind. Weiterhin enthält Erdöl noch geringe Mengen an organischen Sauerstoff-, Stickstoff- und Schwefelverbindungen sowie einige anorganische Stoffe.
c) Erdöl ist eine hellbraune bis schwarzbraune, ölige Flüssigkeit, hat einen charakteristischen Geruch, ist brennbar und hat eine geringere Dichte als Wasser.

2 Erdöl findet man innerhalb der Lagerstätten. Nach der Förderung wird es von Gas, Sand und Wasser gereinigt und man erhält das Rohöl.

3 Erdöl ist ein Gemisch aus vielen Stoffen, deren Anteil je nach Lagerstätte variiert. Daher gibt es keine exakte Siedetemperatur bei Erdöl. Vielmehr muss man die Siedetemperatur jedes Stoffs, der im Erdöl enthalten ist, betrachten. Wird Erdöl erwärmt, so siedet zunächst der Stoff mit der geringsten Siedetemperatur, danach jeweils der mit der nächsthöheren. Erdöl hat also einen Siedebereich.
Wasser hat als Reinstoff eine konstante Siedetemperatur von 100 °C.

4 a) Die Aussage „Erdgas ist nicht gleich Erdgas“ trifft zu. Erdgas ist ein Stoffgemisch und kein Reinstoff. Seine Zusammensetzung variiert von Fundort zu Fundort.
b) Erdgas besteht zu etwa 90 % aus Methan. Neben weiteren organischen Verbindungen wie Ethan, Propan und Butan sind meistens noch Kohlenstoffdioxid und Stickstoff enthalten.

c) Erdgas ist ein wichtiger Energieträger. Es wird hauptsächlich zum Heizen verwendet und spielt eine wichtige Rolle in der Energieversorgung. Darüber hinaus wird es auch in der Industrie genutzt.

5 a) Fraktionierte Destillation

b) Unter einer Fraktion versteht man die Stoffgemische, die bei der Destillation von Erdöl bei bestimmten Temperaturbereichen gewonnen werden. Die Stoffe einer Fraktion haben ähnliche Siedetemperaturen und Eigenschaften.

c) Bei der fraktionierten Destillation wird das Rohöl im Röhrenofen auf 350–400 °C erhitzt. Die Rohöldämpfe gelangen in den ersten Destillationsturm mit Normaldruck. Der Destillationsturm ist durch sogenannte Glockenböden stockwerkartig unterteilt, auf denen unterschiedliche Temperaturen herrschen. Die Temperatur nimmt im Destillationsturm von unten nach oben ab. Die Fraktionen des Rohöls mit den höheren Siedetemperaturen sammeln sich auf den unteren Glockenböden, die niedrig siedenden auf den oberen Glockenböden. Die auf den Glockenböden entstehenden Fraktionen werden abgeleitet. Der Rückstand wird bei verringertem Druck in der Vakuumdestillation weiterdestilliert.

d)

Fraktion	Verwendung
Gase	Heizgas, „Flüssiggas“
Benzine	Vergaserkraftstoff, Lösemittel
Petroleum	Kerosin, Leuchtpetroleum
Gasöl	Dieselkraftstoff, Heizöl
leichtes Schweröl	Heizöl
mittelschweres Schweröl	Motoröl
schweres Schweröl	Schmiermittel, Kerzen
Rückstand (Bitumen)	Straßenbelag, Dachanstriche

6 a) Durch Unfälle bei der Erdölförderung und beim Transport von Erdöl können größere Mengen Rohöl in die Weltmeere gelangen, was zur Entstehung einer „Ölpest“ führen kann.

Durch den steigenden Auto- und Flugverkehr wird die Atmosphäre mit den Abgasen belastet, die bei der Verbrennung von Kraftstoffen entstehen, insbesondere mit Kohlenstoffdioxid, was zu einer Erhöhung des Treibhauseffekts beiträgt.

b) Fossile Brennstoffe enthalten Kohlenstoff, der schon vor Millionen von Jahren von Pflanzen gebunden wurde. Werden fossile Brennstoffe verbrannt, werden also große Mengen Kohlenstoffdioxid frei. Diese Mengen können von den Pflanzen nicht so schnell aufgenommen werden. Das Kohlenstoffdioxid reichert sich in der Atmosphäre an. Als Treibhausgas trägt Kohlenstoffdioxid wesentlich zur Verstärkung des Treibhauseffekts bei.

c) Möglichkeiten, um die Belastung der Umwelt durch fossile Energieträger zu verringern, sind:
- Energie sparen durch Änderung der Gewohnheiten im Umgang mit Energie
- direkte Nutzung von Sonnenenergie in Fotovoltaikanlagen
- Nutzung von Erdwärme
- Ausbau der Windkraftwerke
- nachwachsende Rohstoffe (Raps, Holz, Zuckerrohr) als erneuerbare Energieträger nutzen
- Wasserstoff als Energieträger verwenden

7 FRIEDRICH WÖHLER gelang erstmals die Herstellung eines organischen Stoffs im Labor. Er stellte Harnstoff, ein Stoffwechselprodukt des menschlichen Organismus, synthetisch aus einem anorganischen Stoff her. Die Annahme, dass organische Stoffe nur von lebenden Organismen durch Mitwirkung einer „Lebenskraft“ gebildet werden können, konnte damit widerlegt werden. WÖHLER hat mit seinen Untersuchungen die Entwicklung der organischen Chemie wesentlich mitbegründet.

8 Beispiele: Essigsäure, Alkohol, Haushaltszucker, Citronensäure, Kokosfett

9 a) Kohlenstoff und Wasserstoff sowie Sauerstoff und Stickstoff, seltener Schwefel, Phosphor oder Halogene

b) Bei der Verbrennung eines Kohlenwasserstoffs entstehen Kohlenstoffdioxid, häufig auch Ruß, und Wasser. Kohlenstoffdioxid lässt sich mit Kalkwasser nachweisen. Dabei bildet sich Calciumcarbonat, ein weißes, schwer lösliches Salz. Wasser kann mit weißgrauem Kupfersulfat, das mit Wasser zu blauem Kupfersulfat reagiert, nachgewiesen werden.

10 Das Kohlenstoff-Atom ist vierbindig. Kohlenstoff-Atome verfügen über die Eigenschaft, sich durch Atombindung miteinander zu verbinden. So kann sich eine unbegrenzte Anzahl von Kohlenstoffverbindungen bilden.

11 Jedes Kohlenstoff-Atom ist in der Lage, mit Elektronen von weiteren Atomen gemeinsame Elektronenpaare zu bilden. Dabei durchdringen die Atomhüllen der Atome einander. Von den Atomen gemeinsam beanspruchte Elektronen führen zu einer stabilen Elektronenanordnung für jedes Atom. Für die Kohlenstoff-Atome bedeutet das, dass vier Elektronenpaare ausgebildet werden.

b)

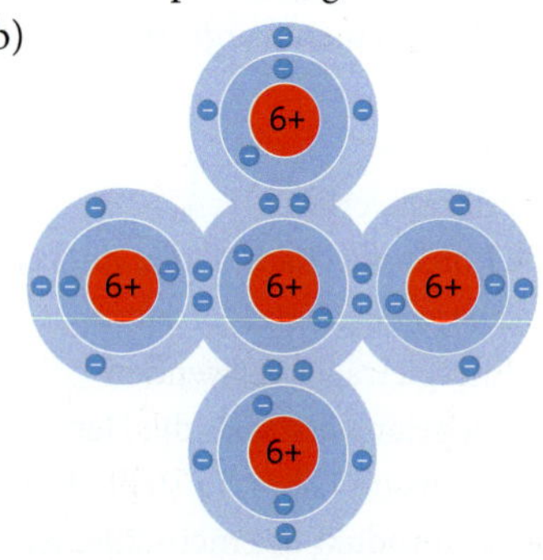

c) Die Art der chemischen Bindung, die durch gemeinsame Elektronenpaare zwischen den Atomen bewirkt wird, wird als Atombindung (Elektronenpaarbindung) bezeichnet.

Kohlenwasserstoffe (Seite 107)

1 a) *Vorkommen*: in Sumpfgas, Erdgas, Biogas, Klär- und Faulgas, Grubengas

Bedeutung: Heizgas, Kraftstoff und Rohstoff für die chemische Industrie

b)

```
   H
   |
H– C –H
   |
   H
```

Das Methan-Molekül besteht aus einem Kohlenstoff-Atom und vier Wasserstoff-Atomen. Die vier Wasserstoff-Atome sind jeweils über eine Elektronenpaarbindung mit dem Kohlenstoff-Atom verbunden. Die Atome ordnen sich tetraederförmig an. Im Zentrum des Tetraeders befindet sich das Kohlenstoff-Atom, an den vier Ecken sind die Wasserstoff-Atome.

2 a) Flüssiggase sind Gase, die sich durch Druck leicht verflüssigen lassen. Sie kommen in Tanks, Stahlflaschen oder Kartuschen in den Handel.

b)

Propan C_3H_8

```
   H   H   H
   |   |   |
H– C – C – C –H
   |   |   |
   H   H   H
```

Butan C_4H_{10}

```
   H   H   H   H
   |   |   |   |
H– C – C – C – C –H
   |   |   |   |
   H   H   H   H
```

c) Flüssiggase werden im Haushalt und beim Camping als Heizgase verwendet. Sie werden auch zum Betreiben von Gasfeuerzeugen genutzt und sind Ausgangsstoffe für Produkte der chemischen Industrie.

d) Sicherheitsmaßnahmen für den Umgang mit Flüssiggasen:

- In ihrer Nähe darf kein offenes Feuer sein;
- Rauchverbot,
- Funkenbildung vermeiden,
- Behälter müssen entsprechend gekennzeichnet und dicht verschließbar sein,
- nach der Nutzung Behälter sofort verschließen und vom Arbeitsort entfernen.

3 a) Alkane: kettenförmige Kohlenwasserstoffe mit der allgemeinen Summenformel C_nH_{2n+2}.

b) Propan hat die Summenformel C_3H_8 und ist damit ein Alkan.

c)

C_4H_{10}
Butan

```
    H   H   H   H
    |   |   |   |
H - C - C - C - C - H
    |   |   |   |
    H   H   H   H
```

C_9H_{20}
Nonan

```
    H   H   H   H   H   H   H   H   H
    |   |   |   |   |   |   |   |   |
H - C - C - C - C - C - C - C - C - C - H
    |   |   |   |   |   |   |   |   |
    H   H   H   H   H   H   H   H   H
```

C_5H_{12}
Pentan

```
    H   H   H   H   H
    |   |   |   |   |
H - C - C - C - C - C - H
    |   |   |   |   |
    H   H   H   H   H
```

d) C_8H_{18}; $C_{20}H_{42}$; $C_{17}H_{36}$

4 a) Gemeinsame Eigenschaften der Alkane sind, dass sie den elektrischen Strom nicht leiten. Alle Alkane sind zudem gesättigte Kohlenwasserstoffe, d. h., alle Kohlenstoff-Atome sind mit der größtmöglichen Anzahl an Wasserstoff-Atomen verbunden.
b) Eigenschaften, die sich innerhalb der homologen Reihe regelmäßig ändern, sind die Siedetemperaturen, die Dichten und die Flammpunkte der Alkane sowie die Viskosität (Zähflüssigkeit) der flüssigen Alkane. Auch die Schmelztemperaturen nehmen regelmäßig zu.
c) Diese Änderungen können am Beispiel der Siedetemperatur erläutert werden: Mit zunehmender Kettenlänge der Alkane steigt die Siedetemperatur. Dies liegt daran, dass zwischen den Molekülen der Alkane schwache Anziehungskräfte, die sogenannten Van-der-Waals-Kräfte, wirken. Diese Kräfte müssen beim Sieden eines Stoffs durch Energiezufuhr überwunden werden. Mit zunehmender Kettenlänge nimmt die Berührungsfläche der Moleküle zu und damit auch die Anziehungskraft zwischen ihnen. Daher benötigt man mehr Energie, um die Moleküle voneinander zu trennen, was zu einer höheren Siedetemperatur führt.

5 Die Mineralöle von der Fahrradkette lösen sich in den pflanzlichen Ölen, dadurch wird das Reinigen der Hände erleichtert.

6 a) Kochsalz löst sich in Wasser.
b) Kochsalz löst sich nicht in Pentan.
c) Nonan löst sich in Hexan.
Das unterschiedliche Löseverhalten ist auf die unterschiedlichen Anziehungskräfte zwischen den Teilchen des Lösemittels und des zu lösenden Stoffs zurückzuführen.

7 a) Kohlenstoffdioxid und Wasser
b) Wasser, Kohlenstoffmonooxid, reiner Kohlenstoff als Ruß
c) Bei der Verbrennung von Alkanen können die Luftschadstoffe Kohlenstoffdioxid, Kohlenstoffmonooxid und Ruß entstehen. Diese Schadstoffe beeinträchtigen die Gesundheit der Menschen und verursachen Schäden in der Natur, an Gebäuden und Metallkonstruktionen. Das Nutzen von Alkanen als Heizgase, Heizöle oder Kraftstoffe führt vor allem zum Anstieg des Kohlenstoffdioxidanteils in der Atmosphäre. Kohlenstoffdioxid gehört zu den Treibhausgasen. Ein Anstieg des Kohlenstoffdioxidanteils trägt wesentlich zur Verstärkung des Treibhauseffektes bei.

8 a)

	Ethen	Ethin
Eigenschaften	Farbloses, leicht süßlich riechendes Gas. Fast unlöslich in Wasser. Brennt an der Luft mit leuchtender, schwach rußender Flamme. In reinem Sauerstoff verbrennt es vollständig. Ethen-Luft-Gemische sind explosiv.	Farbloses, in reiner Form fast geruchloses Gas. Brennt an der Luft mit stark rußender Flamme. Gemische von Ethin mit Luft oder Sauerstoff sind hochexplosiv.
Verwendung	Wird zur Herstellung von Kunststoffen, Lösemitteln, Lacken, Klebstoffen, Farbstoffen und Medikamenten verwendet. Wird auch zur Reifung von Früchten eingesetzt.	Wird in der Anlagentechnik als Brenngas zum Gasschweißen und Brennschneiden verwendet. Dient als Ausgangsstoff für die Herstellung von Kunststoffen, Synthesekautschuk, Kunstfasern und weiteren wichtigen Produkten.

b) *Bau des Ethen-Moleküls*: Es besteht aus zwei Kohlenstoff-Atomen und vier Wasserstoff-Atomen (Summenformel C_2H_4). An jedes Kohlenstoff-Atom sind zwei Wasserstoff-Atome gebunden. Der Zusammenhalt der beiden Kohlenstoff-Atome wird durch zwei gemeinsame Elektronenpaare bewirkt. Im Ethen-Molekül liegt zwischen den beiden Kohlenstoff-Atomen eine Doppelbindung vor. Beim Ethen-Molekül liegen alle Atome in einer Ebene.
Bau des Ethin-Moleküls: Es besteht aus zwei Kohlenstoff-Atomen und zwei Wasserstoff-Atomen (Summenformel C_2H_2). An jedes Kohlenstoff-Atom

ist ein Wasserstoff-Atom gebunden. Der Zusammenhalt der beiden Kohlenstoff-Atome wird durch drei gemeinsame Elektronenpaare bewirkt. Im Ethin-Molekül liegt zwischen den beiden Kohlenstoff-Atomen eine Dreifachbindung vor. Das Ethin-Molekül ist linear gebaut.

c) „Ungesättigte Kohlenwasserstoffe" sind Kohlenwasserstoffe, deren Moleküle eine oder mehrere Doppel- oder Dreifachbindungen zwischen den Kohlenstoff-Atomen aufweisen. Sie enthalten weniger Wasserstoff-Atome, als sie aufgrund der möglichen Atombindungen aufnehmen könnten.

d) Ethen und Ethin gehören zu den ungesättigten Kohlenwasserstoffen, da sie in ihren Molekülen Doppel- bzw. Dreifachbindungen zwischen den Kohlenstoff-Atomen aufweisen und somit weniger Wasserstoff-Atome enthalten, als sie aufgrund der möglichen Atombindungen aufnehmen könnten.

9 a) *Gegeben:* $V(C_2H_2) = 20\,L$; $V_m = 22{,}4\,L/mol$

Gesucht: $V(CO_2)$

Reaktionsgleichung:

$$2\,C_2H_2\,(g) + 5\,O_2\,(g) \longrightarrow 4\,CO_2\,(g) + 2\,H_2O\,(l)$$

Lösung:

$$\frac{V(CO_2)}{V(C_2H_2)} = \frac{n(CO_2)}{n(C_2H_2)}$$

$$V(CO_2) = \frac{n(CO_2) \cdot V(C_2H_2)}{n(C_2H_2)}$$

$$V(CO_2) = \frac{4\,mol \cdot 20\,L}{2\,mol}$$

$$V(CO_2) = 40\,L$$

Antwort: Bei der vollständigen Verbrennung von 20 L Ethin im Schweißbrenner entstehen unter Normbedingungen 40 L Kohlenstoffdioxid.

b) *Gegeben:* $V(C_2H_2) = 20\,L$; $V_m = 22{,}4\,L/mol$

Gesucht: $V(O_2)$

Reaktionsgleichung:

$$2\,C_2H_2\,(g) + 5\,O_2\,(g) \longrightarrow 4\,CO_2\,(g) + 2\,H_2O\,(l)$$

Lösung:

$$\frac{V(O_2)}{V(C_2H_2)} = \frac{n(O_2)}{n(C_2H_2)}$$

$$V(O_2) = \frac{n(O_2) \cdot V(C_2H_2)}{n(C_2H_2)}$$

$$V(O_2) = \frac{5\,mol \cdot 20\,L}{2\,mol}$$

$$V(O_2) = 50\,L$$

Antwort: Für die vollständige Verbrennung von 20 L Ethin unter Normbedingungen ist ein Volumen von 50 L Sauerstoff erforderlich.

Baustoffe (Seite 127)

1 Natürliche Vorkommen von Calciumcarbonat: Kalkstein, Kreide, Marmor

2 Durch das Mischen von Kalk, Bruchsteinen und einer Vulkanerde erhielten die Römer Beton. Einer der ältesten Betonbauten der Welt ist das 128 n. Chr. fertiggestellte Pantheon in Rom.

3 Kalkstein $\longrightarrow$ Branntkalk + Wasser

4 a)

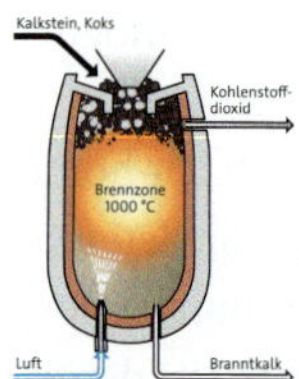

b) Der Kalkschachtofen wird fortlaufend mit einem Gemisch aus 90 % Kalkstein und 10 % Koks von oben beschickt, während Luft von unten in den Ofen eingeblasen wird. Das Gemisch durchläuft langsam nach unten rutschend die verschiedenen Temperaturzonen und wird dabei durch die aufsteigenden Abgase erwärmt. Im mittleren und unteren Bereich verbrennt der Koks mit dem Sauerstoff der Luft zu Kohlenstoffdioxid. Dabei wird Energie freigesetzt. So wird die erforderliche Temperatur von 1 000 °C, die für das Zersetzen des Kalksteins benötigt wird, erzeugt. Das Abgas, welches aus nicht umgesetztem Stickstoff und Sauerstoff der Luft und dem Kohlenstoffdioxid aus dem Kalkbrennprozess entsteht, steigt nach oben und erwärmt dabei das Brenngut. Unten wird der gebrannte Kalk periodisch entnommen. Der Kalkschachtofen arbeitet kontinuierlich.

c) Koks liefert beim Verbrennen die notwendige Temperatur (exotherme Reaktion) für das Zersetzen des Kalksteins (endotherme Reaktion).

5 a) $CaO\,(s) + H_2O\,(l) \longrightarrow Ca(OH)_2\,(aq)$ | exotherm

b) Das Kalklöschen verläuft exotherm. Dabei kann das entstehende Calciumhydroxid, welches stark ätzend ist, herausspritzen. Deshalb muss man Haut und Augen schützen.

6 a) Unter dem Abbinden von Mörtel versteht man den Prozess, bei dem der Mörtel erhärtet. Dies geschieht durch eine chemische Reaktion, bei der der Löschkalk (Calciumhydroxid) langsam Kohlenstoffdioxid aus der Luft aufnimmt und Wasser abgibt. Dabei wird Wärme freigesetzt und es entsteht Calciumcarbonat, das sich relativ fest mit den Sandkörnern verbindet.

b) Die Reaktionsgleichung für das Abbinden von Mörtel lautet:

$$Ca(OH)_2\,(s) + CO_2\,(g) \longrightarrow CaCO_3\,(s) + H_2O\,(l)$$

7 *Gegeben:* $m(CaO) = 1\,t$

$M(CaO) = 56{,}1\,g/mol$

$M(Ca(OH)_2) = 74{,}1\,g/mol$

Gesucht: $m(Ca(OH)_2)$

Reaktionsgleichung:

$$CaO\,(s) + H_2O\,(l) \longrightarrow Ca(OH)_2\,(aq)$$

Daraus folgt: $n(CaO) = 1\,mol$;

$n(Ca(OH)_2) = 1\,mol$

Lösung:

$$\frac{m(Ca(OH)_2)}{m(CaO)} = \frac{n(Ca(OH)_2) \cdot M(Ca(OH)_2)}{n(CaO) \cdot M(CaO)}$$

$$m(Ca(OH)_2) = \frac{n(Ca(OH)_2) \cdot M(Ca(OH)_2) \cdot m(CaO)}{n(CaO) \cdot M(CaO)}$$

$$m(Ca(OH)_2) \;\; \frac{1\,mol \cdot 74{,}1\,\frac{g}{mol} \cdot 1\,t}{1\,mol \cdot 56{,}1\,\frac{g}{mol}}$$

$$m(Ca(OH)_2) = 1{,}32\,t$$

Antwort: Aus einer Tonne Branntkalk können 1,32 Tonnen Löschkalk hergestellt werden.

8 Kalkstein oder Calciumcarbonat ist der Ausgangsstoff für die Herstellung von Branntkalk. Durch Kalklöschen entsteht Löschkalk, der zu Kalkmörtel verarbeitet wird. Calciumcarbonat ist auch das Reaktionsprodukt nach dem Erhärten des Kalkmörtels. Deshalb kann man von einem Kreislauf des Kalks sprechen.

9 Beim Brennen von Kalk wird Kalkstein (Calciumcarbonat) bei einer Temperatur von etwa 1 000 °C zersetzt. Die dafür benötigte thermische Energie wird durch die Verbrennung von Koks erzeugt. Bei diesem Prozess entstehen Branntkalk (Calciumoxid) und Kohlenstoffdioxid. Beim Verbrennen von Koks hingegen handelt es sich um eine Oxidationsreaktion, bei der Kohlenstoff (in Form von Koks) mit Sauerstoff reagiert und dabei Kohlenstoffdioxid und Wärmeenergie freisetzt. Diese Energie wird genutzt, um die hohe Temperatur für das Brennen von Kalk aufrechtzuerhalten.

Zusammenfassend lässt sich sagen, dass das Brennen von Kalk ein chemischer Prozess ist, der die Verbrennung von Koks als Energiequelle nutzt, während das Verbrennen von Koks selbst eine Oxidationsreaktion ist, die Energie in Form von Wärme freisetzt.

10 Beim Kalklöschen wird gebrannter Kalk (Calciumoxid) mit Wasser zur Reaktion gebracht. Die dabei entstehende chemische Reaktion ist so stark, dass Teile des Wassers verdampfen. Als Reaktionsprodukt entsteht stark ätzender Löschkalk (Calciumhydroxid). Daher ist der Name Kalklöschen berechtigt, da Wasser verwendet wird, um den Kalk zu „löschen" und eine neue Verbindung zu bilden.

11 a) Die Rohstoffe, aus denen Zement hergestellt wird, sind Kalkstein und zusätzlich 25 % Ton.

b) Die Ausgangsstoffe Kalkstein und Ton werden zusammen in einer Rohmühle zermahlen und getrocknet. Das entstehende Rohmehl wird danach im Drehrohrofen gebrannt. Zementklinker ist ein Granulat mit Korngrößen unter 50 mm.

12 Lösung s. unten

Lösung zu Aufgabe 12:

	Kalkmörtel	**Zementmörtel**	**Beton**	**Stahlbeton**
Gemeinsamkeiten	Baustoff			
Unterschiede	Gemisch aus Löschkalk, Sand, Wasser; nimmt beim Abbinden CO_2 aus der Luft auf	Gemisch aus Löschkalk, Zement, Sand und Wasser; nimmt beim Abbinden Wasser auf	Gemisch aus Zement, Sand, Kies, Wasser; nimmt beim Abbinden Wasser auf	Betonteile, in denen ein Stahlgeflecht eingelagert ist; hohe Druck- und Zugfestigkeit
Verwendung	Verbinden von Mauersteinen, Verputzen von Wänden	Verbinden von Mauersteinen, Verputzen von Wänden	für Fundamente, Hochhäuser	Zwischendecken in Häusern, Brückenbau

13

	Baustoff	Verwendung
Mörtelsorten	Kalkmörtel	Verbinden von Mauersteinen, Verputzen von Wänden
	Zementmörtel	als steinähnliches Material
Betonsorten	Beton	Fundamente
	Stahlbeton	Brücken

14 a) *Gesucht:* $V(CO_2)$

Gegeben: $m(CaCO_3) = 1\,t$

$M(CaCO_3) = 100{,}1\,g/mol$

$V_m(CO_2) = 22{,}4\,L/mol$

Reaktionsgleichung:

$$CaCO_3\,(s) \longrightarrow CaO\,(s) + CO_2\,(g)$$

Daraus folgt:

$n(CaCO_3) = 1\,mol;\ n(CO_2) = 1\,mol$

Lösung:

$$\frac{V(CO_2)}{m(CaCO_3)} = \frac{n(CO_2) \cdot V_m}{n(CaCO_3) \cdot M(CaCO_3)}$$

$$V(CO_2) = \frac{n(CO_2) \cdot V_m \cdot m(CaCO_3)}{n(CaCO_3) \cdot M(CaCO_3)}$$

$$V(CO_2) = \frac{1\,mol \cdot 22{,}4\,\frac{L}{mol} \cdot 10^6\,g}{1\,mol \cdot 100{,}1\,\frac{g}{mol}}$$

$$V(CO_2) \approx 223\,776\,L$$

Antwort: Bei der thermischen Zersetzung von 1 t Kalkstein entstehen 223 776 L Kohlenstoffdioxid.

b) *Gesucht:* $m(CaO)$

Gegeben: $m(CaCO_3) = 1\,t$

$M(CaCO_3) = 100{,}1\,g/mol$

$M(CaO) = 56{,}1\,g/mol$

Reaktionsgleichung:

$$CaCO_3\,(s) \longrightarrow CaO\,(s) + CO_2\,(g)$$

Daraus folgt:

$n(CaCO_3) = 1\,mol;\ n(CaO) = 1\,mol$

Lösung:

$$\frac{m(CaO)}{m(CaCO_3)} = \frac{n(CaO) \cdot M(CaO)}{n(CaCO_3) \cdot M(CaCO_3)}$$

$$m(CaO) = \frac{n(CaO) \cdot M(CaO) \cdot m(CaCO_3)}{n(CaCO_3) \cdot M(CaCO_3)}$$

$$m(CaO) = \frac{1\,mol \cdot 56{,}1\,\frac{g}{mol} \cdot 1\,t}{1\,mol \cdot 100{,}1\,\frac{g}{mol}}$$

$$m(CaO) \approx 0{,}56\,t$$

Antwort: Bei der thermischen Zersetzung von 1 t Kalkstein entstehen 0,56 t Branntkalk.

Moderne Werkstoffe – Kunststoffe (Seite 139)

1 Kunststoffe sind organische Stoffe, die aus Makromolekülen aufgebaut sind. Beispiele: Polyethen, PVC, Gummi

2 a) PE – Polyethen oder Polyethylen, besteht aus vielen Ethen-Molekülen; PVC – Polyvinylchlorid, besteht aus vielen Vinylchlorid-Molekülen (Vinylchlorid = Monochlorethen)

b)

Kunststoff	Eigenschaften	Verwendung
PE	– bei Zimmertemperatur fast durchsichtig – geringe Dichte – leicht biegsam	Einkaufstüten, Gefrierbeutel, Folien, Eimer, Rohre, Kabelisolierungen
PVC	– witterungsbeständig und korrosionsbeständig – gegenüber Chemikalien beständig – schwer entflammbar	Dachrinnen, Abflussrohre, medizinische Geräte, Aufbewahrungsgefäße, Fußbodenbeläge, Tapetenbeschichtung

c) Argumente gegen den Einsatz von Kunststoffen: Jedes Jahr fallen in Deutschland Millionen Tonnen Kunststoffabfälle an. Davon gelangt ein Teil, vor allem Kunststoffverpackungen und Einwegartikel, in den Hausmüll. Zwar werden in Deutschland Kunststoffverpackungen wieder eingesammelt. Sie werden jedoch nicht nur recycelt, sondern auch in Müllverbrennungsanlagen zur Gewinnung von Strom und Wärme verbrannt. Dabei entsteht Kohlenstoffdioxid, welches als Treibhausgas schädlich ist.

3 a–c)

Eigenschaft	Kunststoffart	Beispiel
erweicht und schmilzt beim Erwärmen	Thermoplast	Polyethen
ist gummielastisch	Elast	Gummi
zersetzt sich in der Hitze ohne zu erweichen	Duroplast	Aminoplast

d) Der Kunststoff ist ein Thermoplast.

4 Thermoplaste sind plastisch verformbar, weil sie aus kettenförmigen Makromolekülen aufgebaut sind. Diese sind linear oder nur wenig verzweigt nebeneinander angeordnet. Die Moleküle können deshalb beim Erwärmen des Stoffs aneinander vorbeigleiten.

5 a) Unter dem Einfluss von Licht, Wärme oder Hilfsstoffen zum Starten der Reaktion können Ethen-Moleküle miteinander reagieren. Dabei brechen die Doppelbindungen der Ethen-Moleküle auf und es entstehen lineare Makromoleküle aus bis zu 100 000 Ethen-Molekülen. In diesen Molekülen sind die Kohlenstoff-Atome durch Einfachbindung miteinander verbunden.
b) $n\ C_2H_4 \longrightarrow [-CH_2-CH_2-]_n$

6 a) Drei typische Eigenschaften von Duroplasten sind: Sie sind sehr hart, wenig biegsam und spröde. Sie können mit Werkzeugen bearbeitet und in Form gebracht werden, z. B. durch Sägen, Bohren und Schleifen. Sie sind schwer entflammbar und zersetzen sich bei hohen Temperaturen. Duroplaste werden beispielsweise zur Herstellung von Steckdosen, Bremsbelägen oder Gehäusen für Elektrogeräte verwendet.
b) Die Molekülstruktur von Duroplasten ist durch eine enge räumliche Vernetzung gekennzeichnet. Die Makromoleküle dieser Polymere bilden durch Verzweigungen und Seitenketten ein starres Netzwerk. Diese starre Netzstruktur ist der Grund für die hohe Härte und Sprödigkeit von Duroplasten.
c) Phenoplaste, eine Art von Duroplasten, sind gut für Bremsbeläge geeignet, weil sie sehr hitzebeständig sind und sich nicht verformen. Bei hohen Temperaturen, wie sie beim Bremsen entstehen können, zersetzen sie sich statt zu schmelzen. Dies gewährleistet eine konstante Bremsleistung auch unter extremen Bedingungen.

7 a) Elaste sind elastisch verformbar. Ihre Makromoleküle sind weitmaschig vernetzt.
b) Beim Dehnen der Elaste werden die Makromoleküle auseinandergezogen. Wenn die verformende Kraft nicht mehr wirkt, nehmen die Makromoleküle wieder ihre geknäuelte Struktur an.

8
- Achtlos weggeworfenes Plastik gefährdet die Umwelt, da es nicht biologisch abgebaut werden und bis zu 500 Jahre in der Umwelt verbleiben kann.
- Achtlos weggeworfener Plastikmüll gelangt häufig über Flüsse ins Meer. Jährlich verenden etwa 100 000 Meerestiere qualvoll durch den Müll, da sie ihn z. B. mit Nahrung verwechseln.
- Kunststoffpartikel geben Schadstoffe in die Umwelt ab oder nehmen Schadstoffe aus dem Meer auf und transportieren sie an zuvor nicht belastete Orte.

9 „Recycling" bezeichnet den Prozess, bei dem Abfallmaterialien gesammelt und in neue Produkte umgewandelt werden. Bei Kunststoffen kann dies auf verschiedene Weisen geschehen.
- Im rohstofflichen Recycling werden die Makromoleküle der Kunststoffe in die Ausgangsstoffe gespalten.
- Im werkstofflichen Recycling werden sortierte und zerkleinerte Kunststoffabfälle eingeschmolzen und zu Granulaten verarbeitet, die zur Herstellung von Kunststoffprodukten mit geringerer Qualität verwendet werden.
- Ein weiterer Aspekt des Recyclings ist die energetische Verwertung, bei der Kunststoffabfälle verbrannt werden und die dabei freigesetzte Energie genutzt wird.

10 a) Falsch. Duroplaste bestehen aus engmaschig vernetzten Makromolekülen und können beim Erhitzen nicht verformt werden, sondern zersetzen sich.
b) Falsch. Gummi ist kein thermoplastischer Kunststoff, sondern gehört zur Kunststoffart der Elastomere.
c) Richtig.

Einstufung von Gefahrstoffen nach dem GHS-System

Seit 2009 erfolgt die Einstufung von Chemikalien nach dem GHS (*Globally Harmonised System of Classification and Labelling of Chemicals*). Dabei werden Gefahrstoffe mit international einheitlichen Gefahrenpiktogrammen, Gefahrenhinweisen (H-Sätze) und Sicherheitshinweisen (P-Sätze) versehen. Die Übergangsfristen für die bisherigen Verordnungen sind seit dem 1. Juni 2017 ausgelaufen.

Gefahren-piktogramm und Piktogrammcode	Mit dem Gefahrenpiktogramm gekennzeichnete Stoffe und Gemische	Signalwort	Zugehörige Gefahrenhinweise (H-Sätze)
1 GHS 1	explosive und sehr gefährliche selbstzersetzliche Stoffe und Gemische sowie sehr gefährliche organische Peroxide	Gefahr	H200, H201, H202, H203, H240, H241 (mit GHS 2)
		Achtung	H204
2 GHS 2	entzündbare, selbsterhitzungsfähige und gefährliche selbstzersetzliche Stoffe und Gemische, pyrophore Stoffe sowie Stoffe und Gemische, die bei Berührung mit Wasser entzündbare Gase entwickeln	Gefahr	H220, H222, H229, H224, H225, H228 (Kat. 1), H250, H251, H260, H261 (Kat. 2)
		Achtung	H221, H223, H229, H226, H228 (Kat. 2), H252, H261 (Kat. 3)
2 GHS 2	selbstzersetzliche Stoffe und Gemische sowie gefährliche organische Peroxide	Gefahr oder Achtung	H242
3 GHS 3	Stoffe und Gemische mit oxidierender Wirkung	Gefahr	H270, H271, H272 (Kat. 2)
		Achtung	H272 (Kat. 3)
4 GHS 4*	Gase unter Druck	Achtung	H280, H281
5 GHS 5	Stoffe und Gemische, die korrosiv auf Metalle wirken	Achtung	H290
5 GHS 5	Stoffe und Gemische, die schwere Verätzungen der Haut und/oder schwere Augenschäden verursachen	Gefahr	H314, H318
7 GHS 7	Stoffe und Gemische, die Haut- und/oder schwere Augenreizungen verursachen können	Achtung	H315, H319
6 GHS 6	lebensgefährliche und giftige Stoffe und Gemische	Gefahr	H300, H310, H330, H301, H311, H331
7 GHS 7	gesundheitsschädliche Stoffe und Gemische	Achtung	H302, H312, H332
8 GHS 8	Stoffe und Gemische, die bei Verschlucken und Eindringen in die Atemwege tödlich sein können und/oder eine Gefahr für die Gesundheit darstellen. Diese Stoffe und Gemische schädigen bestimmte Organe und/oder können Krebs erzeugen, die Fruchtbarkeit beeinträchtigen, das Kind im Mutterleib schädigen und/oder genetische Defekte und/oder beim Einatmen Allergien, asthmaartige Symptome oder Atembeschwerden verursachen.	Gefahr	H304, H334, H340, H350, H350i, H360, H360F, H360D, H360FD, H370, H372
		Achtung	H341, H351, H361, H361f, H361d, H361fd, H371, H373
7 GHS 7	Stoffe oder Gemische, die allergische Hautreaktionen, Reizungen der Atemwege und/oder Schläfrigkeit und Benommenheit verursachen können	Achtung	H317, H335, H336
9 GHS 9	Stoffe und Gemische, die sehr giftig oder giftig für Wasserorganismen sind	Achtung	H400, H410, H411 (kein Signalwort)

* Die in den Experimenten verwendeten Gase stehen meist nicht unter Druck, daher wird dort in der Regel auf diese Kennzeichnung verzichtet. In der Gefahrstoffliste sind alle Gase auch mit GHS 4 gekennzeichnet.

Gefahrenhinweise (H-Sätze)

Gefahrenhinweise für physikalische Gefahren

H200	Instabil, explosiv.
H201	Explosiv, Gefahr der Massenexplosion.
H202	Explosiv; große Gefahr durch Splitter, Spreng- und Wurfstücke.
H203	Explosiv; Gefahr durch Feuer, Luftdruck oder Splitter, Spreng- und Wurfstücke.
H204	Gefahr durch Feuer oder Splitter, Spreng- und Wurfstücke.
H205	Gefahr der Massenexplosion bei Feuer.
H220	Extrem entzündbares Gas.
H221	Entzündbares Gas.
H222	Extrem entzündbares Aerosol.
H223	Entzündbares Aerosol.
H224	Flüssigkeit und Dampf extrem entzündbar.
H225	Flüssigkeit und Dampf leicht entzündbar.
H226	Flüssigkeit und Dampf entzündbar.
H228	Entzündbarer Feststoff.
H229	Behälter steht unter Druck: kann bei Erwärmung bersten.
H230	Kann auch in Abwesenheit von Luft explosionsartig reagieren.
H231	Kann auch in Abwesenheit von Luft bei erhöhtem Druck und/oder erhöhter Temperatur explosionsartig reagieren.
H240	Erwärmung kann Explosion verursachen.
H241	Erwärmung kann Brand oder Explosion verursachen.
H242	Erwärmung kann Brand verursachen.
H250	Entzündet sich in Berührung mit Luft von selbst.
H251	Selbsterhitzungsfähig; kann in Brand geraten.
H252	In großen Mengen selbsterhitzungsfähig; kann in Brand geraten.
H260	In Berührung mit Wasser entstehen entzündbare Gase, die sich spontan entzünden können.
H261	In Berührung mit Wasser entstehen entzündbare Gase.
H270	Kann Brand verursachen oder verstärken; Oxidationsmittel.
H271	Kann Brand oder Explosion verursachen; starkes Oxidationsmittel.
H272	Kann Brand verstärken; Oxidationsmittel.
H280	Enthält Gas unter Druck; kann bei Erwärmung explodieren.
H281	Enthält tiefkaltes Gas; kann Kälteverbrennungen oder -verletzungen verursachen.
H290	Kann gegenüber Metallen korrosiv sein.

Gefahrenhinweise für Gesundheitsgefahren

H300	Lebensgefahr bei Verschlucken.
H301	Giftig bei Verschlucken.
H302	Gesundheitsschädlich bei Verschlucken.
H304	Kann bei Verschlucken und Eindringen in die Atemwege tödlich sein.
H310	Lebensgefahr bei Hautkontakt.
H311	Giftig bei Hautkontakt.
H312	Gesundheitsschädlich bei Hautkontakt.
H314	Verursacht schwere Verätzungen der Haut und schwere Augenschäden.
H315	Verursacht Hautreizungen.
H317	Kann allergische Hautreaktionen verursachen.
H318	Verursacht schwere Augenschäden.
H319	Verursacht schwere Augenreizung.
H330	Lebensgefahr bei Einatmen.
H331	Giftig bei Einatmen.
H332	Gesundheitsschädlich bei Einatmen.
H334	Kann bei Einatmen Allergie, asthmaartige Symptome oder Atembeschwerden verursachen.
H335	Kann die Atemwege reizen.
H336	Kann Schläfrigkeit und Benommenheit verursachen.
H340	Kann genetische Defekte verursachen <*Expositionsweg angeben, sofern schlüssig belegt ist, dass diese Gefahr bei keinem anderen Expositionsweg besteht*>.
H341	Kann vermutlich genetische Defekte verursachen <*Expositionsweg angeben, sofern schlüssig belegt ist, dass diese Gefahr bei keinem anderen Expositionsweg besteht*>.
H350	Kann Krebs erzeugen <*Expositionsweg angeben, sofern schlüssig belegt ist, dass diese Gefahr bei keinem anderen Expositionsweg besteht*>.
H350i	Kann beim Einatmen Krebs erzeugen.
H351	Kann vermutlich Krebs erzeugen <*Expositionsweg angeben, sofern schlüssig belegt ist, dass diese Gefahr bei keinem anderen Expositionsweg besteht*>.
H360	Kann die Fruchtbarkeit beeinträchtigen oder das Kind im Mutterleib schädigen <*konkrete Wirkung angeben, sofern bekannt*> <*Expositionsweg angeben, sofern schlüssig belegt ist, dass die Gefahr bei keinem anderen Expositionsweg besteht*>.
H360F	Kann die Fruchtbarkeit beeinträchtigen.
H360D	Kann das Kind im Mutterleib schädigen.
H360FD	Kann die Fruchtbarkeit beeinträchtigen. Kann das Kind im Mutterleib schädigen.
H360Fd	Kann die Fruchtbarkeit beeinträchtigen. Kann vermutlich das Kind im Mutterleib schädigen.
H360Df	Kann das Kind im Mutterleib schädigen. Kann vermutlich die Fruchtbarkeit beeinträchtigen.
H361	Kann vermutlich die Fruchtbarkeit beeinträchtigen oder das Kind im Mutterleib schädigen <*konkrete Wirkung angeben, sofern bekannt*> <*Expositionsweg angeben, sofern schlüssig belegt ist, dass die Gefahr bei keinem anderen Expositionsweg besteht*>.
H361f	Kann vermutlich die Fruchtbarkeit beeinträchtigen.
H361d	Kann vermutlich das Kind im Mutterleib schädigen.
H361fd	Kann vermutlich die Fruchtbarkeit beeinträchtigen. Kann vermutlich das Kind im Mutterleib schädigen.
H362	Kann Säuglinge über die Muttermilch schädigen.
H370	Schädigt die Organe <*oder alle betroffenen Organe nennen, sofern bekannt*> <*Expositionsweg angeben, sofern schlüssig belegt ist, dass diese Gefahr bei keinem anderen Expositionsweg besteht*>.
H371	Kann die Organe schädigen <*oder alle betroffenen Organe nennen, sofern bekannt*> <*Expositionsweg angeben, sofern schlüssig belegt ist, dass diese Gefahr bei keinem anderen Expositionsweg besteht*>.
H372	Schädigt die Organe <*alle betroffenen Organe nennen*> bei längerer oder wiederholter Exposition <*Expositionsweg angeben, wenn schlüssig belegt ist, dass diese Gefahr bei keinem anderen Expositionsweg besteht*>.
H373	Kann die Organe schädigen <*alle betroffenen Organe nennen, sofern bekannt*> bei längerer oder wiederholter Exposition <*Expositionsweg angeben, wenn schlüssig belegt ist, dass diese Gefahr bei keinem anderen Expositionsweg besteht*>.

Gefahrenhinweise für Umweltgefahren

H400	Sehr giftig für Wasserorganismen.
H410	Sehr giftig für Wasserorganismen, mit langfristiger Wirkung.
H411	Giftig für Wasserorganismen, mit langfristiger Wirkung.
H412	Schädlich für Wasserorganismen, mit langfristiger Wirkung.
H413	Kann für Wasserorganismen schädlich sein, mit langfristiger Wirkung.
H420	Schädigt die öffentliche Gesundheit und die Umwelt durch Ozonabbau in der äußeren Atmosphäre.

Ergänzende Gefahrenmerkmale

Physikalische Eigenschaften

EUH001	In trockenem Zustand explosionsgefährlich.
EUH014	Reagiert heftig mit Wasser.
EUH018	Kann bei Verwendung explosionsfähige/entzündbare Dampf/Luft-Gemische bilden.
EUH019	Kann explosionsfähige Peroxide bilden.
EUH044	Explosionsgefahr bei Erhitzen unter Einschluss.

Gesundheitsgefährliche Eigenschaften

EUH029	Entwickelt bei Berührung mit Wasser giftige Gase.
EUH031	Entwickelt bei Berührung mit Säure giftige Gase.
EUH032	Entwickelt bei Berührung mit Säure sehr giftige Gase.
EUH066	Wiederholter Kontakt kann zu spröder oder rissiger Haut führen.
EUH070	Giftig bei Berührung mit den Augen.
EUH071	Wirkt ätzend auf die Atemwege.

Ergänzende Kennzeichnungselemente/Informationen über bestimmte Stoffe und Gemische

EUH201	Enthält Blei. Nicht für den Anstrich von Gegenständen verwenden, die von Kindern gekaut oder gelutscht werden könnten.
EUH201A	Achtung! Enthält Blei.
EUH202	Cyanacrylat. Gefahr. Klebt innerhalb von Sekunden Haut und Augenlider zusammen. Darf nicht in die Hände von Kindern gelangen.
EUH203	Enthält Chrom (VI). Kann allergische Reaktionen hervorrufen.
EUH204	Enthält Isocyanate. Kann allergische Reaktionen hervorrufen.
EUH205	Enthält epoxidhaltige Verbindungen. Kann allergische Reaktionen hervorrufen.
EUH206	Achtung! Nicht zusammen mit anderen Produkten verwenden, da gefährliche Gase (Chlor) freigesetzt werden können.
EUH207	Achtung! Enthält Cadmium. Bei der Verwendung entstehen gefährliche Dämpfe. Hinweise des Herstellers beachten. Sicherheitsanweisungen einhalten.
EUH208	Enthält <*Name des sensibilisierenden Stoffes*>. Kann allergische Reaktionen hervorrufen.
EUH209	Kann bei Verwendung leicht entzündbar werden.
EUH209A	Kann bei Verwendung entzündbar werden.
EUH210	Sicherheitsdatenblatt auf Anfrage erhältlich.
EUH401	Zur Vermeidung von Risiken für Mensch und Umwelt die Gebrauchsanleitung einhalten.

Sicherheitshinweise (P-Sätze)

Sicherheitshinweise – Allgemeines

P101 Ist ärztlicher Rat erforderlich, Verpackung oder Kennzeichnungsetikett bereithalten.
P102 Darf nicht in die Hände von Kindern gelangen.
P103 Vor Gebrauch Kennzeichnungsetikett lesen.

Sicherheitshinweise – Prävention

P201 Vor Gebrauch besondere Anweisungen einholen.
P202 Vor Gebrauch alle Sicherheitshinweise lesen und verstehen.
P210 Von Hitze/Funken/offener Flamme/heißen Oberflächen fernhalten. Nicht rauchen.
P211 Nicht gegen offene Flamme oder andere Zündquelle sprühen.
P220 Von Kleidung/.../brennbaren Materialien fernhalten/ entfernt aufbewahren.
P221 Mischen mit brennbaren Stoffen/... unbedingt verhindern.
P222 Kontakt mit Luft nicht zulassen.
P223 Kontakt mit Wasser wegen heftiger Reaktion und möglichem Aufflammen unbedingt verhindern.
P230 Feucht halten mit ...
P231 Unter inertem Gas handhaben.
P232 Vor Feuchtigkeit schützen.
P233 Behälter dicht verschlossen halten.
P234 Nur im Originalbehälter aufbewahren.
P235 Kühl halten.
P240 Behälter und zu befüllende Anlage erden.
P241 Explosionsgeschützte elektrische Betriebsmittel/ Lüftungsanlagen/Beleuchtung/... verwenden.
P242 Nur funkenfreies Werkzeug verwenden.
P243 Maßnahmen gegen elektrostatische Aufladungen treffen.
P244 Druckminderer frei von Fett und Öl halten.
P250 Nicht schleifen/stoßen/.../reiben.
P251 Behälter steht unter Druck: Nicht durchstechen oder verbrennen, auch nicht nach der Verwendung.
P260 Staub/Rauch/Gas/Nebel/Dampf/Aerosol nicht einatmen.
P261 Einatmen von Staub/Rauch/Gas/Nebel/Dampf/Aerosol vermeiden.
P262 Nicht in die Augen, auf die Haut oder auf die Kleidung gelangen lassen.
P263 Kontakt während der Schwangerschaft und der Stillzeit vermeiden.
P264 Nach Gebrauch ... gründlich waschen.
P270 Bei Gebrauch nicht essen, trinken oder rauchen.
P271 Nur im Freien oder in gut belüfteten Räumen verwenden.
P272 Kontaminierte Arbeitskleidung nicht außerhalb des Arbeitsplatzes tragen.
P273 Freisetzung in die Umwelt vermeiden.
P280 Schutzhandschuhe/Schutzkleidung/Augenschutz/ Gesichtsschutz tragen.
P282 Schutzhandschuhe/Gesichtsschild/Augenschutz mit Kälteisolierung tragen.
P283 Schwer entflammbare/flammhemmende Kleidung tragen.
P284 Atemschutz tragen.
P231 + P232 Unter inertem Gas handhaben. Vor Feuchtigkeit schützen.
P235 + P410 Kühl halten. Vor Sonnenbestrahlung schützen.

Sicherheitshinweise – Reaktion

P301 BEI VERSCHLUCKEN:
P302 BEI BERÜHRUNG MIT DER HAUT:
P303 BEI BERÜHRUNG MIT DER HAUT (oder dem Haar):
P304 BEI EINATMEN:
P305 BEI KONTAKT MIT DEN AUGEN:
P306 BEI KONTAMINIERTER KLEIDUNG:
P308 BEI Exposition oder falls betroffen:
P310 Sofort GIFTINFORMATIONSZENTRUM oder Arzt anrufen.
P311 GIFTINFORMATIONSZENTRUM oder Arzt anrufen.
P312 Bei Unwohlsein GIFTINFORMATIONSZENTRUM oder Arzt anrufen.
P313 Ärztlichen Rat einholen/ärztliche Hilfe hinzuziehen.
P314 Bei Unwohlsein ärztlichen Rat einholen/ärztliche Hilfe hinzuziehen.
P315 Sofort ärztlichen Rat einholen/ärztliche Hilfe hinzuziehen.
P320 Besondere Behandlung dringend erforderlich (siehe ... auf diesem Kennzeichnungsetikett).
P321 Besondere Behandlung (siehe ... auf diesem Kennzeichnungsetikett).
P330 Mund ausspülen.
P331 KEIN Erbrechen herbeiführen.
P332 Bei Hautreizung:
P333 Bei Hautreizung oder -ausschlag:
P334 In kaltes Wasser tauchen/nassen Verband anlegen.
P335 Lose Partikel von der Haut abbürsten.
P336 Vereiste Bereiche mit lauwarmem Wasser auftauen. Betroffenen Bereich nicht reiben.
P337 Bei anhaltender Augenreizung:
P338 Eventuell Vorhandene Kontaktlinsen nach Möglichkeit entfernen. Weiter ausspülen.
P340 Die betroffene Person an die frische Luft bringen und in einer Position ruhig stellen, die das Atmen erleichtert.
P342 Bei Symptomen der Atemwege:
P351 Einige Minuten lang behutsam mit Wasser ausspülen.
P352 Mit viel Wasser und Seife waschen.
P353 Haut mit Wasser abwaschen/duschen.
P360 Kontaminierte Kleidung und Haut sofort mit viel Wasser abwaschen und danach Kleidung ausziehen.
P361 Alle kontaminierten Kleidungsstücke sofort ausziehen.
P362 Kontaminierte Kleidung ausziehen und vor erneutem Tragen waschen.
P363 Kontaminierte Kleidung vor erneutem Tragen waschen.
P364 Und vor erneutem Tragen waschen.
P370 Bei Brand:
P371 Bei Großbrand und großen Mengen:
P372 Explosionsgefahr bei Brand.
P373 KEINE Brandbekämpfung, wenn das Feuer explosive Stoffe/ Gemische/Erzeugnisse erreicht.
P374 Brandbekämpfung mit üblichen Vorsichtsmaßnahmen aus angemessener Entfernung.
P375 Wegen Explosionsgefahr Brand aus der Entfernung bekämpfen.
P376 Undichtigkeit beseitigen, wenn gefahrlos möglich.
P377 Brand von ausströmendem Gas: Nicht löschen, bis Undichtigkeit gefahrlos beseitigt werden kann.
P378 ... zum Löschen verwenden.
P380 Umgebung räumen.
P381 Alle Zündquellen entfernen, wenn gefahrlos möglich.
P390 Verschüttete Mengen aufnehmen, um Materialschäden zu vermeiden.
P391 Verschüttete Mengen aufnehmen.
P301 + P310 BEI VERSCHLUCKEN: Sofort GIFTINFORMATIONSZENTRUM oder Arzt anrufen.
P301 + P312 BEI VERSCHLUCKEN: Bei Unwohlsein GIFTINFORMATIONSZENTRUM oder Arzt anrufen.
P301 + P330 + P331 BEI VERSCHLUCKEN: Mund ausspülen. KEIN Erbrechen herbeiführen.
P302 + P334 BEI KONTAKT MIT DER HAUT: In kaltes Wasser tauchen/nassen Verband anlegen.
P302 + P352 BEI KONTAKT MIT DER HAUT: Mit viel Wasser und Seife waschen.
P303 + P361 + P353 BEI KONTAKT MIT DER HAUT (oder dem Haar): Alle kontaminierten Kleidungsstücke sofort ausziehen. Haut mit Wasser abwaschen/duschen.
P304 + P340 BEI EINATMEN: An die frische Luft bringen und in einer Position ruhig stellen, die das Atmen erleichtert.
P305 + P351 + P338 BEI KONTAKT MIT DEN AUGEN: Einige Minuten lang behutsam mit Wasser spülen. Vorhandene Kontaktlinsen nach Möglichkeit entfernen. Weiter spülen.
P306 + P360 BEI KONTAKT MIT DER KLEIDUNG: Kontaminierte Kleidung und Haut sofort mit viel Wasser abwaschen und danach Kleidung ausziehen.
P308 + P311 Bei Exposition oder falls betroffen: GIFTINFORMATIONSZENTRUM, Arzt oder ... anrufen.
P308 + P313 BEI Exposition oder falls betroffen: Ärztlichen Rat einholen/ärztliche Hilfe hinzuziehen.
P332 + P313 Bei Hautreizung: Ärztlichen Rat einholen/ärztliche Hilfe hinzuziehen.
P333 + P313 Bei Hautreizung oder -ausschlag: Ärztlichen Rat einholen/ ärztliche Hilfe hinzuziehen.
P335 + P334 Lose Partikel von der Haut abbürsten. In kaltes Wasser tauchen/nassen Verband anlegen.
P337 + P313 Bei anhaltender Augenreizung: Ärztlichen Rat einholen/ ärztliche Hilfe hinzuziehen.
P342 + P311 Bei Symptomen der Atemwege: GIFTINFORMATIONSZENTRUM oder Arzt anrufen.
P361 + P364 Alle kontaminierten Kleidungsstucke sofort ausziehen und vor erneutem Tragen waschen.
P362 + P364 Kontaminierte Kleidung ausziehen und vor erneutem Tragen waschen.
P370 + P376 Bei Brand: Undichtigkeit beseitigen, wenn gefahrlos möglich.

P370 + P378 Bei Brand: … zum Löschen verwenden.
P370 + P380 Bei Brand: Umgebung räumen.
P370 + P380 + P375 Bei Brand: Umgebung räumen. Wegen Explosionsgefahr Brand aus der Entfernung bekämpfen.
P371 + P380 + P375 Bei Großbrand und großen Mengen: Umgebung räumen. Wegen Explosionsgefahr Brand aus der Entfernung bekämpfen.

Sicherheitshinweise – Aufbewahrung

P401	… aufbewahren.
P402	An einem trockenen Ort aufbewahren.
P403	An einem gut belüfteten Ort aufbewahren.
P404	In einem geschlossenen Behälter aufbewahren.
P405	Unter Verschluss aufbewahren.
P406	In korrosionsbeständigem/… Behälter mit korrosionsbeständiger Auskleidung aufbewahren.
P407	Luftspalt zwischen Stapeln/Paletten lassen.
P410	Vor Sonnenbestrahlung schützen.
P411	Bei Temperaturen von nicht mehr als … °C aufbewahren.
P412	Nicht Temperaturen von mehr als 50 °C aussetzen.
P413	Schüttgut in Mengen von mehr als … kg bei Temperaturen von nicht mehr als … °C aufbewahren.
P420	Von anderen Materialien entfernt aufbewahren.
P422	Inhalt in/unter … aufbewahren.
P402 + P404	In einem geschlossenen Behälter an einem trockenen Ort aufbewahren.
P403 + P233	Behälter dicht verschlossen an einem gut belüfteten Ort aufbewahren.
P403 + P235	Kühl an einem gut belüfteten Ort aufbewahren.
P410 + P403	Vor Sonnenbestrahlung geschützt an einem gut belüfteten Ort aufbewahren.
P410 + P412	Vor Sonnenbestrahlung schützen und nicht Temperaturen von mehr als 50 °C aussetzen.
P411 + P235	Kühl und bei Temperaturen von nicht mehr als … °C aufbewahren.

Sicherheitshinweise – Entsorgung

P501	Inhalt/Behälter … zuführen.

Entsorgungsratschläge (E-Sätze)

E 1	Verdünnen, in den Ausguss geben (WGK 0 bzw. 1)
E 2	Neutralisieren, in den Ausguss geben
E 3	In den Hausmüll geben, gegebenenfalls im Polyethylenbeutel (Stäube)
E 4	Als Sulfid fällen
E 5	Mit Calcium-Ionen fällen, dann E 1 oder E 3
E 6	Nicht in den Hausmüll geben
E 7	Im Abzug entsorgen
E 8	Der Sondermüllbeseitigung zuführen (Adresse zu erfragen bei der Kreis- oder Stadtverwaltung), Abfallschlüssel beachten
E 9	Unter größter Vorsicht in kleinsten Portionen reagieren lassen (z. B. offen im Freien verbrennen)
E 10	In gekennzeichneten Behältern sammeln: 1. „Organische Abfälle – halogenhaltig" 2. „Organische Abfälle – halogenfrei", dann E 8
E 11	Als Hydroxid fällen (pH = 8), den Niederschlag zu E 8
E 12	Nicht in die Kanalisation gelangen lassen
E 13	Aus der Lösung mit unedlem Metall (z. B. Eisen) als Metall abscheiden (E 14, E 3)
E 14	Recycling-geeignet (Redestillation oder einem Recyclingunternehmen zuführen)
E 15	Mit Wasser vorsichtig umsetzen, frei werdende Gase absorbieren oder ins Freie ableiten
E 16	Entsprechend den speziellen Ratschlägen für die Beseitigungsgruppen beseitigen

Entsorgung von Chemikalienabfällen

Nach dem Experimentieren werden die Reste in die dafür vorgesehenen Sammelbehälter gegeben:

nicht gefährliche und wasserlösliche Chemikalien	nicht gefährliche und feste Chemikalien	Säuren und Laugen	giftige anorganische Chemikalien	halogenfreie organische Chemikalien	halogenhaltige organische Chemikalien
z. B. Natriumchlorid, Natriumcarbonat, Wasserstoffperoxidlösung	z. B. Eisen, Indikatorpapier	z. B. Salzsäure, Natronlauge	z. B. Kupfersulfat	z. B. Petroleumbenzin, Methanol	z. B. Trichlormethan

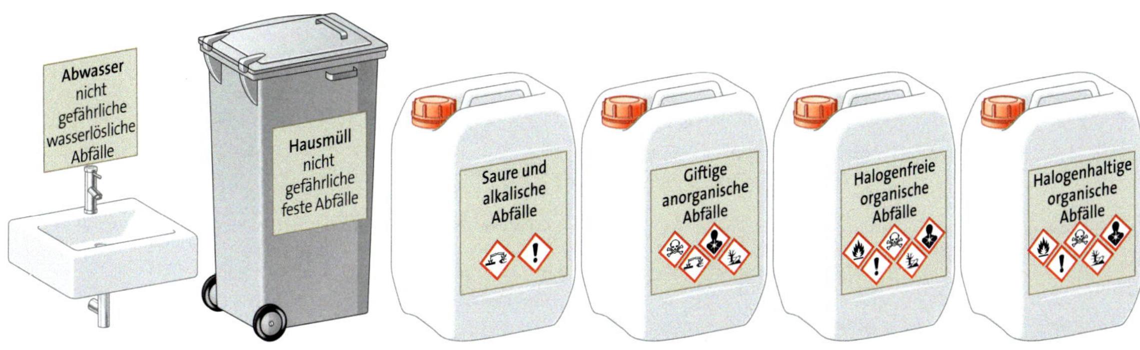

Die weitere Behandlung und Entsorgung bzw. Übergabe der Abfälle zur Sondermüllentsorgung erfolgt durch die Lehrerin bzw. den Lehrer.

Liste der Gefahrstoffe nach der GHS-Verordnung

Gefahrstoff	Signalwort	Piktogrammcode	H-Sätze und EUH-Sätze	E-Sätze
Aceton (Propanon)	Gefahr	GHS 2 GHS 7	H225 H319 H336 EUH066	1-10-14
Aluminium, Grieß o. Pulver (stabilisiert)	Gefahr	GHS 2	H261 H228	6-9
Aluminiumbromid, wasserfrei	Gefahr	GHS 5 GHS 7	H302 H314 EUH014	2
Aluminiumchlorid, wasserfrei	Gefahr	GHS 5	H314 EUH014	2
Aluminiumiodid	Gefahr	GHS 5 GHS 7	H314 H317 EUH014	2
Ameisensäure (Methansäure) $w \geq 80\,\%$	Gefahr	GHS 2 GHS 6 GHS 5	H226 H302 H331 H314 EUH071	1-10
$w < 25\,\%$	Gefahr	GHS 5	H314	1-10
$c = 0{,}5$ mol/L	Achtung	GHS 7	H315 H319	1-10
Ammoniak, wasserfrei	Gefahr	GHS 6 GHS 5 GHS 9	H221 H331 H314 H410 EUH071	2-7
Ammoniaklösung $w = 10\,\%$	Gefahr	GHS 5 GHS 7	H290 H314 H335	2
$w < 5\,\%$	Gefahr	GHS 5 GHS 7	H290 H314 H335	2
Ammoniumcarbonat	Achtung	GHS 7	H302	1
Ammoniumchlorid	Achtung	GHS 7	H302 H319	2
Bariumchlorid, wasserfrei	Gefahr	GHS 6	H301 H332	1-3
Bariumchloridlösung $3\,\% \leq w < 25\,\%$	Achtung	GHS 7	H302	1
Bariumhydroxid, Bariumhydroxid-Octahydrat	Gefahr	GHS 5 GHS 7	H302 +H332 H314	1-3
Bariumoxid	Gefahr	GHS 6 GHS 5	H301 H314 H332	1-3
Benzoesäure	Gefahr	GHS 5 GHS 8	H315 H318 H372	10-12
Blei (bioverfügbar)	Gefahr	GHS 8 GHS 7 GHS 9	H360Df H302 H332 H362 H373 H410	8
Blei(II)-acetat	Gefahr	GHS 8 GHS 9	H360Df H373 H410	8-14
Brom	Gefahr	GHS 6 GHS 5 GHS 9	H330 H314 H400	16
Bromthymolblaulösung (ethanolisch, $w = 0{,}1\,\%$)	Gefahr	GHS 2 GHS 7	H225 H319	10
Bromwasser $1\,\% \leq w < 5\,\%$	Gefahr	GHS 6	H311 H330	16
Bromwasserstoff	Gefahr	GHS 6 GHS 5	H314 H331 EUH071	2
n-Butan	Gefahr	GHS 2 GHS 4	H220 H280	7
Butan-1-ol	Gefahr	GHS 2 GHS 5 GHS 7	H226 H302 H335 H315 H318 H336	10
Butansäure (Buttersäure)	Gefahr	GHS 5 GHS 7	H314 H302	10
Calcium	Gefahr	GHS 2	H261 EUH014	15
Calciumcarbid	Gefahr	GHS 2 GHS 5 GHS 7	H260 H315 H318 H335	15-16
Calciumchlorid	Achtung	GHS 7	H319	1
Calciumhydroxid (Löschkalk)	Gefahr	GHS 5 GHS 7	H315 H318 H335	2
Calciumoxid	Gefahr	GHS 5 GHS 7	H315 H318 H335	2
Chlor	Gefahr	GHS 3 GHS 6 GHS 9	H270 H330 H319 H335 H315 H400 EUH071	16
Chlorethan (Ethylchlorid)	Gefahr	GHS 2 GHS 4 GHS 8	H220 H280 H351 H412	16
Chlormethan (Methylchlorid)	Gefahr	GHS 2 GHS 4 GHS 8	H220 H280 H351 H361f H373	7-12
Chlorwasser, gesättigt $w \approx 0{,}7\,\%$	Achtung	GHS 7	H332	16
Chlorwasserstoff	Gefahr	GHS 6 GHS 5	H331 H314 EUH071	2
Citronensäure	Achtung	GHS 7	H319	3
Dibenzoylperoxid	Gefahr	GHS 1 GHS 2 GHS 7 GHS 9	H241 H319 H317 H410	10-12

Gefahrstoff	Signalwort	Piktogrammcode	H-Sätze und EUH-Sätze	E-Sätze
Diethylether (Ether)	Gefahr	GHS 2 GHS 7	H224 H302 H336 EUH019 EUH066	9-10-12
Eisen, Pulver	Achtung	GHS 2	H228 H251	3
Eisen(III)-chlorid	Gefahr	GHS 5 GHS 7	H290 H302 H315 H318	2
Eisen(II)-sulfat, Eisen(II)-sulfatlösung $w \geq 25\,\%$	Achtung	GHS 7	H302 H319 H315	2
Essigsäure (Ethansäure)				
$w \geq 90\,\%$	Gefahr	GHS 2 GHS 5	H226 H314	2-10
$25\,\% \leq w < 90\,\%$	Gefahr	GHS 5	H314	2-10
$10\,\% \leq w < 25\,\%$	Achtung	GHS 7	H319 H315	2-10
Essigsäureanhydrid	Gefahr	GHS 2 GHS 5 GHS 6	H226 H331 H302 H314 H335	2-10
Essigsäureethylester (Ethylacetat)	Gefahr	GHS 2 GHS 7	H225 H319 H336 EUH066	10-12
Ethan	Gefahr	GHS 2 GHS 4	H220 H280	7
Ethanal (Acetaldehyd)	Gefahr	GHS 2 GHS 8 GHS 7	H224 H319 H335 H341 H350	9-10-12-16
Ethanallösung (Acetaldehydlösung) $w = 1\,\%$	Achtung	GHS 8	H351	9-10-12-16
Ethandiol	Achtung	GHS 7 GHS 8	H302 H373	1-10
Ethanol (Brennspiritus)	Gefahr	GHS 2 GHS 7	H225 H319	1-10
Ethen (Ethylen)	Gefahr	GHS 2 GHS 4 GHS 7	H220 H280 H336	7
Ethin (Acetylen)	Gefahr	GHS 2 GHS 4	H220 H230 H280	7
Fehling'sche Lösung I	Gefahr	GHS 5 GHS 9	H318 H411	8
Fehling'sche Lösung II	Gefahr	GHS 5	H290 H314	2
Glaswolle	Achtung	GHS 8	H351	
n-Heptan	Gefahr	GHS 2 GHS 8 GHS 7 GHS 9	H225 H304 H315 H336 H410	10-12
Hexan-1-ol	Achtung	GHS 2 GHS 7	H226 H302 H312 H319	10

Gefahrstoff	Signalwort	Piktogrammcode	H-Sätze und EUH-Sätze	E-Sätze
Hex-1-en	Gefahr	GHS 2 GHS 8	H225 H304 EUH066	10-12
Hex-1-in	Gefahr	GHS 2 GHS 8 GHS 7	H225 H304 H315 H319 H335	10-12
Iod	Gefahr	GHS 8 GHS 7 GHS 9	H312 +H332 H315 H319 H335 H372 H400	1-16
Iodwasserstoff	Gefahr	GHS 5 GHS 6	H331 H314 EUH071	1
Isobutanol (2-Methylpropan-1-ol)	Gefahr	GHS 2 GHS 5 GHS 7	H226 H315 H318 H336 H335	10
Kalium	Gefahr	GHS 2 GHS 5	H260 H314 EUH014	6-12-16
Kaliumcarbonat	Achtung	GHS 7	H319 H315 H335	1
Kaliumchlorat	Gefahr	GHS 3 GHS 7 GHS 9	H271 H302 H332 H411	1-6
Kaliumhydroxid (Ätzkali)	Gefahr	GHS 5 GHS 7	H302 H314 H290	2
Kaliumhydroxidlösung (Kalilauge)				
$w \geq 20\,\%$	Gefahr	GHS 5 GHS 7	H290 H302 H314	2
$5\,\% \leq w < 20\,\%$	Gefahr	GHS 5	H290 H314	2
$0{,}5\,\% \leq w < 5\,\%$	Achtung	GHS 7	H319 H315	2
Kaliumnitrat	Achtung	GHS 3	H272	1
Kaliumnitrit	Gefahr	GHS 3 GHS 6 GHS 9	H272 H301 H400	1-16
Kaliumpermanganat	Gefahr	GHS 3 GHS 5 GHS 7 GHS 8 GHS 9	H272 H302 H314 H361 H373 H410	1-6
Kaliumpermanganatlösung $w \geq 10\,\%$	Gefahr	GHS 3 GHS 5 GHS 8 GHS 9	H272 H314 H373 H410 H361d	1-6
Kohlenstoffmonooxid	Gefahr	GHS 2 GHS 6 GHS 8	H220 H360D H331 H372	7

Gefahrstoff	Signalwort	Piktogrammcode	H-Sätze und EUH-Sätze	E-Sätze
Kupfer, Pulver	Gefahr	GHS 2 GHS 9	H228 H410	3
Kupferacetat	Gefahr	GHS 5 GHS 7 GHS 9	H302 H314 H410	11
Kupfer(II)-chlorid	Gefahr	GHS 5 GHS 7 GHS 9	H302+H312 H315 H318 H410	11
Kupfer(II)-chlorid-lösung *w* = 25 %	Gefahr	GHS 5 GHS 7 GHS 9	H302 H315 H318 H410	11
Kupfer(II)-hydroxid-carbonat (Malachit)	Achtung	GHS 7 GHS 9	H302 H319 H332 H410	8-12
Kupfer(I)-oxid	Gefahr	GHS 5 GHS 7 GHS 9	H302 H410	8-16
Kupfer(II)-oxid	Achtung	GHS 7 GHS 9	H302 H332 H318 H410	8-16
Kupfer(II)-sulfat, Kupfer(II)-sulfat-Pentahydrat	Gefahr	GHS 5 GHS 7 GHS 9	H302 H318 H410	11
Kupfer(II)-sulfat-lösung *w* ≥ 25 %	Achtung	GHS 7 GHS 9	H302 H319 H315 H410	11
Lithium	Gefahr	GHS 2 GHS 5	H260 H314 EUH014	15-1
Lithiumchlorid	Achtung	GHS 7	H302 H319 H315	1
Magnesium, Pulver oder Späne (phlegmatisiert)	Gefahr	GHS 2	H228 H252 H261	3
Mangan(IV)-oxid (Braunstein)	Gefahr	GHS 7 GHS 8	H273 H332 H302	3
Methan	Gefahr	GHS 2 GHS 4	H220 H280	7
Methanol	Gefahr	GHS 2 GHS 6 GHS 8	H225 H331 H311 H301 H370	1-10
Methansäure s. Ameisensäure				
Natrium	Gefahr	GHS 2 GHS 5	H260 H314 EUH014	6-12-16
Natriumcarbonat	Achtung	GHS 7	H319	1
Natriumfluorid	Gefahr	GHS 6	H301 H315 H319 EUH032	5
Natriumhydroxid (Ätznatron)	Gefahr	GHS 5	H290 H314	2
Natriumhydroxid-lösung (Natronlauge) *w* ≥ 2 %	Gefahr	GHS 5	H290 H314	2
≤ 1 %	Achtung	GHS 5	H290 H315 H319	1
Natriumiodid	Achtung	GHS 9	H400	6-12-16
Natriumnitrat	Achtung	GHS 3 GHS 7	H272 H319	1
Natriumnitrit	Gefahr	GHS 3 GHS 6 GHS 9	H272 H301 H319 H400	1-16
Natriumoxalat	Achtung	GHS 7	H302 H312	
Natriumsulfid	Gefahr	GHS 5 GHS 6 GHS 9	H290 H301 H311 H314 H400 EUH031 EUH071	1
n-Octan	Gefahr	GHS 2 GHS 8 GHS 7 GHS 9	H225 H304 H315 H336 H410	10-12
Octan-1-ol	Achtung	GHS 7	H319 H412	10
Oxalsäure	Gefahr	GHS 5 GHS 7	H312 H302 H318	5
Oxalsäurelösung *w* ≥ 1 %	Achtung	GHS 7	H312 H302 H319	5
n-Pentan	Gefahr	GHS 2 GHS 8 GHS 7 GHS 9	H225 H304 H336 H411 EUH066	10-12
Pentan-1-ol	Achtung	GHS 2 GHS 5 GHS 7	H226 H315 H318 H332 H335	10-14
Petrolether (Leichtbenzin) Petroleumbenzin	Gefahr	GHS 2 GHS 8 GHS 7 GHS 9	H225 H304 H315 H336 H361f H373 H411	10-12
Petroleum	Gefahr	GHS 7 GHS 8 GHS 9	H304 H315 H336 H411	10-12
Phenolphthalein-lösung (ethanolisch) *w* > 1 %	Gefahr	GHS 2 GHS 7 GHS 8	H225 H319 H350	1-10
Phosphor, rot	Gefahr	GHS 2	H228 H412	6-9

Gefahrstoff	Signalwort	Piktogrammcode	H-Sätze und EUH-Sätze	E-Sätze
Phosphor(V)-oxid	Gefahr	GHS 5	H314	2
Phosphorsäure $w \geq 25\,\%$	Gefahr	GHS 5	H290 H314	2
$10\,\% \leq w < 25\,\%$	Achtung	GHS 7	H319 H315	1
Propan	Gefahr	GHS 2 GHS 4	H220 H280	7
Propanal	Gefahr	GHS 2 GHS 5 GHS 7	H225 H302+H332 H315 H318 H335	9-10-12-16
Propan-1-ol	Gefahr	GHS 2 GHS 5 GHS 7	H225 H318 H336	10
Propan-2-ol	Gefahr	GHS 2 GHS 7	H225 H319 H336	10
Propanon s. Aceton				
Propansäure (Propionsäure) $w \geq 10\,\%$	Gefahr	GHS 2 GHS 5 GHS 7	H226 H314 H335	2
Resorcin (1,3-Dihydroxy-benzol)	Gefahr	GHS 7 GHS 9	H302 H315 H319 H400	10
Rohöl (synthetisch)	Gefahr	GHS 2 GHS 7 GHS 8 GHS 9	H224 H304 H315 H319 H336 H350 H373 H411	10-12
Salpetersäure $w \geq 65\,\%$	Gefahr	GHS 3 GHS 6 GHS 5	H272 H290 H330 H314	2
$5\,\% \leq w < 65\,\%$	Gefahr	GHS 5	H314	2
Salzsäure $w \geq 25\,\%$	Gefahr	GHS 5 GHS 7	H290 H314 H335	2
$10\,\% \leq w < 25\,\%$	Achtung	GHS 5 GHS 7	H290 H315 H319 H335	2
Sauerstoff	Gefahr	GHS 3 GHS 4	H270 H280	7
Schiffs Reagenz	Achtung	GHS 8	H351	2
Schwefel	Achtung	GHS 7	H315	3
Schwefeldioxid	Gefahr	GHS 6 GHS 5	H314 H331 EUH071	7
Schwefelsäure $w \geq 20\,\%$	Gefahr	GHS 5	H290 H314	2
$5\,\% \leq w < 20\,\%$	Gefahr	GHS 5	H290 H319 H315	2
Schwefelwasserstoff	Gefahr	GHS 2 GHS 6 GHS 9	H220 H330 H335 H400	2-7
Schwefelwasserstoff-lösung $0{,}1\,\% \leq w \leq 1\,\%$	Achtung	GHS 7	H332	2
Schweflige Säure $w \geq 5\,\%$	Gefahr	GHS 5 GHS 7	H332 H314	2
$0{,}5\,\% \leq w < 5\,\%$	Gefahr	GHS 7	H332 H314	
Silbernitrat	Gefahr	GHS 3 GHS 5 GHS 9	H272 H290 H314 H410	12-13-14
Silbernitratlösung $5\,\% \leq w \leq 10\,\%$	Achtung	GHS 5 GHS 9	H290 H315 H410	12-13-14
Silberoxid	Gefahr	GHS 3 GHS 5 GHS 9	H272 H318 H410	12-13-14
Strontiumchlorid	Gefahr	GHS 5	H318	1-11
Wasserstoff	Gefahr	GHS 2 GHS 4	H220 H280	7
Wasserstoff-peroxidlösung $30\,\% \leq w < 50\,\%$	Gefahr	GHS 3 GHS 5 GHS 7	H271 H332 H302 H314 H335	1
$8\,\% \leq w < 30\,\%$	Gefahr	GHS 5 GHS 7	H302 H318	1
$5\,\% \leq w < 8\,\%$	Achtung	GHS 7	H332 H302 H319	1
Weinsäure	Gefahr	GHS 5	H318	1-10
Zink, Pulver o. Staub (stabilisiert)	Achtung	GHS 9	H410	3
Zinkbromid	Gefahr	GHS 5 GHS 7 GHS 9	H302 H314 H317 H411	1-11
Zinkchlorid	Gefahr	GHS 5 GHS 7 GHS 9	H302 H314 H410	1-11
Zinkchloridlösung $5\,\% \leq w < 10\,\%$	Achtung	GHS 7	H319 H315	1-11
Zinkiodid	Gefahr	GHS 5 GHS 9	H314 H410	12-16
Zinkoxid	Achtung	GHS 9	H410	3
Zinksulfat, wasserfrei	Gefahr	GHS 5 GHS 7 GHS 9	H302 H318 H410	1-11

Einfache Laborgeräte

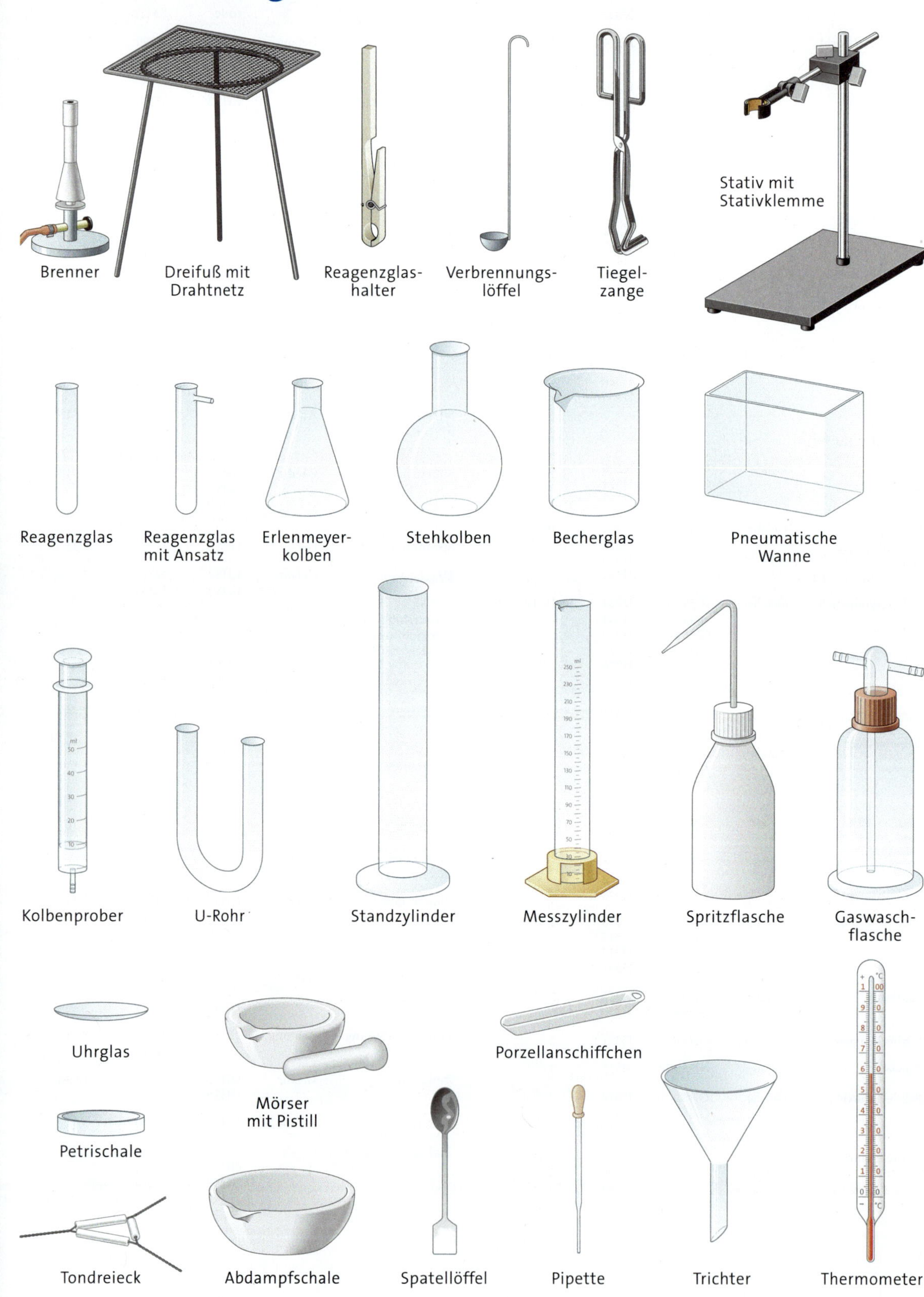

Wichtige Größen in der Chemie

Größen in der Chemie

Masse	m	kg, g
Volumen	V	m^3, ℓ
Stoffmenge	n	mol
molare Masse	M	g/mol
molares Volumen	V_m	ℓ/mol
Teilchenanzahl	N	1
Dichte	ϱ	kg/m^3, g/cm^3, g/ℓ
Massenanteil	w	1, %
Volumenanteil	φ	1, %
Massen-konzentration	β	g/ℓ
Stoffmengen konzentration	c	mol/ℓ
Temperatur	T, ϑ	K, °C

Größengleichungen in der Chemie

Dichte	$\varrho = \frac{m}{V}$ $\varrho = \frac{M}{V_m}$
molare Masse	$M = \frac{m}{n}$
molares Volumen	$V_m = \frac{V}{n}$
Massenanteil	$w(\text{Stoff}) = \frac{m(\text{Stoff})}{m(\text{Stoffgemisch})}$
Volumenanteil	$\varphi(\text{Stoff}) = \frac{V(\text{Stoff})}{V(\text{Stoffgemisch})}$
Massen-konzentration	$\beta(\text{Stoff}) = \frac{m(\text{Stoff})}{V(\text{Stoffgemisch})}$
Stoffmengen-konzentration	$c(\text{Stoff}) = \frac{n(\text{Stoff})}{V(\text{Stoffgemisch})}$

Vorsätze von Einheiten (Auswahl)

Giga	G	1 000 000 000	(10^9)
Mega	M	1 000 000	(10^6)
Kilo	k	1 000	(10^3)
Hekto	h	100	(10^2)
Dezi	d	0,1	(10^{-1})
Zenti	c	0,01	(10^{-2})
Milli	m	0,001	(10^{-3})
Mikro	µ	0,000 001	(10^{-6})
Nano	n	0,000 000 001	(10^{-9})

Konstanten in der Chemie

Normdruck p_n	$p_n = 1013$ hPa
Normtemperatur T_n	$T_n = 273{,}15$ K
Molares Volumen eines idealen Gases im Normzustand $V_{m,n}$	$V_{m,n} = 22{,}4$ ℓ/mol
Avogadro-Konstante N_A	$N_A = 6{,}022\,14076 \cdot 10^{23}\,mol^{-1}$

Glossar

A

Aggregatzustand: Zustandsform aller ▸ Stoffe. Man unterscheidet drei Aggregatzustände: fest (gleichbleibende Form/gleichbleibendes Volumen), flüssig (veränderliche Form/gleichbleibendes Volumen) und gasförmig (veränderliche Form/veränderliches Volumen).

Aktivierungsenergie: Energie, die zum Auslösen einer ▸ chemischen Reaktion für das Erreichen des reaktionsbereiten Zustands der Teilchen der Ausgangsstoffe, z. B. durch Wärme- oder Lichtzufuhr, notwendig ist.

Alkalimetalle: Elementgruppe der Elemente der I. Hauptgruppe. Alkalimetallatome bilden durch Elektronenabgabe einfach geladene ▸ Kationen.

Alkane: Gesättigte ▸ Kohlenwasserstoffe mit der allgemeinen Molekülformel C_nH_{2n+2}. Alkane bilden eine ▸ homologe Reihe.

Alkene: Ungesättigte ▸ Kohlenwasserstoffe mit mindestens einer Doppelbindung zwischen zwei Kohlenstoff-Atomen mit der allgemeinen Molekülformel C_nH_{2n}. Alkene bilden eine ▸ homologe Reihe.

Alkine: Ungesättigte ▸ Kohlenwasserstoffe mit mindestens einer Dreifachbindung zwischen zwei Kohlenstoff-Atomen mit der allgemeinen Molekülformel C_nH_{2n-2}. Alkine bilden eine ▸ homologe Reihe.

Alkohole: Organische Verbindungen mit mindestens einer Hydroxylgruppe (–OH) im ▸ Molekül.

Aluminothermisches Verfahren: Verfahren zur Gewinnung kleiner Stoffportionen von ▸ Metallen wie Eisen, Chrom, Mangan. Das Verfahren nutzt das hohe Bestreben von Aluminium, mit Sauerstoff zu reagieren.

Anion: Negativ elektrisch geladenes ▸ Ion.

Atom: Teilchen, aus dem ▸ Stoffe aufgebaut sein können. Alle Atome eines ▸ Elements besitzen die gleiche Anzahl ▸ Protonen im Atomkern.

Atombindung (Elektronenpaarbindung): Art der ▸ chemischen Bindung, die durch gemeinsame Elektronenpaare zwischen den ▸ Atomen bewirkt wird, z. B. in Stickstoff- und Sauerstoff-Molekülen.

Atommasse: Die Masse eines ▸ Atoms ist unvorstellbar klein. Deshalb wird die Atommasse in der atomaren Masseneinheit unit (u) angegeben. 1 u entspricht ungefähr der Masse eines Wasserstoff-Atoms.

Atommodell nach Dalton: Atome sind die kleinsten, kugelförmigen, nicht weiter teilbaren Bausteine aller Stoffe. Die Atome eines Elements sind untereinander gleich. Atome verschiedener Elemente unterscheiden sich in ihrer ▸ (Atom-)masse und Größe.

B

Basen: ▸ Stoffe, die in Wasser gelöst ▸ basische Lösungen bilden.

basische Lösungen: Wässrige ▸ Lösungen, die hydratisierte ▸ Hydroxid-Ionen [OH^- (aq)] bilden. Die Hydroxid-Ionen bewirken bei ▸ Indikatoren eine typische Farbänderung.

Baueienheit (Ionengruppe): kleinstmögliches Zahlenverhältnis der ▸ Ionen in einer ▸ Ionenverbindung. Aus der Baueinheit lässt sich die ▸ Verhältnisformel ableiten. Die gegensätzlichen Ladungen der Ionen in einer Baueinheit gleichen sich gegenseitig aus.

Brennstoffe: ▸ Stoffe, bei deren ▸ Verbrennung sehr viel thermische Energie freigesetzt wird. Sie müssen in riesigen Mengen verfügbar sein. Die Verbrennungsprodukte sind vorwiegend gasförmig.

C

Chemische Bindung: Zusammenhalt von Teilchen (▸ Atomen oder ▸ Ionen) in ▸ Stoffen durch anziehende bzw. abstoßende Kräfte.
Die wichtigsten chemischen Bindungen sind die ▸ Atombindung (Elektronenpaarbindung) und die ▸ Ionenbindung.

Chemische Formel: Chemisches Zeichen für Verbindungen. Sie kennzeichnet jeweils den ▸ Stoff und bei ▸ Ionensubstanzen eine Baueinheit und deren Zusammensetzung (▸ Verhältnisformel) sowie bei ▸ Molekülsubstanzen ein ▸ Molekül und dessen Zusammensetzung (▸ Molekülformel).

Chemische Reaktion: Bei einer chemischen Reaktion werden durch ► Stoffumwandlung neue ► Stoffe mit anderen Eigenschaften gebildet.
Jede chemische Reaktion ist auch durch ► Energieumwandlung gekennzeichnet. Dabei unterscheidet man ► exotherme und ► endotherme Reaktionen.
Bei chemischen Reaktionen gruppieren sich die ► Atome der Ausgangstoffe zu der in den Produkten charakteristischen Anordnung um.

Chemisches Symbol: International einheitliches chemisches Zeichen, das ein ► Element oder ein ► Atom dieses Elements kennzeichnet.

Chemische Verbindung: ► Reinstoff, der durch ► chemische Reaktion in die ► Elemente zerlegt oder aus diesen gebildet werden kann. Chemische Verbindungen sind aus mindestens zwei verschiedenen Atomarten aufgebaut.

D

Destillieren: ► Trennverfahren für ► Lösungen, bei dem die unterschiedlichen ► Siedetemperaturen der ► Reinstoffe genutzt wird.

Dichte: Messbare Eigenschaft eines ► Stoffes, die zu seiner Charakterisierung dient. Die Dichte ist der Quotient aus Masse und Volumen einer Stoffportion. Sie ist unabhängig von Form und Größe der Stoffportion.

$\varrho = \frac{m}{V}$ Einheit: $1\frac{g}{cm^3}$

Diffusion: Eigenständiges Durchmischen zweier ► Stoffe (z. B. zweier Flüssigkeiten) aufgrund der Teilchenbewegung (Brown'sche Bewegung).

E

Edelgase: Elementgruppe der Elemente der VIII. Hauptgruppe. Sie sind sehr reaktionsträge.

Edelgaskonfiguration: Besonders stabile Elektronenkonfiguration. Die äußere Elektronenschale ist wie bei ► Edelgasen mit acht ► Elektronen besetzt (beim Helium mit zwei). Sie wird im Fall von acht Elektronen auch als Elektronenoktett bezeichnet.

Elektrolyse: ► Chemische Reaktion, bei der eine ► chemische Verbindung mithilfe von elektrischer Energie zerlegt wird. Elektrolysen sind ► endotherme Reaktionen. Elektrische Energie wird dabei in chemische Energie umgewandelt.

Elektron: Negativ elektrisch geladenes Teilchen in der Atomhülle von ► Atomen.

Elektronenpaarbindung (Atombindung): Art der ► chemischen Bindung, die durch gemeinsame Elektronenpaare zwischen den ► Atomen bewirkt wird, z. B. in Stickstoff- und Sauerstoff-Molekülen.

Element: ► Reinstoff, der nur aus gleichartigen ► Atomen besteht.

Elementarteilchen: Teilchen, aus denen ► Atome aufgebaut sind, z. B. ► Protonen und ► Elektronen.

Endotherme Reaktion: ► Chemische Reaktion, die unter Aufnahme von Wärme aus der Umgebung abläuft. Die chemische Energie der Ausgangsstoffe ist kleiner als die chemische Energie der Reaktionsprodukte.

Energieumwandlung: Umwandlung von einer Energieform in eine andere, z. B. chemische Energie in Wärmeenergie. Die Energieumwandlung ist eines der Merkmale einer ► chemischen Reaktion.

Erdalkalimetalle: Elementgruppe der Elemente der II. Hauptgruppe. Erdalkalimetallatome bilden durch Elektronenabgabe zweifach geladene ► Kationen.

Erdgas: ► Stoffgemisch, dessen Hauptbestandteile die ► Kohlenwasserstoffe Methan, Ethan, Propan und Butan sind. Erdgas dient als Heizgas und als Rohstoff für die chemische Industrie.

Erdöl: ► Stoffgemisch verschiedener ► Kohlenwasserstoffe mit kettenförmigen, verzweigten und ringförmigen Molekülen. Erdöl ist ein bedeutender Energieträger und Rohstoff für die chemische Industrie.

Exotherme Reaktion: ► Chemische Reaktion, die unter Abgabe von Wärme an die Umgebung abläuft. Die chemische Energie der Ausgangsstoffe ist größer als die chemische Energie der Reaktionsprodukte.

Extrahieren: ► Trennverfahren für ► Stoffgemische, bei dem die unterschiedliche ► Löslichkeit der ► Reinstoffe in einem Lösemittel genutzt wird.

F

Filtrieren: ► Trennverfahren für heterogene ► Stoffgemische, bei dem die unterschiedliche Partikelgröße der ► Reinstoffe genutzt wird.

Fossile Brennstoffe: Stoffe, die vor 200 bis 300 Mio. Jahren aus dem organischen Material abgestorbener Tiere und Pflanzen unter Ausschluss von Sauerstoff entstanden sind. Beispiele: Torf, Kohle, ► Erdöl, ► Erdgas.

G

Gehaltsangabe (Gehaltsgröße): Quantitative Größen zur Mengenangabe eines Stoffs in einem Stoffgemisch. Beispiele: ► Massenanteil w, ► Massenkonzentration β, ► Stoffmengenkonzentration c.

Gesetz der konstanten Massenverhältnisse: In jeder ► chemischen Verbindung sind die ► Elemente in einem bestimmten konstanten Massenverhältnis gebunden.

Gesetz der Periodizität: Im ► Periodensystem kehren Elemente mit ähnlichem Atombau und ähnlich chemischem Verhalten periodisch wieder.

Gesetz von der Erhaltung der Masse: Bei ► chemischen Reaktionen ist die Masse der Ausgangsstoffe gleich der Masse der Reaktionsprodukte.
$m(\text{Ausgangsstoffe}) = m(\text{Reaktionsprodukte})$

Glimmspanprobe: Nachweis für ► Sauerstoff. In reinem Sauerstoff flammt ein glimmender Holzspan hell auf.

H

Halbmetalle: ► Elemente, die mit ihren Eigenschaften zwischen ► Metallen und ► Nichtmetallen stehen.

Halogene: Elementgruppe der Elemente der VII. Hauptgruppe. Die ► Atome der Halogene bilden durch Elektronenaufnahme einfach geladene ► Anionen.

Halogenwasserstoffe: ► Halogene reagieren mit ► Wasserstoff zu Halogenwasserstoffen.

Hochofenprozess: Verfahren zur Herstellung von Roheisen aus Eisenerzen durch ► Redoxreaktionen im Hochofen.

Homologe Reihe: bezeichnet eine Reihe aufeinanderfolgender organischer Verbindungen, deren Moleküle sich jeweils um eine CH_2-Gruppe unterscheiden. Homologe Reihen lassen sich durch eine allgemeine Molekülformel beschreiben. Beispiele: Homologe Reihe der Alkane C_nH_{2n+2}, homologe Reihe der Alkene C_nH_{2n}

Hydroxid-Ion: In einem Hydroxid-Ion ist ein Sauerstoff-Atom mit einem Wasserstoff-Atom über eine ► Atombindung verbunden; chemisches Zeichen: OH^-.

I

Indikatoren: Farbstoffe, die in ► sauren oder ► basischen Lösungen eine typische Farbänderung zeigen.

Ion: Positiv oder negativ elektrisch geladenes Teilchen in der Größenordnung von ► Atomen. Durch Aufnahme oder Abgabe von ► Elektronen können aus Atomen Ionen gebildet werden.

Ionenbindung: Art der ► chemischen Bindung, die durch Anziehung zwischen ungleichnamig elektrisch geladenen ► Ionen bewirkt wird. Die gebundenen Teilchen sind Ionen. Sie liegt in ► Ionensubstanzen vor, z. B. im Kaliumchlorid und im Magnesiumchlorid.

Ionensubstanzen: Salzartige, aus ► Ionen aufgebaute Stoffe. Es sind harte, spröde Stoffe mit meist hohen ► Schmelztemperaturen. Sie besitzen keine elektrische Leitfähigkeit im festen Zustand, sind aber als Schmelzen und in ► Lösungen elektrisch leitend. Beispiele: Natriumchlorid, Magnesiumoxid.

K

Kalkwasserprobe: Nachweis für ► Kohlenstoffdioxid. Kalkwasser trübt sich milchig weiß bei Einleitung von Kohlenstoffdioxid.

Katalysatoren: Stoffe, die die ► Aktivierungsenergie einer ► chemischen Reaktion herabsetzen, ohne selbst dabei verbraucht zu werden.

Kation: Positiv elektrisch geladenes ► Ion.

Kern-Hülle-Modell: Modellvorstellung vom ► Atom. Nach diesem Modell bestehen Atome aus einem Atomkern und einer Atomhülle. Im Atomkern befinden sich positiv elektrisch geladene ► Protonen. In der Atomhülle befinden sich negativ elektrisch geladene ► Elektronen. Atome sind elektrisch neutral, da die Anzahl der Protonen und die Anzahl der Elektronen übereinstimmen.

Kernladungszahl: Zahl, die die Anzahl der ► Protonen im Atomkern angibt. Sie entspricht der ► Ordnungszahl des ► Elements im ► Periodensystem der Elemente.

Knallgasprobe: Nachweis für ► Wasserstoff. Ein Gasgemisch aus Wasserstoff und Luft bzw. ► Sauerstoff reagiert explosionsartig unter einem lauten Knall.

Kohlenstoffdioxid: Luftbestandteil, der sich durch ► Verbrennung von ► Erdöl, Kohle und ► Erdgas in der Atmosphäre anreichert und den natürlichen Treibhauseffekt verstärkt. Als Nachweis von Kohlenstoffdioxid dient die Trübung von Kalkwasser.

Kohlenwasserstoffe: ► Chemische Verbindungen, die nur die ► Elemente Kohlenstoff und ► Wasserstoff enthalten.

Korrosion: Eine von der Oberfläche ausgehende Zerstörung von ► Metallen und Metalllegierungen durch die Reaktion mit Sauerstoff und Wasser. Dabei wird das Metall oxidiert.

Kunststoffe: Synthetisch hergestellte ► Stoffe, die aus ► Makromolekülen aufgebaut sind.

L

Laugen: Wässrige ► Lösungen von Metallhydroxiden. Laugen enthalten ► Hydroxid-Ionen [OH^- (aq)].

Legierungen: Homogene ► Stoffgemische aus verschiedenen ► Metallen. Legierungen unterscheiden sich in ihren Eigenschaften von den reinen ► Metallen, aus denen sie hergestellt wurden.

Lewis-Formel (Valenzstrichformel): Strukturformel, in der bindende und nicht bindende (freie) Elektronenpaare dagestellt sind.

Löslichkeit: Gibt an, welche Masse eines festen Stoffes unter Normbedingungen (20 °C, 1 013 hPa) in 100 g eines Lösemittels höchstens gelöst werden. Bei der Löslichkeit von Gasen wird angegeben, welche Masse eines Gases sich in 1 Liter Lösemittel höchstens löst.

Lösungen: Homogene Gemische aus mindestens zwei reinen ► Stoffen. Sie bestehen aus gelöstem Stoff und Lösesmittel. Wässrige Lösungen können sauer, neutral oder basisch sein. Sie sind durch ► Indikatoren nachweisbar.

Luft: ► Stoffgemisch aus mehreren Gasen. Hauptbestandteile sind ► Stickstoff ($\varphi = 78\,\%$) und ► Sauerstoff ($\varphi = 21\,\%$). Weitere Luftbestandteile sind die ► Edelgase und ► Kohlenstoffdioxid.

Luftschadstoffe: Die in der ► Luft enthaltenen Luftverunreinigungen wie Schwefeldioxid, Stickstoffoxide, Kohlenstoffmonooxid und Ozon. Luftschadstoffe können Pflanzen, Tiere und Menschen schädigen und das Klima auf der Erde beeinflussen.

M

Makromolekül: Riesenmolekül, das aus vielen ► Monomeren aufgebaut ist.

Massenanteil *w*: Quotient aus der Masse eines Stoffs und der gesamten Masse des Stoffgemischs. Die Angabe erfolgt meist in Prozent (%).

$$w(\text{Stoff}) = \frac{m(\text{Stoff}) \cdot 100\,\%}{m(\text{gesamt})}$$

Massenkonzentration β: Quotient aus der Masse eines Stoffs und dem Volumen der Lösung. Die Einheit der Massenkonzentration ist g/L.

$$\beta(\text{Stoff}) = \frac{m(\text{Stoff})}{V(\text{Lösung})}$$

Massenzahl: Zahl, die der Summe der Anzahl der ► Protonen und ► Neutronen im Atomkern entspricht. Die Massenzahl ist gleich der Nukleonenzahl.

Metalle: ► Stoffe, die Wärme und den elektrischen Strom gut leiten. Sie lassen sich verformen und zeigen einen für Metalle typischen Glanz. Sie bilden aufgrund ihrer charakteristischen Eigenschaften eine eigene Stoffgruppe. Metalle lassen sich nach der Dichte in Leichtmetalle ($\varrho < 5\,g/cm^3$) und Schwermetalle ($\varrho > 5\,g/cm^3$) sowie nach der Reaktivität gegenüber ► Sauerstoff und ► sauren Lösungen in unedle Metalle und Edelmetalle einteilen.

Metallhalogenide: ► Halogene reagieren mit ► Metallen zu Metallhalogeniden.

Molekül: Teilchen, das aus zwei oder mehr fest miteinander verbundenen ► Atomen zusammengesetzt ist.

Molekülformel: Aus der Molekülformel ist erkennbar, aus welchen ► Elementen und wie viele ► Atome dieses Elements im Molekül miteinander verbunden sind. Die Molekülformel gibt die genaue Zusammensetzung einer ► Molekülverbindung wieder.

Molekülverbindungen: Meist gasförmige oder flüssige, aus ► Molekülen aufgebaute ► Stoffe mit relativ niedrigen ► Siedetemperaturen. Sie sind nicht elektrisch leitend. Beispiele: Chlorwasserstoff, Wasser.

Monomere: Viele gleichartige kleine ► Moleküle, die durch ► chemische Reaktion zu ► Makromolekülen verbunden sind.

N

Nachweis von Ionen: Die Bildung von schwer löslichen Salzen wird zum Nachweis von ► Ionen genutzt, z. B. $Ag^+ (aq) + Cl^- (aq) \longrightarrow AgCl (s) \downarrow$.

Neutrale Lösung: Wässrige ► Lösung, die genauso viele Wasserstoff-Ionen wie ► Hydroxid-Ionen enthält. Sie ist weder sauer noch basisch. Ihr pH-Wert beträgt 7.

Neutralisation: ► Chemische Reaktion, bei der die hydratisierten Wasserstoff-Ionen einer ► sauren Lösung mit den hydratisierten ► Hydroxid-Ionen einer ► basischen Lösung zu Wasser-Molekülen reagieren. Neutralisationen verlaufen exotherm.

Neutron: Elektrisch neutrales Teilchen im Atomkern von ► Atomen.

Nichtmetalle: ► Elemente, die nicht die typischen Eigenschaften von Metallen aufweisen.

O

Ordnungszahl: Zahl, die die Reihenfolge der ► Elemente im ► Periodensystem der Elemente kennzeichnet. Sie entspricht der ► Kernladungszahl und gibt die Anzahl der ► Protonen im Atomkern an.

Oxidation: Teilreaktion der ► Redoxreaktion, bei der ► Sauerstoff aufgenommen wird. Sie ist die Umkehrung der ► Reduktion.

Oxidationsmittel: Stoff, der in einer ► Redoxreaktion einen anderen Stoff oxidiert. Ein Oxidationsmittel gibt ► Sauerstoff ab. Das Oxidationsmittel wird bei der Redoxreaktion reduziert.

Oxide: ► Chemische Verbindungen, in denen ein ► Metall oder ein ► Nichtmetall mit dem Element ► Sauerstoff verbunden ist. Oxide können durch ► chemische Reaktion von Metallen oder Nichtmetallen mit Sauerstoff entstehen.

P

Periodensystem der Elemente: Übersicht, in der die ► Elemente auf der Grundlage ihres Atombaus nach steigender ► Ordnungszahl angeordnet sind. Die Elemente sind in waagerechten Zeilen, den Perioden, und in senkrechten Spalten, den Gruppen, angeordnet.

pH-Wert: Angabe zur quantitativen Charakterisierung wie sauer oder basisch eine Lösung ist. Die pH-Wert-Skala umfasst die Werte von 0 bis 14. Bei pH = 7 liegt eine neutrale Lösung vor, bei pH-Werten unter 7 ist die Lösung sauer, bei pH-Werten über 7 liegt eine basische Lösung vor.

Polymere: ► Makromoleküle, aus denen die Kunststoffe aufgebaut sind.

Proton: Positiv elektrisch geladenes Teilchen im Atomkern von ► Atomen.

R

Reaktionsbedingungen: Bedingungen, unter denen eine ► chemische Reaktion ablaufen kann. Bedingungen sind u. a. Temperatur, Druck und ► Aktivierungsenergie.

Reaktionsgleichung: Beschreibt eine ► chemische Reaktion mithilfe chemischer Zeichen. Sie kennzeichnet die an der Reaktion beteiligten ► Stoffe und die Teilchen der Stoffe. Aus Reaktionsgleichungen lassen sich quantitative Aussagen über die kleinstmögliche Anzahl der reagierenden Teilchen ableiten. Beispiel: $2\ H_2 (g) + O_2 (g) \longrightarrow 2\ H_2O (l)$ | exotherm

Recycling: Wiederaufbereitung von Abfallprodukten. Dabei entstehen sogenannte Sekundärrohstoffe. Recycling ist besonders bei ► Metallen sehr viel energiesparender als die Primärproduktion aus Erzen. Zudem werden natürliche Ressourcen geschont.

Redoxreaktion: ► Chemische Reaktion, bei der ► Oxidation und ► Reduktion gleichzeitig ablaufen. Dabei wird das ► Reduktionsmittel oxidiert und das ► Oxidationsmittel reduziert. Bei Redoxreaktionen wird ► Sauerstoff übertragen. Redoxreaktionen haben große Bedeutung bei technischen Prozessen, z. B. bei der Eisenerzeugung im ► Hochofenprozess.

Reduktion: Teilreaktion der ► Redoxreaktion, bei der einem Stoff ► Sauerstoff entzogen wird. Sie ist die Umkehrung der ► Oxidation.

Reduktionsmittel: ► Stoff, der in einer ► Redoxreaktion einen anderen Stoff reduziert. Reduktionsmittel nehmen ► Sauerstoff auf. Das Reduktionsmittel wird bei der Redoxreaktion oxidiert.

Reinstoffe: ► Stoffe, die aus einer Stoffart bestehen. Reinstoffe können nicht weiter getrennt werden und haben einheitlich gleichbleibende Eigenschaftskombinationen.

S

Sauerstoff: ▸ Nichtmetall, das aus ▸ Molekülen aufgebaut ist. Sauerstoff ist ein farbloses und geruchloses Gas, das die ▸ Verbrennung anderer ▸ Stoffe fördert. Als Nachweis für Sauerstoff dient die ▸ Glimmspanprobe: Ein glimmender Holzspan flammt in reinem Sauerstoff auf.

Sauerstoffübertragungsreaktion: ▸ chemische Reaktion, bei der Sauerstoff-Atome von einem ▸ Stoff auf einen anderen Stoff übertragen werden. Sie haben große Bedeutung bei technischen Prozessen, z. B. bei der Eisenerzeugung im ▸ Hochofenprozess

Saure Lösungen: Wässrige ▸ Lösungen, die hydratisierte Wasserstoff-Ionen [H^+ (aq)] enthalten.
Die hydratisierten Wasserstoff-Ionen bewirken bei ▸ Indikatoren eine typische Farbänderung.

Säuren: ▸ Stoffe, die in Wasser gelöst ▸ saure Lösungen bilden.

Schalenmodell des Atoms: Atommodell, das besagt, dass die Atomhülle in Elektronenschalen gegliedert ist. In einer Elektronenschale halten sich ▸ Elektronen mit etwa gleicher Energie in gleichem Abstand zum Atomkern auf.

Schmelztemperatur: Temperatur, bei der ein ▸ Stoff vom festen in den flüssigen ▸ Aggregatzustand wechselt. Der Stoff schmilzt. Die Schmelztemperatur ist eine charakteristische Stoffeigenschaft, die aber von den äußeren Bedingungen abhängt (Luftdruck).

Sedimentieren: ▸ Trennverfahren für Suspensionen, bei dem die höhere ▸ Dichte des festen ▸ Reinstoffs im ▸ Stoffgemisch genutzt wird.

Sieben: ▸ Trennverfahren für heterogene feste ▸ Stoffgemische, bei dem die Partikelgröße der ▸ Reinstoffe zur Trennung genutzt wird.

Siedetemperatur: Temperatur, bei der ein ▸ Stoff vom flüssigen in den gasförmigen ▸ Aggregatzustand wechselt. Der Stoff verdampft bzw. siedet. Die Siedetemperatur ist eine charakteristische Stoffeigenschaft, die aber von den äußeren Bedingungen abhängt (Luftdruck).

Stahl: ▸ Legierung aus Eisen und bis zu 2 % Kohlenstoff. Stahl ist sehr gut zu verarbeiten und findet z. B. im Maschinenbau und Bauwesen Anwendung.

Stickstoff: ▸ Nichtmetall, das aus ▸ Molekülen aufgebaut ist. Stickstoff ist ein farbloses und geruchloses, nicht brennbares Gas, das Flammen erstickt.

Stoffe: Alle Gegenstände bestehen aus Stoffen. Stoffe erkennt man an ihren Eigenschaften. Die Eigenschaften der Stoffe lassen sich mithilfe der Sinnesorgane sowie mit Hilfsmitteln und Messgeräten ermitteln. Jeder Stoff besitzt eine für ihn typische Eigenschaftskombination, durch deren Angabe in einem Stoffsteckbrief jeder Stoff identifizierbar ist.
Der Bau der Stoffe lässt sich mithilfe des ▸ Teilchenmodells veranschaulichen. Man stellt sich dabei vor, dass die Stoffe aus kleinsten, unteilbaren Teilchen bestehen, die in ständiger Bewegung sind. Mit dem Teilchenmodell können Erscheinungen und Vorgänge gedeutet werden.

Stoffgemische: Stoffgemische bestehen aus mindestens zwei ▸ Reinstoffen. Sie können in Reinstoffe getrennt werden und haben keine einheitlich gleichbleibenden Eigenschaftskombinationen. Es werden homogene und heterogene Stoffgemische unterschieden.
Beispiele für homogene Stoffgemische: Gasgemisch, ▸ Lösung, ▸ Legierung. Beispiele für heterogene Stoffgemische: Rauch, Suspension, Emulsion, Gemenge.

Stoffumwandlung: Vorgang, bei der aus einem ▸ Reinstoff oder mehreren Reinstoffen, ein neuer Reinstoff oder mehrere neue Reinstoffe mit anderen Eigenschaften entstehen. Die Stoffumwandlung ist eines der Merkmale einer ▸ chemischen Reaktion.

Sublimationstemperatur: Temperatur, bei der ein fester Stoff direkt in den gasförmigen ▸ Aggregatzustand übergeht.

T

Teilchenmodell: Einfache Modellvorstellung vom Aufbau der Materie, die davon ausgeht, dass jeder ► Stoff aus Teilchen besteht, wobei alle Teilchen eines ► Reinstoffs gleich sind. Teilchen unterschiedlicher Stoffe unterscheiden sich in ihrer Größe und Masse. Die charakteristischen Eigenschaften eines Stoffs kommen erst durch das Zusammenwirken sehr vieler Teilchen zustande.

Trennverfahren: Verfahren, die zum Trennen von ► Stoffgemischen genutzt werden. Beispiele für Trennverfahren: ► Sieben, ► Extrahieren, ► Sedimentieren, ► Filtrieren, Zentrifugieren, Eindampfen, ► Destillieren, Chromatografieren

Treibhauseffekt: Temperatur erhöhender Effekt, der durch Treibhausgase in der Atmosphäre zustande kommt. Ursache ist, dass die Atmosphäre weitgehend transparent für die von der Sonne ankommende kurzwellige Strahlung ist, jedoch weniger durchlässig für die längerwellige Strahlung, die von der Erde reflektiert wird.
Die Freisetzung von zusätzlichen Treibhausgasen verstärkt den Treibhauseffekt und sorgt damit für eine globale Erwärmung.

U

Umkehrbarkeit: ein Prinzip ► chemischer Reaktionen. Oft laufen Reaktionen in eine Richtung unter sehr viel leichter zu erreichenden ► Reaktionsbedingungen ab.

V

Valenzstrichformel (Lewis-Formel): Strukturformel, in der bindende und nicht bindende (freie) Elektronenpaare dargestellt sind.

Van-der-Waals-Kräfte: Schwache Anziehungskräfte zwischen ► Molekülen, z. B. zwischen Alkanmolekülen.

Verbrennung: ► Chemische Reaktion, bei der ein Stoff mit dem ► Element ► Sauerstoff unter Entwicklung hoher Temperatur und Lichterscheinungen reagiert. Bei einer Verbrennung entstehen als Reaktionsprodukte ► Oxide. Die Verbrennung ist eine ► Redoxreaktion.

Verbrennungsdreieck: Das Verbrennungsdreieck bildet die drei Bedingungen für einen Brand ab: Sauerstoffzufuhr, Temperatur und Brennmaterial. Wenn eine der Bedingungen nicht (mehr) erfüllt ist, kommt kein Brand zustande.

Verhältnisformel: Aus der Verhältnisformel ist ableitbar, aus welchen ► Elementen eine ► chemische Verbindung besteht und in welchem Anzahlverhältnis die ► Atome der Elemente in der Verbindung vorkommen.

W

Wärmeleitfähigkeit: Stoffeigenschaft, die kennzeichnet, wie gut ein ► Stoff die Wärme leitet. ► Metalle sind gute Wärmeleiter, Holz und Kunststoff sind schlechte Wärmeleiter.

Wasser: Reines Wasser ist eine ► chemische Verbindung. In einem Wasser-Molekül sind zwei ► Atome ► Wasserstoff mit einem Atom ► Sauerstoff verbunden. Wasser ist farblos, geruchlos und geschmacksfrei. Es siedet bei Normaldruck bei 100 °C und erstarrt bei 0 °C. Wasser ist ein gutes Lösemittel für viele feste Stoffe, Flüssigkeiten und Gase. Als Nachweis von Wasser dient die Blaufärbung von weißgrauem Kupfersulfat durch die Bildung von blauem, wasserhaltigem Kupfersulfat.

Wassernachweis: Die Blaufärbung von weißgrauem Kupfersulfat durch die Bildung von blauem, wasserhaltigem Kupfersulfat dient als Nachweis für ► Wasser.

Wasserstoff: ► Nichtmetall. In jedem Wasserstoff-Molekül sind zwei ► Atome Wasserstoff miteinander verbunden. Wasserstoff ist farblos, geruchlos und brennbar. Er hat die geringste Dichte aller Stoffe. Mit ► Luft und ► Sauerstoff bildet er ein Gasgemisch, das explosionsartig mit lautem Knall verbrennt. Der Nachweis solcher Gasgemische wird als ► Knallgasprobe bezeichnet.

Wortgleichung: Reaktionsschema zur Beschreibung einer ► chemischen Reaktion durch Kennzeichnung von Ausgangsstoffen und Reaktionsprodukten, z. B.:
Eisen (s) + Sauerstoff (g)
⟶ Eisenoxid (s) | exotherm

Register

F

G

H

I

K

L

M

N

Bildnachweis

Titelbild: Shutterstock.com/ I T A L O; EYES-OPEN – Agentur für Kommunikation/Sabine Dittrich

Fotos:

akg-images: 78/2; Erich Lessing: 65/5; Heritage-Images/Oxford Science Archive: 10/1 | **Cornelsen:** Heinz Mahler: 50/3; Stephan Röhl: 62/2; Sven Wilhelm, Inhouse: 96/2; Volker Döring: 29/o.r., 34/1, 35/1, 43, 43/5, 43/6, 44/1, 45/1, 52, 52/2, 58/2, 62/3, 91/4+5, 93/1, 109/2, 140/2; Volker Minkus: 48/3 | **dpa Picture-Alliance:** ZB/euroluftbild: 52/1 | **Glow Images:** imagebroker.com: 32/1; age fotostock/Steve Vidler: 3/u.l., 20 | **Imago Stock & People GmbH:** 74/1 r.; www.imago-images.de: 140/3 | **mauritius images:** AGE: 39/m.r.; Alamy: 76/2; alamy stock photo/John Crowe: 77/1; alamy stock photo/Martin Lee: 65/3; alamy stock photo/Robert Harding Picture Library Ltd: 122/2000 v. Chr.; alamy stock photo/ US Coast Guard Photo: 71/6; ib/Christian Handl: 94/2; Ifeelstock/Alamy/Alamy Stock Photos: 48/2; imageBroker/Dr. Wilfried Bahnmüller: 14/1; imageBroker/Thomas Schneider: 11/5; Lilly: 53/4; Novarc: 11/3; Pitopia: 85/o.r.; Science Source: 49/4; Stockbroker RF: 111/1; United Archives: 21/o.r.; Westend61: 141/5 | **Okapia:** G.M. Wunsch: 59 | **Panther Media GmbH:** Martin Muránsky: 79/5 | **picture alliance:** Reinhard Dirscherll: 16/1 | **Science Photo Library:** 74/2 u.; TEK IMAGE: 92/1 | **Shutterstock.com:** 2199_de: 79/6; Africa Studio: 100; AG Baxter: 122/1; Aleksandr Markin: 8; Alex Kaft: 131/4; Alexyz3d: 69/m.l.; Anan Kaewkhammul: 82/Erdöl; Another77: 81/6; Anton Brehov: 137/o.l.; antoni halim: 74/2 m.; ArtemSh: 39/m.l.; Aumm graphixphoto: 130/1; BESTWEB: 72/1; bikeriderlondon: 108/1; bluehand: 51/6; Bogdan VASILESCU: 97/o.r.; BoxerX: 85/m.l.; CatbirdHill: 78/3; CobraCZ: 122/10. Jh.; CorinnaL: 53/5; Daniel Bahrmann: 58/1; Daniel Prudek: 117/4; DeawSS: 137/5; Dmitrii Kshanovskii: 124/1; Dmitry Kalinovsky: 141/7; DutchScenery: 82/Erdgas; Eldad Carin: 92/Feuerzeug; Erica Finstad: 42/1; Estea: 117/5; Fahroni: 3/o.l., 6; Fer Gregory: 98/1; gorillaimages: 129/o.r.; Heather Lucia Snow: 4/u.l., 68; ischte: 74/2 o.; J.Schelkle: 126/Kalkstein; Jan Gottwald: 78/1 r.; Jan Nedbal: 5/o., 114; jeep2499: 60/1; Jiri Hera: 30/2 l.; Jirik V: 15; John And Penny: 104/2; Kjpargeter: 35/2; Levent Konuk: 18/o.r.; Lexis_Jan: 115/m.r.; LianeM: 126/Marmor; LifetimeStock: 80/1; losmandarinas: 71, 71/4; luchschenF: 134/1; lunamarina: 96/1; lusia83: 78/1 l.; maloff: 70/2; Marina Kryuchina: 7/m.l.; MarinaGrigorivna: 140/4; Miriam Doerr Martin Frommherz: 80/2; MOHAMED ABDULRAHEEM: 136/1; Neonn: 112/1; New Africa: 42/2, 57/m.l.; Nuttapong Wongcheronkit: 86/1; Oleksiy Mark: 29/m.r.; olepeshkina: 50/1 l.; Olga Popova: 21/m.r.; Pavel Ilyukhin: 4/o.r., 84; Photographee.eu: 64/1 r.; Pressmaster: 64/1 l.; PRILL: 131/3; ra66: 9/5; racorn: 9/4; Rafa Irusta: 102/1; Richard Schramm: 57/m.r.; Rolaks: 126/Kreide; Roman Zaiets: 90/1; ronfromyork: 94/3; ronstik: 141/6; Sabine Kappel: 32/3; saichol chandee: 81/7; Scanrail1: 88/1, 129/m.l.; Shcherbakov Ilya: 115/o.r.; stone workshop: 98/2; Tom Wang: 41/1; trekandshoot: 122/5000 v.Chr.; Viktor1: 3/u.r., 38; violetkaipa: 50/2; Vlad61: 117/3; Vladimir Mulder: 49/5; WiP-Studio: 82/Kohle; zffoto: 9/3 | **Steffen Wilhelm:** 134/2, 135/4 | **stock.adobe.com:** absurdovruslan: 29/m.l.; Achim Schneider/reisezielinfo: 41/2; Aikon: 120/3, 123/20. Jh.; Alexey: 124/2; Bauer Alex: 105/4; BG: 32/2; Blue Lemon Photo: 45/5; Bogdan Mihai: 12/2; Calek: 116/2; Composer: 122/1100; Cornelia Wohlrab: 120/2; Dennis Donohue: 141/8; Dimitri Surkov: 117/6; EMrpize: 123/15. Jh.; Erwin Wodicka – wodicka@aon.at/Gina Sanders: 4/o.l., 56; ferkelraggae: 57/o.r.; flyingcowboy: 7/o.r.; fotohansel: 136/3; Gerhard Seybert: 129/m.r.; Gina Sanders: 115/m.l.; Gordan Jankulov: 76/1; Hermann: 120/1; Ildi: 50/1 r.; Irwin Seidman: 125/4; jorisvo: 123/13. Jh.; Jürgen Fälchle: 30/2 r.; kab-vision: 3/o.r., 28; Kalyakan: 85/m.r.; lesslemon: 45/3; monropic: 69/m.r.; Neissl: 11/4; passarut: 69/o.r.; Patryssia: 136/2; photographer Marek Brandt/Sinuswelle: 74/1 l.; PiLensPhoto: 118/1; Reinhard Marscha: 21/m.l.; Stephane Duchateau: 123/19. Jh.; Stock57: 104/3; trashthelens: 116/1; Unclesam: 125/3; Vely: 7/m.r.; weerapat1003: 17/7; wittybear: 35/3; yanlev: 5/u., 128; YASAK/raeva: 133/1; YuraFF: 48/1; Zerbor: 39/o.r. | **StockFood:** Bischof, H.: 30/3; Peter Rees: 62/1

Illustrationen:

Atelier G/Marina Goldberg: Piktogramme/Warnzeichen | **Cornelsen:** Atelier G: 137, 137/4 u., 137/o.r.; Birgit Janisch: 54, 88/Strukturformel, 91, 91/6 Strukturformeln, 96, 96/4 Strukturformeln, 97/6 Strukturformeln, 133, 133/Strukturformeln, 146; Detlef Seidensticker: 63, 63/4, 66, 75, 77/2, 77/3, 80/3, 80/4, 97/5, 101, 104/1, 106/Molekülmodell, 110, 111/2, 135/5, 140/1, 142, 143/6, 147, 148, 150, 150/m.l., 150/m.r., 151; Hannes von Goessel: 18, 24, 44/2, 60/2, 79/m.r., 82/u., 97, 99, 118/2, 119/3, 121/4, 130/2, 133/m.l., 135, 135/3, 138, 143/2, 143/5, 144, 152; Tom Menzel: 10/2, 11/6, 12/1, 13/m.r., 14, 14/2, 16/2, 17/5, 18, 18/Atomgitter, 22, 23, 25, 26, 30/1, 31/m.l., 33/6, 34/2, 36, 40/u.r., 43/7, 46/m.l., 47/u.l., 47/u.r., 51/4, 51/5, 53/3, 54, 61/u.r., 65/4, 70/1, 70/3, 72/2, 72/3, 73/4, 73/o.r., 81/8, 87, 88/Molekülmodell, 89, 90/2, 92/2, 92/3, 94/1, 95/4, 96/3, 102/2, 103/3, 103/u.r., 105/5, 119/4, 159, 164; Tom Menzel, bearbeitet durch Hannes von Goessel: 95/5 | **EYES-OPEN – Agentur für Kommunikation:** Sabine Dittrich: 1, 2, 3

Periodensystem der Elemente

Metall
Halbmetall
Nichtmetall

schwarz = Feststoff
weiß = Flüssigkeit
rot = Gas
hellblau = künstliches Element
* = radioaktives Element

[1] = Gruppennummerierung IUPAC (1989): Gruppennummern 1 bis 18

Periode	1[1] I. Hauptgruppe	2 II. Hauptgruppe	3 III. Nebengruppe	4 IV. Nebengruppe	5 V. Nebengruppe	6 VI. Nebengruppe	7 VII. Nebengruppe	8 VIII. Nebengruppe	9 VIII. Nebengruppe
1	1 1,008 2,1 H Wasserstoff								
2	3 6,94 1,0 Li Lithium	4 9,01 1,5 Be Beryllium							
3	11 22,99 0,9 Na Natrium	12 24,31 1,2 Mg Magnesium							
4	19 39,10 0,8 K Kalium	20 40,08 1,0 Ca Calcium	21 44,96 1,3 Sc Scandium	22 47,88 1,5 Ti Titan	23 50,94 1,6 V Vanadium	24 51,996 1,6 Cr Chrom	25 54,94 1,5 Mn Mangan	26 55,85 1,8 Fe Eisen	27 58,9 1,8 C Cobalt
5	37 85,47 0,8 Rb Rubidium	38 87,62 1,0 Sr Strontium	39 88,91 1,3 Y Yttrium	40 91,22 1,4 Zr Zirconium	41 92,91 1,6 Nb Niob	42 95,94 1,8 Mo Molybdän	43 [98] 1,9 Tc* Technetium	44 101,07 2,2 Ru Ruthenium	45 102,9 2,2 Rh Rhodium
6	55 132,91 0,7 Cs Caesium	56 137,33 0,9 Ba Barium	57 138,91 1,1 La Lanthan ●	72 178,49 1,3 Hf Hafnium	73 180,95 1,5 Ta Tantal	74 183,84 1,7 W Wolfram	75 186,21 1,9 Re Rhenium	76 190,23 2,2 Os Osmium	77 192,2 2,2 I Iridium
7	87 [223] 0,7 Fr* Francium	88 226,03 0,9 Ra* Radium	89 227,03 1,1 Ac* Actinium ●●	104 [261] Rf* Rutherfordium	105 [262] Db* Dubnium	106 [266] Sg* Seaborgium	107 [264] Bh* Bohrium	108 [277] Hs* Hassium	109 [268 Mt* Meitnerium

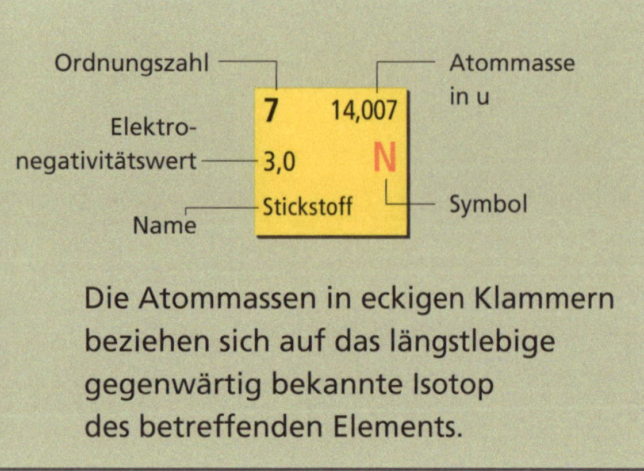

Die Atommassen in eckigen Klammern beziehen sich auf das längstlebige gegenwärtig bekannte Isotop des betreffenden Elements.

● Elemente der Lanthanreihe (Lanthanoide)

Periode					
6	58 140,12 1,1 Ce Cer	59 140,91 1,1 Pr Praseodym	60 144,24 1,2 Nd Neodym	61 [145] 1,2 Pm* Promethium	62 150,3 1,2 Sm Samarium

●● Elemente der Actiniumreihe (Actinoide)

Periode					
7	90 232,04 1,3 Th* Thorium	91 231,04 1,5 Pa* Protactinium	92 238,03 1,7 U* Uran	93 [237] 1,3 Np* Neptunium	94 [244 1,3 Pu* Plutonium